Wissenschaftliche Taschenbücher

WTB

Texte und Studien

George L. Trigg

Experimente der modernen Physik

Akademie-Verlag · Berlin

Hans Neumann / Klaus Schäfer
Elektrische und elektronische Meßtechnik

Hans Neumann / Kurt Stecker
Temperaturmessung

Volker Nollau
Semi-Markovsche Prozesse

Peter Paufler
Phasendiagramme

Ulrich Röseberg
Quantenmechanik und Philosophie

Albrecht Rost
Messung dielektrischer Stoffeigenschaften

E. M. Sawizki
Perspektiven der Metallforschung

Ernst Schmutzer
Symmetrien und Erhaltungssätze der Physik

Werner Schoenborn / Klaus Fritzsch
Gerd Stanke
Lernverfahren für technische Systeme

Volkmar Schuricht
Kernexplosionen für friedliche Zwecke

Hubertus Stolz
Supraleitung

Wolfgang Blei
Erkenntniswege zur Erd- und Lebensgeschichte

Festkörperphysik
Entwicklungstendenzen und Anwendungsmöglichkeiten

Die Schöpfer der physikalischen Optik
Eine Artikelsammlung

Renate Wahsner
Mensch und Kosmos
Die copernicanische Wende

Helmut Friemel / Josef Brock
Grundlagen der Immunologie

Roland Glaser
Grundriß der Biomechanik

Eberhard Hofmann
Funktionelle Biochemie des Menschen
Band 1 und 2

Lothar Jäger
Grundlagen der Klinischen Immunologie

Karlheinz Lohs / Dieter Martinetz
Entgiftung – Mittel, Methoden und Probleme

Joachim Nitschmann
Entwicklung bei Mensch und Tier

Stephan Schnitzler
Pharmakologische Aspekte von Immunreaktionen

Dieter Spaar / Helmut Kleinhempel
Hans Joachim Müller
Klaus Naumann
Bakteriosen der Kulturpflanzen

Eberhard Teuscher
Pharmakognosie
Teil I – III

Heinrich Bremer
Klaus-Peter Wendlandt
Heterogene Katalyse

Klaus Budde / Helmut Bulle
Helmut Rückauf
Stöchiometrie chemisch-technologischer Prozesse

Klaus Dittrich
Atomabsorptionsspektrometrie

Peter Hallpap / Dietmar Stadermann
Stereochemie organisch-chemischer Reaktionen

Peter Hellmold
Hochtemperaturreaktionen

Falko H. Herrmann
Martina Ch. Herrmann
Das Hämoglobin des Menschen

Helmut Hrapia
Einführung in die Chromatographie

Hans Luppa
Grundlagen der Histochemie
Teil I und II

Hasso Meinert
Fluorchemie

Dieter Onken
Antibiotika — Chemie und Anwendung

Horst Remane / Rainer Herzschuh
Massenspektrometrie
in der organischen Chemie

Ernst Schmitz
Organische Zwischenprodukte

Wolfgang Wagner
Chemische Thermodynamik

Günther Wagner / Hans Kühmstedt
Pharmazeutische Chemie

Vorschau auf die nächsten Bände:

Wolfgang Fritsche
Umwelt-Mikrobiologie

Hans-Werner Kammer / Kurt Schwabe
Einführung in die Thermodynamik
irreversibler Prozesse

Peter Nuhn / Hans-Jörg Hofmann
Molekulare Wirkungsmechanismen
von Pharmaka

Harry Paul
Photonen
Experimente und ihre Deutung

Robert Rompe / Hans-Jürgen Treder
Zählen und Messen

Werner Stolz
Meßtechnik ionisierender Strahlung

Gerhard Wunsch
Geschichte der Systemtheorie
Dynamische Systeme und Prozesse

WTB

BAND 292

George L. Trigg

Experimente der modernen Physik

Schritte zur Quantenphysik

Mit 40 Abbildungen und 3 Tabellen

AKADEMIE-VERLAG · BERLIN

Reihe TEXTE UND STUDIEN

Verantwortliche Herausgeber dieses Bandes:

Dr. sc. nat. Hans-Rainer Kissener
Prof. Dr. sc. nat. Ludwig Münchow
Zentralinstitut für Kernforschung, Rossendorf

Übersetzung aus dem Englischen:

Dr. rer. nat. Karl-Heinz Heinig (Vorwort, Kapitel 1 bis 5)
Dr. sc. nat. Hans-Rainer Kissener (Kapitel 6 bis 10 und Anhänge)
Zentralinstitut für Kernforschung, Rossendorf

Titel der Originalausgabe:

George L. Trigg
Crucial Experiments in Modern Physics
Crane, Russak & Company, Inc., New York

ISSN 0138-127X

1984
Erschienen im Akademie-Verlag, DDR - 1086 Berlin, Leipziger Str. 3—4

Lizenznummer: 202 · 100/422/84
Printed in the German Democratic Republic
Herstellung: VEB Druckhaus „Maxim Gorki", 7400 Altenburg
Lektor: Renate Trautmann
LSV 1104
Bestellnummer: 763 284 9 (7292)

01250

Vorwort zur deutschen Ausgabe

Im deutschsprachigen Raum existiert nach unserem Wissen bisher keine mit dem Buch von G. L. TRIGG vergleichbare, leicht verständliche und zugleich zeitkritische Darstellung grundlegender Experimente auf dem Gebiet der Physik zu Ende des vorigen und im ersten Viertel dieses Jahrhunderts. Die Absicht des Verfassers, besonders für Studenten eine detaillierte Beschreibung einiger damals offener Grundfragen der Physik zu geben und entscheidende experimentelle Lösungswege („experimenta crucis") vorzustellen, die schließlich zur Ausarbeitung der Quantenmechanik führten, erscheint uns trotz des großen Zeitabstandes gerechtfertigt.

Dieses Buch kann sicher einen breiten Leserkreis ansprechen und Vorstellungen über die Struktur der Materie erweitern. Zeigt es doch gerade die Widersprüchlichkeit des Vortastens zu neuen wissenschaftlichen Erkenntnissen, die aus Lehrbüchern und auch aus wissenschaftshistorischen Darstellungen häufig nicht sichtbar wird. Die Wiedergabe dieser für die Physik des 20. Jahrhunderts revolutionierenden Ideen und Ergebnisse wird auch dadurch besonders reizvoll, daß viele Experimente mit einer aus heutiger Sicht faszinierenden Einfachheit, Eleganz und Improvisationskunst durchgeführt wurden.

Bei der Übertragung ins Deutsche sind gelegentlich allzu detaillierte Beschreibungen technischer Natur etwas gekürzt worden. Zitate aus deutschsprachigen Arbeiten sind im Originaltext wiedergegeben. So wird dem heutigen Leser neben der Werktreue auch die Diktion unserer wissenschaftlichen Vorbilder aus jener Zeit vermittelt.

In diesem Sinne wünschen wir der Auswahl entscheidender Experimente eine positive Aufnahme.

Dresden, Januar 1983

L. MÜNCHOW H.-R. KISSENER

Inhaltsverzeichnis

Vorwort zur Originalausgabe IX

Quellennachweis XI

1. Einleitung 1

2. Der Ursprung der Quantenkonzeption 4

3. Die Elementumwandlung 20

4. Die Existenz der Atome 33

5. Der Atomkern 50

6. Stöße von Elektronen mit Atomen 62

7. Der Fotoeffekt 69

8. Räumliche Orientierung atomarer Magnete 79

9. Teilcheneigenschaften des Lichtes 87

10. Welleneigenschaften der Materie 94

Anhang A 123

Anhang B 124

Sachverzeichnis 126

Vorwort zur Originalausgabe

Im Sommer des Jahres 1965 fand an der Washingtoner Universität in Seattle eine Konferenz über neue Lehrmethoden in der Physik statt. Bei einer vorbereitenden Planungsdiskussion wurde darauf hingewiesen, daß viele Studenten beim Erfassen einiger Begriffe der modernen Physik Schwierigkeiten haben, insbesondere bei denen der Quantentheorie, und daß eine Wiederholung der experimentellen Grundlagen nützlich wäre. Mit diesem Buch wird versucht, dem gerecht zu werden.

Die Auswahl der zu berücksichtigenden Experimente ist zwangsläufig willkürlich. Selbstverständlich werden die Vorstellungen der Quantentheorie stark betont, da sie sehr oft dem „gesunden Menschenverstand" widersprechen. Andererseits ist die spezielle Relativitätstheorie, obwohl sie in ähnlicher Weise dem „gesunden Menschenverstand" widerspricht, nicht berücksichtigt, weil sie sich erstens fast vollständig auf ein einziges Experiment stützt, das zu gut bekannt ist, um hier wiederholt zu werden, und weil sie zweitens im *Momentum Book*, Band 9, *An Introduction to the Special Theory of Relativity*, von ROBERT KATZ treffend dargestellt ist. Untersuchungen der Eigenschaften des Elektrons sind zweifellos ebenfalls wichtig. Sie sind aber im *Momentum Book*, Band 3, *The Discovery of the Electron*, von DAVID L. ANDERSON enthalten.

Dieses Buch kann mit unterschiedlichen Vorkenntnissen gelesen werden. Es ist so geschrieben, daß es für Abiturienten und Studenten der ersten Semester verständlich ist, wenn sie über Grundkenntnisse der klassischen Physik verfügen. Die Ausführungen sollen ihnen erleichtern, die mitunter paradoxen Vorstellungen, auf denen die moderne Physik aufbaut, zu erfassen. Das Buch kann aber auch für Studenten höherer Semester, die ihr Wissen in einen besseren historischen Rahmen einbetten möchten, nützlich sein. Deshalb ist versucht worden, jedes Experiment — mit einer Ausnahme, auf die ausdrücklich hingewiesen wird — vom Standpunkt eines Physikers jener Zeit darzustellen und die Experimente hinreichend ausführlich zu diskutieren, um das Wesentliche der Methode und auch die Schwierigkeiten der Ausführung und Interpretation deutlich zu machen.

Die meisten Hinweise auf Originalarbeiten sind zwei Quellen entnommen: einmal dem Buch *The „Particles" of Modern Physics* von J. D. STRANATHAN (The Blakiston Company, Philadelphia, 1942), das einer ganzen Physikergeneration als Quelle gedient hat; zum andern dem Buch *The World of the Atom* (Basic Books, Inc., New York, 1966), das von HENRY A. BOORSE und LLOYD MOTZ herausgegeben worden ist. Viele Originalarbeiten sind dort ganz oder teilweise abgedruckt oder übersetzt.

An der Entstehung dieses Buches waren viele Institutionen und Personen beteiligt. Zu Dank verpflichtet bin ich der Commission on College Physics, der Washingtoner Universität und der National Science Foundation für die Unterstützung während der Seattle-Konferenz und den Organisatoren der Konferenz für effektive und freundliche Hilfe. Dem Brookhaven National Laboratory danke ich für die Gastfreundschaft, wobei die Abteilung „Illustration" besondere Erwähnung verdient, da sie mehrere Originalzeichnungen beschafft hat und mir zu den meisten reproduzierten Abbildungen verhalf. Auch der Forschungsbibliothek gilt mein Dank, insbesondere Mrs. MARILYN GALLI, die mich beim Suchen und Beschaffen des Quellenmaterials unterstützte. Die kritische Durchsicht der ersten Version des Buches durch Dr. LARRY WILETS, Dr. ROBERT WEINSTOCK und Mr. ROGER ATLAS sowie der Endfassung durch Miss ANNE YOUNG hat mir sehr genützt. Mrs. JEAN WALKERS, Mrs. REGINA SCALZO und insbesondere Miss VERONICA OERTEL leisteten beim Maschineschreiben bewundernswerte Arbeit. Schließlich danke ich Dr. WALTER MICHELS. Er hat mich laufend beraten und ermutigt und mir in jedem Stadium der Arbeit geholfen, zuerst als Mitglied der Commission on College Physics, später als Hauptherausgeber der *Momentum*-Reihe, und dabei immer als ein Freund.

Upton, New York GEORGE L. TRIGG

Quellennachweis

Für die Erlaubnis zur Verwendung der folgenden Quellen danke ich:

der Deutschen Physikalischen Gesellschaft für übersetzte Zitate und Abbildungen aus Arbeiten von LUMMER und PRINGSHEIM, von PLANCK und von FRANCK und HERTZ, die in *Verhandlungen der Deutschen Physikalischen Gesellschaft* abgedruckt sind,

der George Allen & Unwin, Ltd., und der Wiley Interscience, Inc., für Zitate und Abbildungen aus *The Collected Papers of Lord Rutherford of Nelson*, herausgegeben von Sir JAMES CHADWICK (George Allen & Unwin, Ltd., London),

Mrs. MURIEL HOWORTH für Zitate aus *Pioneer Research on the Atom: The Life Story of Frederick Soddy* von MURIEL HOWORTH (New World Publications, Eastbourne, Sussex, England),

dem Centre National de la Recherche Scientifique für übersetzte Zitate und Abbildungen von JEAN PERRIN aus *Oeuvres Scientifiques* (Service des Publications de la C.N.R.S., Paris),

der Royal Society für Zitate und Abbildungen aus Arbeiten von GEIGER und von GEIGER und MARSDEN, die in *Proceedings of the Royal Society* publiziert sind,

der Taylor und Francis, Ltd., für Zitate und Abbildungen aus einer Arbeit von GEIGER und MARSDEN, erschienen in *The Philosophical Magazine*,

der Cambridge University Press für Zitate aus *Backgrounds to Modern Science*, herausgegeben von JOSEPH NEEDHAM und WALTER PAGEL (Cambridge University Press, London),

der The American Physical Society für Zitate und Abbildungen aus Arbeiten von MILLIKAN, von COMPTON und von DAVISSON und GERMER, erschienen in *The Physical Review*,

dem Springer-Verlag für übersetzte Zitate und Abbildungen aus Arbeiten von STERN, STERN und GERLACH, KNAUER und STERN, ESTERMANN und STERN und von ESTERMANN, FRISCH und STERN, erschienen in *Zeitschrift für Physik*,

Dr. L. H. GERMER für Zitate und Abbildungen aus seiner Arbeit mit DAVISSON, die in *The Physical Review* erschienen ist.

1. Einleitung

Dem heutigen Studenten mag es seltsam erscheinen, wenn man das Wort „modern" für eine Reihe von Experimenten benutzt, die vor 1930 durchgeführt worden sind. Und trotzdem, so unpassend dieses Wort auch sein mag, ist es üblich geworden, einen der beiden historischen Hauptabschnitte der Physik damit zu kennzeichnen. Die „klassische" Periode, die mit GALILEI und NEWTON begann und um 1900 endete, umfaßt die Entwicklung der Dynamik zu einem nahezu abgeschlossenen Gebiet der Physik, das als Vorbild für die anderen Gebiete diente, weiter die Entwicklung des Elektromagnetismus in kaum mehr als einem Jahrhundert von einigen Zaubertricks zu einer eleganten theoretischen Struktur, die auch die Optik größtenteils mit einschließt, und schließlich eine ähnliche Umgestaltung der empirischen Fertigkeiten beim Umgang mit der Wärme zu einer Wissenschaft der Thermodynamik. Kurz gesagt, am Ende des 19. Jahrhunderts besaß der Physiker ein einheitliches und ziemlich umfassendes Verständnis der Erscheinungen des ihm bekannten physikalischen Universums. Sicherlich gab es einige Schwachstellen und Lücken; aber es war kaum Grund vorhanden, daran zu zweifeln, daß diese durch das Messen der „nächsten Dezimalstelle"[1]) beseitigt würden.

Diese Zuversicht erwies sich jedoch als nicht angebracht. Etwa seit 1895 fand die experimentelle Forschung immer mehr Resultate, die den klassischen Vorstellungen völlig widersprachen. In einigen Fällen reichte schon eine einfache Neueichung. In anderen Fällen war eine radikale Änderung der Vorstellungen notwendig, und sogar heute kann die Situation noch nicht als vollständig geklärt angesehen

---

[1]) Es ist eine Ironie des Schicksals, daß dieser Ausdruck, der offenbar auf Lord KELVIN zurückzuführen ist, weite Verbreitung aufgrund seiner Verwendung durch A. A. MICHELSON im Katalog der Universität von Chicago gefunden hat. MICHELSONS eigene experimentelle Arbeit sollte die Grundlage für eine der beiden großen geistigen Revolutionen in der Physik bilden, die die erste Hälfte des 20. Jahrhunderts kennzeichnen.

werden. Der experimentelle Beweis setzt sich natürlich in Wirklichkeit aus vielen einzelnen Teilen zusammen. Diese bilden ein Ganzes, dessen Inhalt weitgehend von den Beziehungen zwischen diesen Teilen herrührt. Für viele der wichtigsten Punkte kann man jedoch einzelne Arbeiten auswählen, die als „ein entscheidendes Ergebnis“ bezeichnet werden können. Die in den folgenden Kapiteln behandelten Experimente sind von dieser Art. Um ihre Bedeutung und ihren Einfluß voll zu würdigen, müssen wir zuerst einige charakteristische Merkmale der klassischen Physik erwähnen.

Zunächst wurden deren Konzeptionen ohne Ausnahme im Bereich der gewöhnlichen Erfahrung gewonnen und der Notwendigkeit entsprechend erweitert. Das ist nicht überraschend; denn man erwartet natürlich, daß Gesetzmäßigkeiten, die unter weitgefächerten Bedingungen gelten, auch unter allen anderen Bedingungen gültig sind. So wäre es wertlos, eine Rakete mit einer Apparatur zum Fotografieren der Planetenoberfläche zum Mars zu schicken, wenn wir nicht hinreichend davon überzeugt wären, daß sich Rakete und Apparatur in Marsnähe nach denselben Gesetzen verhalten, die wir für die Erdoberfläche entdeckt haben. Genauso glauben wir, daß ein vor fünf Jahren konstruiertes Auto auch morgen noch ordentlich fahren wird.

Solche Erweiterungen oder *Extrapolationen* können aber auch irreführen. So besagt z. B. ein im Jahre 1662 von ROBERT BOYLE entdecktes und berühmt gewordenes physikalisches Gesetz, daß das Produkt aus dem Volumen einer bestimmten Gasmenge und dem Druck, den das Gas auf die Gefäßwand ausübt, bei unveränderter Temperatur konstant bleibt, d. h., eine Zunahme einer dieser Größen wird durch Abnahme der anderen exakt kompensiert und umgekehrt. Wenn jedoch die Temperatur zu niedrig oder der Druck zu hoch ist, gilt das Gesetz nicht mehr, das Gas beginnt zu kondensieren, und es kann eine bedeutende Volumenänderung ohne kompensierende Druckänderung geben. So ein Versagen ist im allgemeinen durch die Existenz von Gesetzen oder durch Erscheinungen bedingt, die in der ursprünglichen Beziehung nicht berücksichtigt worden sind. In unserem Beispiel hängt das Versagen des BOYLEschen Gesetzes damit zusammen, daß Gase kondensieren und Flüssigkeiten bilden können.

Der zweite für unsere Diskussion wichtige Punkt betrifft das klassiche Bild der Struktur der Materie. Eine Meinung, die auf ARISTOTELES zurückgeht, läßt nur zwei Möglichkeiten zu: Materie kann kontinuierlich sein (in Analogie zu Gelatine), oder sie kann eine diskrete Struktur wie ein Steinhaufen haben. Die klassische Theorie hat sich in Einklang mit der ersten Möglichkeit entwickelt. Sicherlich, die Atomhypothese war gut bekannt; aber sogar unter Chemikern, unter denen man ihre standhaftesten Verfechter erwarten könnte, gab es eine starke und offene Opposition. Wenn man von den

Anfängen dessen absieht, was heute als kinetische Theorie bekannt ist, spielte die atomistische Konzeption in der klassischen Physik eine untergeordnete Rolle. Dort, wo sie einging, geschah es nur in einer rudimentären Version, und man interessierte sich kaum oder nur wenig für eine mögliche Atomstruktur.[2])

Das ist der Hintergrund, vor dem die folgenden Ausführungen zu betrachten sind. Einige Teile dieser Arbeit heben sich deutlich vom Hintergrund ab, andere erweisen sich nur als Teile desselben, in einem neuen Licht betrachtet. Das gemeinsame Merkmal der Darlegungen besteht darin, daß sich alle beschriebenen Experimente mit Erscheinungen befassen, die entweder wegen ihres Maßstabes oder wegen ihrer Kompliziertheit jenseits des Bereichs unserer Sinneswahrnehmungen und somit außerhalb unserer gewöhnlichen Erfahrung liegen. Der Schlüssel zu ihrem Verständnis besteht daher in einer Abkehr von der verbreiteten Praxis, sich vom „gesunden Menschenverstand" auch außerhalb solcher Gebiete leiten zu lassen, in denen er sich herausgebildet hat.

---

[2]) Es gab kaum Anlaß, sich dafür zu interessieren. Erst die Entdeckung des Elektrons 1897 eröffnete die Möglichkeit einer inneren Struktur und einer weiteren Teilung des *atomos* — des Unteilbaren.

2. Der Ursprung der Quantenkonzeption

Zwei große begriffliche Strukturen charakterisieren die Entwicklung der Physik in der ersten Hälfte des 20. Jahrhunderts: die Relativitätstheorie und die Quantentheorie. Erstere stützt sich auf ein Experiment im 19. Jahrhundert, das MICHELSON-MORLEY-Experiment. Die Theorie stammt nahezu vollständig von ALBERT EINSTEIN[1]); sie wird hier nicht weiter dargelegt.

Die Quantentheorie hat eine viel verwickeltere Geschichte, und so beziehen sich die meisten in diesem Buch behandelten Experimente auf sie. Allgemein besteht die Meinung, daß sie primär eine Theorie der Atomstruktur und der Atomanhäufungen sei. Sie ist jedoch viel umfassender, und als ihr Ausgangspunkt ist der Versuch anzusehen, die Strahlung aus einem kleinen Loch in einer Ofenwand vollständig zu beschreiben. Diese Strahlung war aus Gründen, die im folgenden dargelegt werden, Gegenstand umfangreicher theoretischer Untersuchungen. Einige ihrer allgemeinen Eigenschaften waren hergeleitet worden; die einzige explizite Formel stützt sich jedoch auf fragwürdige Annahmen. In diesem Kapitel wird die erste experimentelle Arbeit behandelt, die sowohl hinreichend genau als auch umfassend genug war, um diese Formel zu überprüfen. Es zeigte sich, daß die Formel unzulänglich war; ihre notwendige Modifizierung enthielt eine neue Naturkonstante, die als „Wirkungsquantum" bekannt geworden ist.

Um diese Entwicklung diskutieren zu können, ist es notwendig, ein idealisiertes Objekt, einen schwarzen Körper, einzuführen. Es sei daran erinnert, daß beim Auftreffen von Licht auf die Oberfläche eines Objektes ein Teil des Lichtes von dieser *reflektiert* wird und ein Teil in das Innere des Objektes eindringt. Letzterer erfährt wiederum mindestens einen, möglicherweise zwei weitere Prozesse: Ein Teil davon (oder alles) wird *absorbiert,* der Rest kann durch eine andere Oberfläche das Objekt verlassen, er wird *transmittiert.* Wir sehen ein nicht selbst leuchtendes Objekt nur deshalb, weil es etwas Licht in unsere Augen reflektiert. Ein Objekt erscheint uns um so dunkler, je weniger Licht es reflektiert. Wenn es ein Objekt gäbe, das das

---

[1]) Dieser Hinweis soll besagen, daß der wesentliche Inhalt der Theorie schon in EINSTEINS Originalarbeiten enthalten ist.

gesamte auftreffende Licht absorbiert, also kein Licht reflektiert, würde es vollständig schwarz erscheinen.[2]) Ein Objekt dieser Art wird ideal schwarzer Körper genannt. So ein Körper existiert nicht. Trotzdem ist es in der Wissenschaft üblich, anzunehmen, daß es so einen Körper gibt, und viele seiner möglichen Eigenschaften zu bestimmen. Diese Art der Idealisierung ist besonders dann wertvoll, wenn die angenommene Situation mit der Realität nahezu zusammenfällt. Es wird sich zeigen, daß dies hier der Fall ist.

Natürlich besitzt die von einem schwarzen Körper absorbierte Strahlung Energie. Die innere Energie des Körpers würde sich erhöhen und seine Temperatur würde unbegrenzt anwachsen, wenn es keinen Mechanismus gäbe, durch den der Körper Energie abgeben kann. Ein solcher Mechanismus muß sogar bei einem isolierten Körper im Vakuum funktionieren, wo Leitung und Konvektion nicht möglich sind. Er besteht einfach darin, daß die Körper strahlen. Nicht nur ein schwarzer Körper, sondern jedes in konstanter Umgebung sich selbst überlassene Objekt strebt einen Zustand an, in dem es soviel Energie pro Zeiteinheit — d. h. Leistung — abstrahlt, wie es absorbiert.[3])

Die Energie wird mit allen Wellenlängen des Spektrums abgestrahlt, das nicht nur den sichtbaren Bereich, sondern auch die ultravioletten, infraroten und anderen Anteile umfaßt. Die Verteilung der Energie auf die verschiedenen Wellenlängen ändert sich mit der Körpertemperatur[4]) und ist auch von dem Oberflächenmaterial des Körpers abhängig. Die Intensität dieser Verteilung über die Wellenlängen wird *spektrales Emissionsvermögen* genannt, das mit E_λ bezeichnet und wie folgt definiert wird: Das spektrale Emissionsvermögen für die Wellenlänge λ ist die Energie, die von den Wellenlängen um λ herum pro Zeiteinheit, Oberflächeneinheit und Wellenlängeneinheit abgestrahlt wird; $E_\lambda \, \mathrm{d}\lambda \, \mathrm{d}S \, \mathrm{d}t$ ist die Energie im Wellenlängenbereich von λ bis $\lambda + \mathrm{d}\lambda$, die in der Zeit $\mathrm{d}t$ von einem Oberflächenelement der Fläche $\mathrm{d}S$ abgestrahlt wird. Das spektrale Emissionsvermögen eines *schwarzen* Körpers ist dagegen *nicht* von den Eigenschaften irgendeiner spe-

[2]) Wenn wir annehmen, daß das Objekt nicht selber leuchtet, würden wir es tatsächlich überhaupt nicht sehen können. Wir würden nur ein Raumgebiet bemerken, aus dem uns kein Licht erreicht.

[3]) Dies darf *nicht* mit Reflexion verwechselt werden. Die Eigenschaften des reflektierten Lichts werden teils durch die des reflektierenden Körpers, teils durch die des einfallenden Lichts bestimmt. Die Merkmale dieser Strahlung aber werden nur in sehr speziellen Situationen durch die des einfallenden Lichts beeinflußt.

[4]) Diese Tatsache spiegelt sich im normalen Sprachgebrauch durch Ausdrücke wie „Rotglut“ und „Weißglut“ wider, die, wenn auch nur vage, verschiedene Temperaturen kennzeichnen.

ziellen Substanz abhängig, es besitzt universellen oder absoluten Charakter. Dies ist einer der Gründe für das Interesse am schwarzen Körper. Aufgrund seiner besonderen Bedeutung geben wir dem spektralen Emissionsvermögen eines schwarzen Körpers ein eigenes Symbol e_λ.

Wir verfolgen nun die einzelnen Schritte, in denen die Strahlung eines schwarzen Körpers der Untersuchung zugänglich gemacht wurde. Wir betrachten einen Hohlraum, ein Raumgebiet, das durch beliebiges Material begrenzt wird. Dabei nehmen wir an, daß die Wände des Hohlraumes auf einer einheitlichen Temperatur T gehalten werden. Der Hohlraum wird sicherlich Strahlung enthalten, da die Wände strahlen. Als G. R. Kirchhoff im Jahre 1860 den Begriff des schwarzen Körpers einführte, zeigte er, daß diese Strahlung folgende Eigenschaften besitzt: Erstens ist sie isotrop (in jeder Richtung gleich) und homogen (in jedem Punkt des Hohlraumes gleich); dies gilt nicht nur für das Gesamtspektrum, sondern für jede beliebige Wellenlänge. Zweitens ist sie mit der von einem schwarzen Körper emittierten Strahlung insofern identisch, als ihre *Beleuchtungsdichte*, d. h. die Energie, die pro Zeiteinheit auf eine Flächeneinheit trifft, mit der von einem schwarzen Körper pro Zeit- und Flächeneinheit emittierten Energie übereinstimmt. Auch das gilt für jede beliebige Wellenlänge ebenso wie für das Gesamtspektrum. Isotropie und Homogenität kann man beweisen, indem man zeigt, daß beim Fehlen dieser Eigenschaften ein perpetuum mobile konstruiert werden könnte. Wäre die Strahlung z. B. in einem Punkt intensiver als in einem anderen, so würden zwei in diesen Punkten angebrachte identische Absorber verschiedene Temperaturen haben, so daß der eine als Wärmequelle und der andere als Wärmesenke für eine Wärmemaschine genutzt und somit Arbeit aus dem System extrahiert werden könnte, ohne irgendeine andere Veränderung hervorzurufen.

Um die Äquivalenz zwischen Hohlraumstrahlung und der Strahlung eines schwarzen Körpers zu zeigen, sei angenommen, daß ein schwarzer Körper der Temperatur T in einen Hohlraum gebracht wird, dessen Wände ebenfalls die Temperatur T haben. Die Energie, die bei der Wellenlänge λ pro Zeit- und Wellenlängeneinheit auf eine Flächeneinheit des schwarzen Körpers fällt, sei mit R_λ bezeichnet; entsprechend der Definition eines schwarzen Körpers wird sie vollständig absorbiert. Die Energie, die in einer Zeiteinheit pro Wellenlängen- und Flächeneinheit emittiert wird, ist gerade e_λ. Diese beiden Energien müssen sich ausgleichen, sonst würde ein spontaner Energietransport zwischen zwei Objekten gleicher Temperatur stattfinden. (Die Möglichkeit, daß ein Nichtgleichgewicht bei einer Wellenlänge durch ein entgegengesetzes Nichtgleichgewicht bei einer anderen Wellenlänge kompensiert wird, kann durch Argumente ausgeschlossen werden, die Zusatzgeräte wie selektive Reflektoren berücksichtigen.) Es gilt also:

$$R_\lambda = e_\lambda.$$

Die Möglichkeit zur experimentellen Bestimmung der Größe e_λ beruht im wesentlichen auf dieser Identität.

Wir nehmen nun an, daß ein nichtschwarzer Körper der Temperatur T in den Hohlraum gebracht wird. Die einfallende Leistung pro Wellenlängen- und Flächeneinheit ist immer noch gleich R_λ, sie wird aber nun nicht mehr vollständig absorbiert. Der bei einer Wellenlänge λ absorbierte Anteil wird als *Absorptionsvermögen* mit a_λ bezeichnet. Dieses kann von der Temperatur und vom Oberflächenmaterial abhängen. Die pro Wellenlängen- und Flächeneinheit bei der Wellenlänge λ absorbierte Leistung ist somit $a_\lambda R_\lambda$. Andererseits ist die pro Wellenlängen- und Flächeneinheit bei λ emittierte Leistung gleich E_λ. Beide Größen müssen sich wieder das Gleichgewicht halten, so daß

$$a_\lambda R_\lambda = E_\lambda$$

oder

$$E_\lambda / a_\lambda = R_\lambda$$

gilt. Mit dem zuvor gefundenen Ergebnis erhält man somit

$$E_\lambda / a_\lambda = e_\lambda .$$

Das Verhältnis von spektralem Emissions- und Absorptionsvermögen ist bei vorgegebener Wellenlänge und Temperatur *unabhängig* vom betrachteten Material.

Durch diese Relation gewinnt die Strahlung eines schwarzen Körpers besondere Bedeutung. O. LUMMER und E. PRINGSHEIM, deren experimentelle Untersuchungen dieser Strahlung im folgenden beschrieben werden, drücken dies so aus:

> Kennt man also die Strahlung des schwarzen Körpers als Funktion von Wellenlänge und Temperatur, so sind dadurch die Strahlungsgesetze für alle diejenigen Körper bekannt, deren Absorptionsvermögen ebenfalls als Funktion von Wellenlänge und Temperatur gegeben ist. Experimentell einfacher dürfte der umgekehrte Weg sein, durch die Untersuchung der Strahlung eines Körpers mit Hilfe der Kenntnis von e auf die Absorption A zu schließen.

Aufgrund dieser Betrachtungen wurde der Strahlung schwarzer Körper schon Ende des 19. Jahrhunderts beträchtliche Aufmerksamkeit gewidmet. Die meisten Bemühungen richteten sich darauf, aus den Beobachtungen der spektralen Strahlungsverteilungen realer Körper empirische Schlußfolgerungen zu ziehen. Als F. PASCHEN im Jahre 1896 über seine Arbeiten hierzu berichtete, zitierte er etwa ein halbes Dutzend früherer Arbeiten. Sein Ausdruck $E_\lambda = C\lambda^{-a}\mathrm{e}^{-c/\lambda T}$, mit der absoluten Temperatur T und den Materialkonstanten C, a und c, ist einer der einfachsten.[5])

Im Jahre 1879 fand J. STEFAN heraus, daß das totale Emissionsvermögen, d. h. die pro Flächeneinheit abgestrahlte Gesamtleistung (die alle Wellenlängen umfaßt), proportional zur vierten Potenz der absoluten Temperatur des strahlenden Körpers ist. Dieses empirische Ergebnis hat bis heute seine Gültigkeit behalten.

Auch theoretische Untersuchungen fehlten nicht. Im Jahre 1884 veröffentlichte LUDWIG BOLTZMANN zwei Arbeiten, die den Beweis erbrachten, daß STEFANS empirische Relation für einen schwarzen Körper gelten muß. (Diese Relation ist seitdem als STEFAN-BOLTZMANNsches Gesetz bekannt.) Neun Jahre später fand WILLI WIEN zwei ebenso wichtige Ergebnisse: Wenn ein Hohlraumvolumen z. B. durch einen beweglichen Kolben verkleinert wird, dann erhöht sich die Strahlungsenergie pro Volumeneinheit im Hohlraum, weil die schon vorhandene Energie nun in einem kleineren Volumen eingeschlossen ist, und auch deshalb, weil die Strahlung einen Druck auf den Kolben ausübt und bei der Kompression gegen diesen Druck Arbeit geleistet wird. Die Energiedichte kann auch durch einen Anstieg der Hohlraumtemperatur erhöht werden. Der zweite Hauptsatz der Wärmelehre verknüpft die auf beiden Wegen erreichten Energiedichtezunahmen miteinander. Diese Relation muß ebenfalls sowohl für das Gesamtspektrum als auch für die Energiedichte jedes infinitesimalen Wellenlängenbereiches gelten. Da nun die sich bewegende Wand wegen des DOPPLER-Effektes eine Wellenlängenänderung in der reflektierten Strahlung hervorruft, muß sich bei einer Temperaturänderung auch die Wellenlängenverteilung ändern. Hieraus ergeben sich zwei quantitative Schlußfolgerungen: Erstens ist es nicht sinnvoll, beim Vergleich wellenlängenabhängiger Größen für zwei verschiedene Temperaturen Werte für dieselbe Wellenlänge heranzuziehen. Mißt man bei der Temperatur T', dann sollte man zum Vergleich mit Werten der Wellenlänge λ und der Temperatur T eine Wellenlänge λ' verwenden, die durch

$$\lambda' T' = \lambda T \tag{2.1}$$

bestimmt wird. Zweitens ändert sich das spektrale Emissionsvermögen für so miteinander verknüpfte Wellenlängen mit der Temperatur nach der Formel

$$e_\lambda / e_{\lambda'} = T^5 / T'^5 . \tag{2.2}$$

[5]) Die Basis des natürlichen Logarithmus, 2,71828..., wird durch den Antiquabuchstaben e gekennzeichnet. Der kursiv geschriebene Buchstabe e bezeichnet das spektrale Emissionsvermögen und wird in folgenden Abschnitten auch als Symbol für die Elektronenladung verwendet.

Wenn insbesondere e_λ (für eine vorgegebene absolute Temperatur T) bei einer Wellenlänge λ_m einen maximalen Wert $e_{\lambda,\max}$ besitzt, dann genügen die Werte von $e_{\lambda,\max}$ bei veränderlicher Temperatur der Beziehung

$$e_{\lambda,\max} T^{-5} = \text{const}, \tag{2.2a}$$

während λ_m die Beziehung

$$\lambda_m T = \text{const} \tag{2.1a}$$

erfüllt.

Die Gleichungen (2.1) und (2.2) sind als WIENsche Verschiebungsgesetze bekannt. Beide Gleichungen zusammen besagen, daß der Ausdruck für e_λ die allgemeine Form

$$e_\lambda = \lambda^{-5} f(\lambda T) \tag{2.3}$$

oder

$$e_\lambda = T^5 F(\lambda T)$$

haben muß, wobei $F(\lambda T) = (\lambda T)^{-5} f(\lambda T)$ gilt. Die genaue Form der Funktionen $f(\lambda T)$ und $F(\lambda T)$ wird durch diese Überlegungen nicht bestimmt, bis auf die Tatsache, daß sie von λ und T nur über das Produkt λT abhängen. Das STEFAN-BOLTZMANNsche Gesetz kann von jedem dieser Ausdrücke abgeleitet werden.

Das war alles, was man nach der klassischen Theorie ohne zusätzliche detailliertere Hypothesen aussagen konnte. In einer späteren Arbeit (1896) erhielt WIEN unter bestimmten Annahmen über den Strahlungsprozeß eines Moleküls eine explizite Formel für e_λ.[6]) Sein Ergebnis

$$e_\lambda = C\lambda^{-5} \mathrm{e}^{-c/\lambda T} \tag{2.4}$$

war mit Gleichung (2.3) vereinbar und sprach für den empirischen Ausdruck von PASCHEN. Das Resultat wurde jedoch nicht allgemein anerkannt, weil einige Physiker die Gültigkeit der benutzten Annahmen in Frage stellten.

MAX PLANCK hingegen akzeptierte diese Beziehung und stützte sie sogar mit zusätzlichen Argumenten. Für PLANCK war das Problem der Strahlung eines schwarzen Körpers wegen des „absoluten“

---

[6]) Genaugenommen geht diese Arbeit wegen der Verwendung von Molekülvorstellungen über das Gebiet der klassischen Physik hinaus; vergleiche Kapitel 1.

Charakters des Verteilungsgesetzes — seiner Unabhängigkeit vom Material der Hohlraumwandung — interessant geworden. In seiner Arbeit zu diesem Thema nutzte er die Materialunabhängigkeit, indem er die Wände durch eine Schar harmonischer Oszillatoren ersetzte. Sein Herangehen an das Problem wurde ausnahmslos durch die Thermodynamik einer Gesamtheit bestimmt, wobei er besonderes Augenmerk auf eine thermodynamische Größe legte, die als *Entropie* bezeichnet wird.[7]) Eine genaue Definition dieser Größe ist für das Folgende nicht erforderlich. Wesentlich ist nur, daß die Entropie ein Maß für die Unordnung in einem System darstellt und daß nach dem zweiten Hauptsatz der Thermodynamik, mit dem PLANCK gut vertraut war, ein isoliertes System von Natur aus danach strebt, sich so zu verändern, daß seine Entropie zunimmt. Daraus folgt, daß der Gleichgewichtszustand der Zustand maximaler Entropie ist. Wie oben erwähnt, ist der Gleichgewichtszustand eines Hohlraumes dadurch charakterisiert, daß dieser mit der Strahlung eines schwarzen Körpers gefüllt ist. Die Aufgabe von PLANCK bestand deshalb darin, die Entropie dieser Gesamtheit zu berechnen.

Bei der Niederschrift seiner ersten, im Jahre 1899 veröffentlichten Arbeit war PLANCK noch nicht mit der Interpretation der Entropie als Maß der Unordnung eines Systems vertraut. Er betrachtete die Entropie eines individuellen Oszillators und versuchte, diese mit der Oszillatorenergie U zu verknüpfen. Dabei fand er heraus, daß die Krümmung R dieser Entropie-Energie-Kurve[8]) eine Grundgröße darstellt, und eine falsche Annahme ließ ihn schließen, daß

$$R = -\alpha/U \tag{2.5}$$

gilt, wobei α eine positive Größe ist, die von der Frequenz abhängen kann. Dies führte gerade auf das Strahlungsgesetz (2.4) mit $\alpha = \lambda/c$.

Auch ein anderer theoretischer Versuch verdient Erwähnung, obwohl er in Wirklichkeit der experimentellen Arbeit folgte. Lord RAYLEIGH ging im Jahre 1900 so an das Problem heran: Ein Hohlraum kann nur bei festen Frequenzen schwingen, d. h. stehende Wellen enthalten, die durch seine Geometrie bestimmt sind. Ebenso kann eine Saite nur bei festen Frequenzen schwingen, die durch ihre Länge bestimmt sind. Die Hohlraumstrahlung muß aus einer Überlagerung im Hohlraum realisierbarer stehender Wellen bestehen. Man kann

---

[7]) Eine weiterführende Diskussion des Entropiebegriffs ist zu finden in: MARK W. ZEMANSKY, *Temperatures Very Low and Very High*, *Momentum Book*, Band 6 (Van Nostrand, 1964), Kapitel 2.

[8]) Die Krümmung in irgendeinem Punkt einer glatten Kurve ist definiert als reziproker Radius des Kreises, der sich in dem Punkt am besten an die Kurve anschmiegt.

die Anzahl der verschiedenen stehenden Wellen mit Wellenlängen zwischen λ und $\lambda + d\lambda$ berechnen, die pro Volumeneinheit im Hohlraum existieren können. (Das Symbol $d\lambda$ kennzeichnet hier keine mathematisch infinitesimale Größe, sondern weist nur darauf hin, daß der betrachtete Wellenlängenbereich klein im Vergleich zur Wellenlänge selber ist.) Jede dieser Eigenschwingungen sollte nach einem bekannten Prinzip der klassischen statistischen Mechanik, dem Energiegleichverteilungssatz, die gleiche mittlere Energie kT besitzen, wobei T die absolute Temperatur und k eine universelle Konstante ist. Diese Betrachtungen führen auf einen Ausdruck für die Energie pro Hohlraumvolumeneinheit und Wellenlängeneinheit und damit zu einer Gleichung für das spektrale Emissionsvermögen,

$$e_\lambda = 8\pi ckT\lambda^{-4}. \tag{2.6}$$

Diese Gleichung ist mit (2.3) konsistent. Doch hat sie einen wesentlichen Mangel: Sie liefert einen unendlichen Wert für die Gesamtenergie im Hohlraum.[9]) Dieser rührt von den bei abnehmenden Wellenlängen immer größer werdenden Beiträgen her. Weil kurze Wellenlängen zur ultravioletten Strahlung gehören, wird die Divergenz oft „Ultraviolettkatastrophe" genannt. (Nach heutigem Wissen könnte „Gammastrahlungskatastrophe" ein treffenderer Ausdruck sein.)

Insgesamt stellte sich die Situation kurz vor der Jahrhundertwende so dar: Die klassische Theorie lieferte einen Ausdruck für das spektrale Emissionsvermögen e_λ, der vermutlich zuverlässig, aber sehr allgemein war. Weiterhin existierte ein spezieller Ausdruck, den man mit Hilfe zusätzlicher, nicht gesicherter Hypothesen erhielt, für die aber thermodynamische Argumente sprachen. Und es gab schließlich empirische Näherungen. So war es natürlich, nach neuen Lösungen zu suchen.

In ihrer entscheidenden experimentellen Arbeit verwendeten Lummer und Pringsheim eine Methode, die durch eine leichte Abwandlung der Diskussion über die Äquivalenz von Hohlraumstrahlung und Strahlung eines schwarzen Körpers gerechtfertigt wird. Es sei angenommen, daß sich in einer Wand eines solchen Hohlraumes ein Loch befindet, dessen Fläche klein im Vergleich zu den Wandflächen ist. Die von außen auf das Loch fallende Strahlung gelangt nahezu mit Sicherheit in den Hohlraum und wird dort durch wiederholtes Hin- und Herspiegeln eingefangen (bei jeder Reflexion etwas absorbiert), so daß das Loch in dieser Hinsicht eine gute Nähe-

[9]) Es ist interessant anzumerken, daß das nicht das erste Anzeichen für ein Versagen des Energiegleichverteilungssatzes war. Maxwell hatte schon 1859 erkannt, daß es dieser Satz nicht erlaubt, das Verhältnis der spezifischen Wärmen eines Gases zu erklären.

rung für einen schwarzen Körper ist.[10]) Außerdem stellt die aus dem Loch kommende Strahlung eine repräsentative Probe der Hohlraumstrahlung dar, deren Äquivalenz mit der Strahlung eines schwarzen Körpers schon gezeigt worden ist. Durch Untersuchung dieser Hohlraumstrahlung kann man somit die Eigenschaften der Strahlung eines schwarzen Körpers bestimmen. Das Verfahren erscheint prinzipiell einfach, seine Durchführung erfordert jedoch große Sorgfalt.

Im Jahre 1897 wurde über einen ersten Schritt berichtet, der darin bestand, das STEFAN-BOLTZMANNsche Strahlungsgesetz zu überprüfen. Es wurden zwei Hohlräume verwendet, einer aus Kupfer für Temperaturen bis zu 877 K und ein weiterer aus Eisen für Temperaturen von 799 K bis 1561 K. Der Kupferhohlraum wurde in eine Schmelze aus Natrium- und Kaliumnitrat getaucht; die Badtemperatur konnte durch Regelung der Gaszufuhr zur Heizflamme bis zu einer halben Stunde auf ein oder zwei Grad konstant gehalten werden. Der Eisenhohlraum wurde durch einen doppelwandigen Spezialofen (siehe Abb. 2.1) beheizt. Temperaturen bis zu 755 K wurden mit einem Quecksilberthermometer, höhere Temperaturen mit einem Thermoelement gemessen.

Die Strahlungsleistung wurde mit einem Bolometer bestimmt. In diesem Gerät fällt die zu messende Strahlung auf einen von zwei geschwärzten Platindrähten, wird hier absorbiert und erhöht so die Temperatur des Drahtes und damit seinen elektrischen Widerstand. Die Widerstandszunahme wird durch Vergleich mit dem Widerstand des anderen Drahtes gemessen.

Um zu sichern, daß die gemessene Energie nur aus dem Hohlraum stammt, und um mögliche Schwankungen des Strahlungsanteils, der in der Luft zwischen dem Hohlraum und dem Meßinstrument absorbiert wird, zu korrigieren, wurden umfangreiche Vorkehrungen getroffen. Eine gleichmäßige Temperatur im Eisenhohlraum aufrecht zu erhalten, war tatsächlich die einzige Schwierigkeit, die nicht völlig überwunden werden konnte. Die Messungen über einen Temperaturbereich, dessen Anfangs- und Endwert sich um den Faktor vier unter-

---

[10]) Die Güte der Näherung hängt in diesem Falle von dem Umstand ab, daß eine Absorption der einfallenden Strahlung im Hohlraum nur dann *ausbleibt,* wenn das Licht nach den ersten Reflexionen an der Innenwand wieder aus ihm hinaus reflektiert wird. Die Wahrscheinlichkeit dafür wird durch die mikroskopische Geometrie der Wände bestimmt und hängt nicht von der Wellenlänge der Strahlung ab. Die Güte, mit der ein schwarzes Objekt (wie etwa ein Stück Kohle) einen ideal schwarzen Körper approximiert, ist dagegen durch die Wahrscheinlichkeit bestimmt, daß die einfallende Strahlung bei ihrem ersten und einzigen Auftreffen auf die Objektoberfläche absorbiert statt reflektiert wird. Diese Wahrscheinlichkeit hängt von der Wellenlänge ab.

schieden, führten zu der Schlußfolgerung, daß das STEFAN-BOLTZMANNsche Gesetz gültig ist.

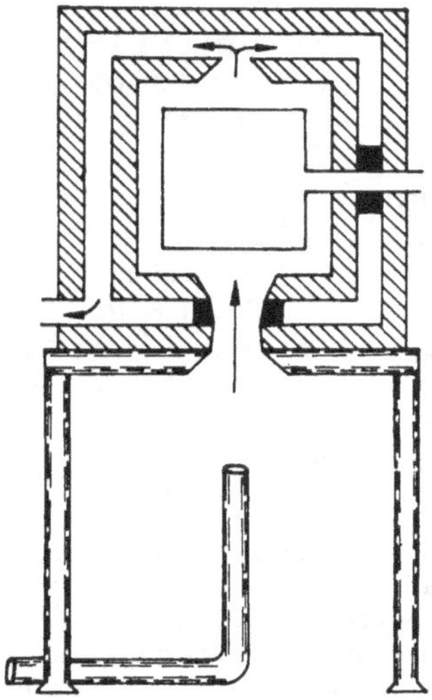

Abb. 2.1. Schema des doppelwandigen Ofens zum Beheizen des Eisenhohlraumes

LUMMER und PRINGSHEIM untersuchten danach, wie sich das spektrale Emissionsvermögen bei gegebener Temperatur mit der Wellenlänge ändert; 1899 und 1900 berichteten sie in drei Arbeiten über die Ergebnisse. Wieder war die zugrunde liegende Konzeption einfach und das prinzipielle Vorgehen klar, nämlich die Strahlung vor der Leistungsmessung mit einem Prismenspektrometer zu zerlegen. Nur die verschiedenen Vorkehrungen und Korrekturen waren kompliziert. Unterschiedliche Hohlräume wurden bei Temperaturen von 85 K bis zu etwa 1800 K benutzt. Die niedrigeren Temperaturen erreichte man durch Eintauchen in flüssige Luft (85 K), kochendes Wasser (373 K) und geschmolzenen Salpeter (etwa 600 K), die hohen Temperaturen bis zu 1800 K durch elektrisches Heizen.

Bei diesen Temperaturen gehört der überwiegende Anteil der Strahlung zum Infrarotgebiet, der untersuchte Wellenlängenbereich erstreckte sich von etwa 1 μm bis zu etwa 18 μm (sichtbares Licht umfaßt Wellenlängen von etwa 0,4 μm für violettes Licht bis zu etwa 0,7 μm für rotes Licht). Eine wesentliche Schwierigkeit in diesem Spektralbereich besteht darin, daß die beiden normalerweise in der Atmosphäre vorhandenen Substanzen Wasserdampf und Kohlendioxid in der Nähe bestimmter Wellenlängen stark absorbieren, besonders in der Umgebung von 1,8; 2,7 und 4,5 μm. In ihrer ersten

Arbeit versuchten LUMMER und PRINGSHEIM nur, diese Effekte durch Korrekturen zu kompensieren. Später schlossen sie Spektrometer und Bolometer in einen Behälter ein, in dem die Luft getrocknet und chemisch von Kohlendioxid gereinigt war, so daß sich die notwendigen Korrekturen stark verminderten. Um zu sichern, daß nur die interessierende Strahlung auf das Bolometer fällt, wurden wie in der Arbeit über das STEFAN-BOLTZMANNsche Gesetz strenge Vorsichtsmaßnahmen getroffen.

Die Ergebnisse sind in Abbildung 2.2 durch Kurven wiedergegeben, die e_λ als Funktion von λ für die verschiedenen Temperaturen zeigen (die Abbildung ist der zweiten der drei Arbeiten entnommen). Zur Überprüfung der Gleichungen (2.1a) und (2.2a) bestimmten LUMMER und PRINGSHEIM aus solchen Kurven sowohl die Wellenlänge λ_m, bei der e_λ ein Maximum hat, als auch den maximalen Wert $e_{\lambda,\mathrm{max}}$. Sie mußten nur feststellen, ob die entsprechenden Kombinationen von Faktoren tatsächlich Konstanten waren. Schon in ihrem ersten Bericht hielten sie die folgende Aussage für gerechtfertigt:

> Es kann somit durch diese Beobachtungsreihe als erwiesen erachtet werden, daß für den benutzten strahlenden Körper die maximale Energie zur fünften Potenz der absoluten Temperatur fortschreitet. Auch die Gleichung $\lambda_\mathrm{m}T = A$ kann als erwiesen gelten, da die Abweichungen der Werte A vom Mittelwerte innerhalb der bei Bestimmung von λ_m möglichen Beobachtungsfehler liegen.

Es ist tatsächlich nicht sicher, ob LUMMER und PRINGSHEIM die Verschiebungsgesetze als fraglich ansahen, als etwas, das zu beweisen oder zu widerlegen ist. Später stellten sie fest: „Die Erfüllung dieser drei Gesetze“ (das dritte ist das STEFAN-BOLTZMANNsche Gesetz) „ist die *conditio sine qua non*, wenn man aus Strahlungsmessungen irgendwelche Schlüsse auf die Form der Spektralgleichung (Energiekurve) ziehen will.“ Mit anderen Worten, zumindest zu jener Zeit hielten sie die Gleichungen für zuverlässiger als ihre eigenen Messungen. Sie verwarfen tatsächlich eine Meßreihe, weil der maximale Wert von e_λ mit $T^{5,2}$ statt mit T^5 variierte.[11])

Obwohl WIENS Formel (2.4) für e_λ auf weniger sicheren Grundlagen beruhte, war sie im wesentlichen der einzig verfügbare explizite Ausdruck und wurde deshalb von LUMMER und PRINGSHEIM zum Vergleich mit ihren Ergebnissen herangezogen. Abbildung 2.2 zeigt neben den experimentellen Kurven auch jene Kurven, die sich aus der WIENschen Formel für die benutzten Temperaturwerte ergeben. Zwischen Experiment und Theorie ist eine gute Übereinstimmung zu erkennen, aber LUMMER und PRINGSHEIM waren damit nicht zufrie-

[11]) Sie stellen fest, daß dies von einer schlechten Justierung herrühren könnte, wobei das Spektrometer nicht nur in das Innere des Hohlraums, sondern auch einen Teil seiner kälteren Außenwand „sieht“.

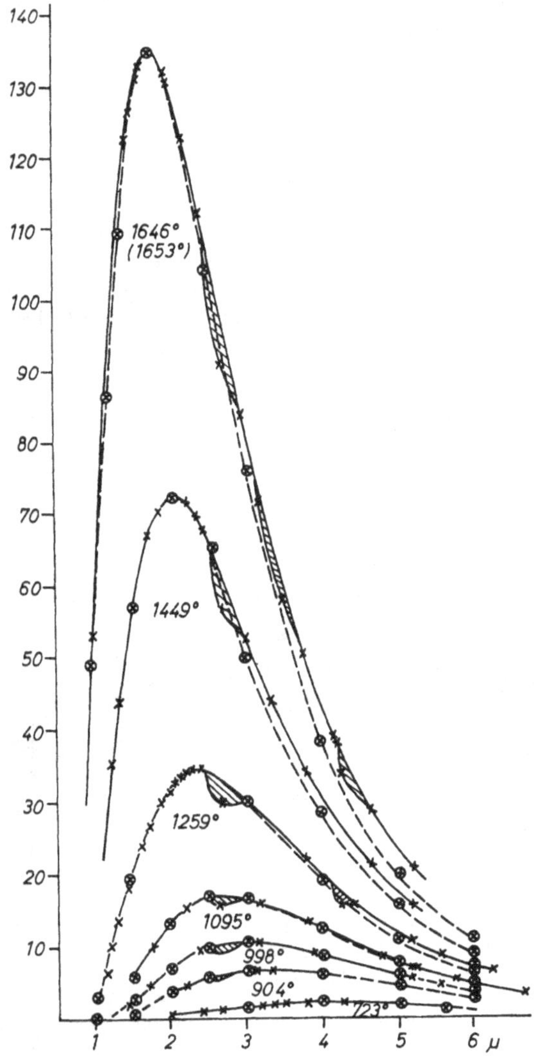

Abb. 2.2. Vergleich der experimentellen Daten von LUMMER und PRINGSHEIM (einfache Kreuze und durchgezogene Kurven) mit der WIENschen Formel (Kreuze in Kreisen und gestrichelte Kurven). Die schraffierten Flächen zeigen die Absorption durch Wasserdampf und Kohlendioxid der Luft [*Verhandl. der Deutschen phys. Gesellschaft* **1**, S. 217 (1899), Abb. 1]

den und fanden einen empfindlicheren Test: Durch Logarithmieren[12]) der Gleichung (2.4) erhält man

$$\log e_\lambda = \log (C\lambda^{-5}) - (c/\lambda T) \log \mathrm{e},$$

was man umformen kann zu

$$\log e_\lambda = \log (C\lambda^{-5}) - [(c/\lambda) \log \mathrm{e}](1/T).$$

Diese Gleichung hat die Gestalt $y = a + bx$ mit $y = \log e_\lambda$, $a = \log (C\lambda^{-5})$, $b = -(c/\lambda) \log \mathrm{e}$ und $x = 1/T$. Die WIENsche Formel besagt daher, daß die resultierende Kurve, *Isochromate* genannt, eine Gerade ist, wenn man $\log e_\lambda$ für ein festes λ über $1/T$ aufträgt. Der Anstieg dieser Geraden ist proportional zu c, und aus der Lage ihres Schnitt-

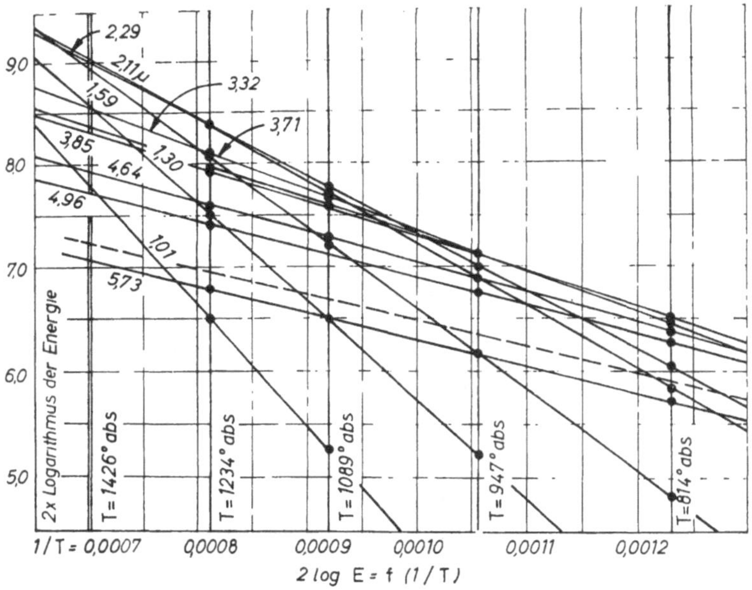

Abb. 2.3. Ein Satz von Isochromaten aus LUMMERS und PRINGSHEIMS erstem Bericht über die Strahlung eines schwarzen Körpers [*Verhandl. der Deutschen phys. Gesellschaft* **1**, S. 38 (1899), Abb. 2]

[12]) Es sei daran erinnert, daß der Logarithmus einer Zahl y eine Zahl a ist, für die $10^a = y$ gilt; daß deshalb $10^{\log y} = y$ ist; daß für zwei gleiche Zahlen auch ihre Logarithmen gleich sind; daß $\log (xy) = \log x + \log y$ ist; und daß $\log (x^s) = \log ((10^{\log x})^s) = \log (10^{s \log x}) = s \log x$ gilt.

punkts mit der log e_λ-Achse kann man C berechnen. Die zur Ableitung der WIENschen Formel benutzten Argumente waren so geartet, daß die Größe c eine Naturkonstante ist, während C sich von Meßreihe zu Meßreihe ändern kann, innerhalb einer Meßreihe aber konstant bleibt.

LUMMER und PRINGSHEIM zeigten in ihrem ersten Bericht Isochromaten, die Geraden zu sein schienen (s. Abb. 2.3). Die Werte von C und c änderten sich jedoch mit der Wellenlänge. Dieses Verhalten war nicht mit der WIENschen Formel zu vereinbaren. LUMMER und PRINGSHEIM waren jedoch von ihren Methoden zu wenig überzeugt, um den Test als entscheidend anzusehen. Zur Zeit des zweiten Berichts zweifelten sie bereits so stark an der Gültigkeit der Gleichung (2.4), daß sie nach einer Krümmung der Isochromaten suchten und von deren Entdeckung berichteten (sie zeigten jedoch keine Isochromaten im zweiten Bericht). Trotzdem schrieben sie: „Ehe wir jedoch ein endgültiges Urteil über die Gültigkeit der WIEN-PLANCKschen Gleichung fällen, halten wir es für nötig, die Versuche über ein größeres Temperaturintervall und Wellenlängengebiet auszudehnen.“ [13]) Im dritten Bericht schließlich wurde der Beweis zweifelsfrei erbracht; die Krümmung der Isochromaten war offensichtlich (siehe Abb. 2.4). Sie schlußfolgerten daraus, daß das WIEN-PLANCKsche Gesetz ungültig sei, und sagten: „Ebenso ist damit allen denjenigen weitgehenden Folgerungen der Boden entzogen, welche man aus der WIEN-PLANCKschen Gleichung hergeleitet hat.“

Durch diese Ergebnisse und durch ähnliche Resultate seiner Berliner Kollegen RUBENS und KURLBAUM angeregt, versuchte PLANCK, seine eigene theoretische Arbeit zu modifizieren. Wie er zu seinem Ergebnis gelangte, ist (abgesehen von der Tatsache, daß es völlig empirisch geschah) nicht bekannt; sogar PLANCK selber gab zwei Versionen an. In seiner ersten Darstellung sprach er davon,

> ... ganz willkürliche Ausdrücke für die Entropie zu konstruieren, welche, obwohl komplizierter als der WIENsche Ausdruck, doch allen Anforderungen der thermodynamischen und elektromagnetischen Theorie ebenso vollkommen Genüge zu leisten schienen wie dieser.
>
> Unter den so aufgestellten Ausdrücken ist mir einer besonders aufgefallen, der dem WIENschen an Einfachheit am nächsten kommt, und der ... wohl verdienen würde, daraufhin näher geprüft zu werden.

Anders ausgedrückt, hatte er eine über (2.5) hinausgehende nächste Näherung ausgewählt, die man durch eine Entwicklung von $1/R$ nach Potenzen von U erhalten könnte. Später sagte er jedoch,[14])

[13]) In diesem Stadium erfaßten ihre Messungen nur einen Temperaturbereich von 620 K bis 1650 K und einen Wellenlängenbereich von 1 μm bis 6 μm.

[14]) In seinem Nobelvortrag.

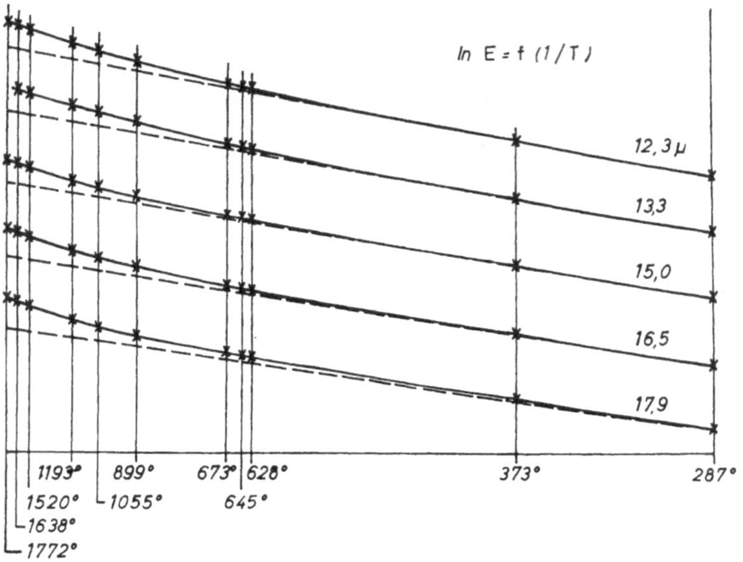

Abb. 2.4. Ein Satz von Isochromaten aus LUMMERS und PRINGSHEIMS drittem Bericht [*Verhandl. der Deutschen phys. Gesellschaft* **2**, S. 170 (1900), Abb. 1]

er habe „eine glücklich erratene Interpolationsformel" gesucht. Diese sollte zwischen der Gleichung (2.5), die für kleine U gilt, und der für große U gültigen Beziehung $R \propto 1/U^2$ interpolieren. Die letztgenannte Form der U-Abhängigkeit wurde durch RUBENS' und KURLBAUMS Entdeckung nahegelegt, daß sich e_λ für große Werte von λT annähernd linear mit T ändert. PLANCK kam schließlich dazu, (2.5) durch

$$R = \alpha / U(\beta + U)$$

mit den Konstanten α und β zu ersetzen. Das führt auf ein Strahlungsgesetz der Gestalt

$$e_\lambda \propto \lambda^{-5}(e^{b/\lambda T} - 1)^{-1}, \tag{2.7}$$

wobei b eine noch nicht genauer bestimmte Konstante ist. Es zeigte sich, daß diese Gleichung die Experimente sehr gut beschreibt. Dieses Ergebnis wurde der Deutschen Physikalischen Gesellschaft im Oktober 1900 vorgetragen.

Im Dezember 1900 war PLANCK in der Lage, Gleichung (2.7) zu begründen, aber erst nachdem er zu einem umfassenderen Verständnis der Entropie gelangt war. BOLTZMANN hatte schon 1877 erkannt, daß die Entropie eines Zustandes ein Maß für die Wahrscheinlichkeit ist, mit der dieser Zustand auftritt. Die Wahrscheinlichkeit wiederum kann einfach durch Abzählen der verschiedenen mikroskopischen Anordnungen gefunden werden (hier der Zahl der Möglichkeiten, die Energie auf die einzelnen Oszillatoren zu verteilen), die mit dem vorgegebenen Gesamtzustand verträglich sind, wobei angenommen wird, daß jede mikroskopische Anordnung gleich wahrscheinlich ist. Wenn aber das Abzählen im vorliegenden Fall durchführbar sein soll, dann darf die Energie keine kontinuierliche Variable sein. Sie muß vielmehr in Vielfache einer Grundeinheit ε unterteilt werden, so daß $U = n\varepsilon$ gilt. Als PLANCK diese Vorstellungen in seine Theorie einfügte, fand er, daß die Entropie S von U und ε nur in der Kombination U/ε abhängt. WIENS Verschiebungsgesetze besagen andererseits, daß $S = f(U/\nu)$ gilt, wobei ν die Oszillatorfrequenz ist. Folglich ergibt sich $\varepsilon = h\nu$: *Die Energie eines Oszillators muß ein ganzzahliges Vielfaches einer Grundeinheit sein, die proportional zur Frequenz ist.* Das resultierende Strahlungsgesetz lautet

$$e_\lambda = \frac{8\pi c^2 h}{\lambda^5(e^{hc/k\lambda T} - 1)}, \tag{2.8}$$

wobei h die PLANCKsche Konstante, k eine andere universelle Konstante und c die Lichtgeschwindigkeit ist.

Dieser Ansatz besitzt mehrere bedeutende Vorzüge. Gleichung (2.8) beschreibt nicht nur die experimentellen Ergebnisse sehr gut. Ist die Wellenlänge oder die Temperatur klein, so daß der Exponent von e groß wird,[15]) dann reduziert sich (2.8) auf das WIEN-PLANCKsche Gesetz, (2.5). Ist andererseits λ oder T groß, dann reduziert sie sich auf RAYLEIGHS Gesetz, (2.6).[16]) Die Verwendung des Entropiebegriffs erlaubte es PLANCK außerdem, einen Wert für die heute als AVOGADRO-Zahl bekannte Konstante und damit auch für die Elektronenladung abzuleiten. Auch diese Werte sowie andere mit ihnen zusammenhängende Größen stimmen gut mit denen überein, die man mit anderen Methoden erhalten hat.

Es war aber nicht diese Übereinstimmung, die PLANCK überzeugte. Beim Vortrag der zweiten Arbeit vor einer Versammlung der Deutschen Physikalischen Gesellschaft bemerkte er: „Als ich vor mehreren Wochen die Ehre hatte, Ihre Aufmerksamkeit auf eine neue Formel zu lenken, ..., gründete sich meine Ansicht von der Brauchbarkeit der Formel ... hauptsächlich auf den einfachen Bau der Formel. ...

---

[15]) In diesem Falle kann die Eins gegen die Exponentialfunktion vernachlässigt werden.

[16]) Das erkennt man, wenn man die Entwicklung $e^x \approx 1 + x$ für kleine x verwendet.

Ich lege hier, wie gesagt, nicht Wert auf den Nachweis der Notwendigkeit und der leichten praktischen Ausführbarkeit, sondern nur auf die Klarheit und Eindeutigkeit der gegebenen Vorschriften zur Lösung der Aufgabe."

Die Anfänge der Quantentheorie sind somit in einem Experiment zu finden, dessen Ergebnis nur durch Einführung einer neuen, der klassischen Theorie fremden Idee verstanden werden konnte: In manchen Systemen ist die Energie nicht unendlich unterteilbar, sondern sie wird mit der Umgebung nur in diskreten Mengen oder *Quanten* ausgetauscht.

Literatur zu Kapitel 2

Der Begriff des schwarzen Körpers wird eingeführt und das KIRCHHOFFsche Gesetz wird bewiesen in: G. R. KIRCHHOFF, *Annalen der Physik* **109**, 275–301 (1860).

WIENS Verschiebungsgesetze [Gleichungen (2.1) und (2.2)] sind abgeleitet in: W. WIEN, *Annalen der Physik* **52**, 132–165 (1894).

Die PLANCKsche Ableitung der WIENschen Formel für das spektrale Emissionsvermögen, Gleichung (2.4), ist wiedergegeben in: M. PLANCK, *Annalen der Physik* **1**, 69–122 (1900).

Die experimentellen Arbeiten, die in diesem Kapitel behandelt sind, werden dargelegt in: O. LUMMER und E. PRINGSHEIM, *Verhandlungen der Deutschen Physikalischen Gesellschaft* **1**, 23–41, 215–235 (1899); **2**, 163–180 (1900).

PLANCKS ursprüngliche Darstellung des korrekten Verteilungsgesetzes ist zu finden in: M. PLANCK, *Verhandlungen der Deutschen Physikalischen Gesellschaft* **2**, 202–204 (1900); seine Ableitung auf thermodynamischen Grundlagen in: M. PLANCK, *a.a.O.*, **2**, 237–245 (1900).

Ein ausführlicher Überblick über die Geschichte dieser Entwicklung wird gegeben in: MAX JAMMER, *The Conceptual Development of Quantum Mechanics* (McGraw-Hill, New York, 1966), Abschnitt 1.2. Siehe auch: *The World of the Atom*, Band 1, S. 462–501.

3. Die Elementumwandlung

Was man am Ende des 19. Jahrhunderts unter dem Atombegriff verstand, war insgesamt und vielleicht sogar im Detail nahezu identisch mit dem, was fast zweieinhalb Jahrtausende zuvor der griechische Philosoph LEUKIPPOS vorgeschlagen hatte. Das Universum bestand aus leerem Raum und Materie; die Materie war aus Atomen zusammengesetzt. Die Zahl der einzelnen Atome war außerordentlich groß — unendlich, wie TITUS LUCRETIUS CARUS schrieb, dessen Buch *De Rerum Natura*, oder *Über die Natur der Dinge*, wahrscheinlich eine ungewöhnlich frühe Darstellung der Vorstellungen von LEUKIPPOS ist. Die Zahl der unterschiedlichen Atomarten war jedoch endlich und vermutlich nicht sehr groß. Die Eigenschaften eines materiellen Objektes wurden durch die Eigenschaften der Atome bestimmt, aus denen es bestand.[1]) Die Atome selber waren unzerstörbar und unveränderlich.

Die dazwischenliegenden Jahrhunderte hatten natürlich ihre Spuren hinterlassen. Die chemischen Begriffe des Elements und der Verbindung hatten sich eindeutig durchgesetzt, und es war im atomistischen Rahmen akzeptiert worden, daß die kleinste Einheit einer Verbindung ein Molekül mit zwei oder mehr Atomen ist und daß ein Element eine Anhäufung identischer Atome darstellt. Man hatte sogar erkannt, daß im Atom Veränderungen erzeugt werden können, daß bei der Bildung von Ionen Elektronen angelagert oder abgegeben werden. Aber solch ein Vorgang änderte nichts an der grundsätzlichen Natur des betroffenen Atoms. Aus einem Schwefelatom wurde kein Chlorion, sondern ein Ion des Schwefels.

Die Erscheinung der Radioaktivität, die im Jahre 1896 von HENRI BECQUEREL entdeckt worden ist, erzwang drastische Änderungen in diesem Bild. Einerseits bekam man mit der Radioaktivität ein Werkzeug in die Hand, mit dessen Hilfe sich später zeigte, daß das Atom selber eine Struktur besitzt und zum größten Teil aus leerem Raum besteht. Noch überraschender war, daß die Radioaktivität sich als eine Begleiterscheinung bei der Änderung der Natur eines Atomes entpuppte und gleichzeitig ein außerordentlich empfindliches Hilfsmittel für den Nachweis einer solchen Änderung lieferte. Die Entdeckung dieses zweiten Aspekts durch ERNEST RUTHERFORD (später Baron RUTHERFORD VON NELSON) und FREDERICK SODDY, für die ihnen der Nobelpreis verliehen wurde, ist Gegenstand dieses Kapitels.

Die Arbeit von RUTHERFORD und SODDY unterscheidet sich in einer Beziehung deutlich von den anderen in diesem Buch beschriebenen Arbeiten: Die Forscher hatten keine Konzeption dafür, was sie eigentlich suchten; sie hatten nicht einmal eine dunkle Ahnung davon, was zu erwarten war. Alle anderen diskutierten Fälle stellen im wesentlichen Messungen wohldefinierter Größen dar; sie wurden vor einem Hintergrund vorausgegangener Experimente und Theorien durchgeführt, die die Messung nahelegten und oft auch andeuteten, welcher Art das Ergebnis sein sollte. Im Gegensatz dazu tappten die Forscher hier im Dunkeln, sie probierten irgendetwas, das eine Information

---

[1]) Das besagt nicht, daß die Eigenschaften der makroskopischen Materie die Eigenschaften der Atome *wären*, aus denen sie besteht, und auch nicht, daß die Atome unbedingt die gleichen Eigenschaften wie die makroskopische Materie hätten, sondern nur, daß eins das andere bestimmt.

erwarten ließ. Die veröffentlichten Berichte sind durch diese Haltung stark gefärbt. Ein Versuch, das hier wiederzugeben, würde den Umfang dieses Buches sprengen. So müssen die Zitate eingeschränkter, mehr abrißartig und stärker zusammenfassend gebracht werden als in anderen Kapiteln. Die wesentlichen Gesichtspunkte werden jedoch festgehalten.

Die Forschungsarbeit bestand im Grunde aus der Untersuchung der radioaktiven Eigenschaften des Elementes Thorium. BECQUERELS ursprüngliche Entdeckung hatte sich auf Uran bezogen, aber die darauf folgende Arbeit der CURIES hatte die Existenz einer Reihe anderer radioaktiver Elemente erwiesen, die mineralogisch (und, wie man heute weiß, radiochemisch) mit dem Uran eine Einheit bilden.[2]) Die Radioaktivität des Thoriums wurde etwa zwei Jahre nach BECQUERELS Entdeckung erkannt. RUTHERFORD, damals am Cavendish Laboratorium der Cambridge Universität, interessierte sich sofort für die neue Radioaktivität und für ihren Vergleich mit Uran. In einem langen Artikel aus dem Jahre 1898 über die Strahlung des Urans bemerkte er am Rande, daß sich Thorium als eine veränderliche Aktivitätsquelle erwiesen habe — im Gegensatz zu Uran, das vollkommen konstant sei.

Zur Zeit der Publikation dieser Arbeit (Januar 1899) war RUTHERFORD zum MacDonald-Professor für Physik an die McGill-Universität in Montreal berufen worden. Dort untersuchte er die Strahlungen des Thoriums gründlich. Sein wichtigster Mitarbeiter bei diesen Forschungen war SODDY, ein Chemieassistent. Die Ergebnisse wurden in einer Reihe von sechs Arbeiten publiziert: Zwei erschienen im Januar und Februar 1900 im *Philosophical Magazine*, zwei im Jahre 1902 im *Transactions of the Chemical Society* und zwei weitere ebenfalls im Jahre 1902 im *Philosophical Magazine*; in diesen wird sehr viel aus den beiden vorausgehenden wiederholt. SODDY ist Mitautor der letzten vier Arbeiten.

Die Untersuchungen begannen mit der seltsamen Veränderlichkeit der Strahlung. In der ersten der sechs Arbeiten wird berichtet: „Untersucht man die Intensität der Thoriumstrahlung mit Hilfe der hervorgerufenen elektrischen Entladung, so erweist sie sich als stark schwankend. Diese Veränderlichkeit wird durch schwache Luftströmungen hervorgerufen, die in einem offenen Raum auftreten. Bringt man die Apparatur in ein abgeschlossenes Gefäß, um Luftströmungen zu vermeiden, dann ist die Intensität praktisch konstant.“ Die schon

---

[2]) Die Schilderung dieser Forschungen sowie andere Gesichtspunkte zur frühen Geschichte der Radioaktivität sind zu finden in: WILFRED B. MANN und S. B. GARFINKEL, *Radioactivity and its Measurement*, Momentum Book, Band 10 (Van Nostrand, 1966), Kapitel 1 und 2.

bei früheren Untersuchungen verwendete Methode, Intensitäten zu vergleichen, beruht darauf, daß radioaktive Strahlen Luft ionisieren. Tatsächlich wurde also die Geschwindigkeit gemessen, mit der ein Plattenkondensator durch die Ionisierung entladen wurde. Die Platten waren im Abstand von vier Zentimetern horizontal angeordnet. Eine Schicht des radioaktiven Materials wurde auf die untere Platte gelegt. An die Platten wurde zu Beginn eine Potentialdifferenz von etwa 100 Volt angelegt. Die Entladungsgeschwindigkeit wurde mit Hilfe eines empfindlichen Elektrometers gemessen und als proportional zur „Intensität" der Strahlung angenommen.[3])

Der nächste Schritt bestand darin, die Absorption der Strahlung zu untersuchen. Es ist zu erwarten, daß homogene Strahlung, die durch ein nicht vollständig durchsichtiges Medium geht, absorbiert wird, wobei der absorbierte Anteil exponentiell mit der Schichtdicke des Mediums zunimmt. Die Anstiegsrate hängt teilweise vom Absorber, aber auch von der Strahlung selbst ab. Die Methode der Absorptionsmessung war bereits allgemein üblich, um die radioaktiven Strahlungen zu charakterisieren. Im Falle von Thorium mit gewöhnlichen Papierbogen als Absorber waren die Resultate jedoch merkwürdig: Sie hingen davon ab, ob die Strahlung aus einer „dünnen" (nur fein aufgestäubten) Schicht oder aus einer dicken Schicht kam. Bei einer dünnen Schicht folgte die Absorption dem erwarteten Exponentialgesetz ziemlich gut; durch 0,0081 cm Papierdicke reduzierte sich die Intensität auf 8% ihres Anfangswertes. Bei einer dicken Schicht radioaktiven Materials verminderte 0,008 cm dickes Papier die Intensität nur auf 74%; zusätzliches Papier hatte kaum noch Einfluß.

Schichten unterschiedlicher Dicke zeigten auch Unterschiede in der Empfindlichkeit gegenüber Luftströmungen. „Leitet man einen schwachen Luftstrom durch die Testplatten, so wird die durch eine dicke Thoriumoxidschicht[4]) hervorgerufene Entladungsrate stark verringert. ... Bei Experimenten mit Uran unter ähnlichen Bedingungen

---

[3]) Heute weiß man, daß die Entladungsrate von zwei Eigenschaften und nicht nur von einer abhängt: von der Anzahl der radioaktiven Zerfälle pro Zeiteinheit und von der Energie der emittierten Teilchen. Aber erst nach den hier beschriebenen Untersuchungen wurde eindeutig nachgewiesen, daß die Strahlungen zumindest teilweise aus geladenen Teilchen bestehen, und natürlich erst danach wurden ihre Wechselwirkungen mit Luft quantitativ erforscht. Die elektrische Methode war für den Vergleich mehrerer Proben gleichen Materials sehr zuverlässig, konnte aber für den Vergleich unterschiedlicher Quellen völlig falsche Ergebnisse liefern.

[4]) Das Thorium wurde in Form einer Verbindung untersucht, normalerweise Thoriumoxid, vermutlich weil es sich bequem präparieren und einfach handhaben läßt.

wird die Verlustrate nur unbedeutend beeinflußt." Dieser Befund bestätigt, daß der Effekt nicht durch die Methode oder die Meßbedingungen verursacht wird, sondern tatsächlich mit dem Verhalten des Thoriums zusammenhängt. „Bei einer dünnen Oxidschicht ist die Verminderung der Verlustrate klein, für dicke Oxidschichten kann jedoch die Verlustrate auf weniger als ein Drittel ihres ursprünglichen Wertes reduziert werden."

Dann folgt ein besonders wichtiger Satz, der sich noch auf die dicke Schicht bezieht: „Werden zwei Lagen Papier über das Thoriumoxid gebracht, dann kann die Entladungsrate der Platten durch einen schwachen, gleichmäßigen Luftstrom auf weniger als ein Zwanzigstel verringert werden." Wie oben ausgeführt, hatte Papier allein nur einen geringen Einfluß auf die Strahlungsintensität einer dicken Oxidschicht; die Strahlungen dicker und dünner Schichten wurden jedoch durch das zusätzliche Wirken eines Luftstromes bezüglich ihrer Absorption durch Papier einander ähnlich.

Zusammenfassend kann gesagt werden, daß die Strahlung einer dünnen Oxidschicht normal zu sein schien, da sie dem gewöhnlichen Absorptionsgesetz gehorchte und durch Luftströme nicht beeinflußt wurde. Obwohl auch die Strahlung einer dicken Schicht offensichtlich eine kleine Komponente der normalen Art enthielt, bestand sie doch hauptsächlich aus einer anderen Spielart, die nicht in normaler Weise absorbiert und durch Luftströmungen stark beeinflußt wurde. Das führte Rutherford zu folgender Schlußfolgerung:

Die bei den Thoriumverbindungen beobachteten Erscheinungen können vollständig erklärt werden, wenn wir annehmen, daß die aktive Substanz außer der gewöhnlichen Strahlung sehr viele radioaktive Teilchen absondert. Diese „Emanation" kann eine beträchtliche Papierdicke durchdringen. Die von den Thoriumverbindungen emittierten radioaktiven Teilchen diffundieren nach und nach in das umgebende Gas und werden dort zu Ionisationszentren. Die Tatsache, daß Luftströmungen bei dünnen Thoriumoxidschichten nur einen geringfügigen Einfluß haben, ist auf die Dominanz der durch gewöhnliche Strahlung hervorgerufenen Entladungsrate über die der Emanation zurückzuführen. Für dicke Thoriumoxidschichten ist die durch gewöhnliche Strahlung hervorgerufene Entladungsrate praktisch dieselbe wie für eine dünne Schicht, weil die Strahlung nur eine kurze Strecke im Salz durchdringen kann. Andererseits ist die „Emanation" in der Lage, aus einer Tiefe von einigen Millimetern unter der Oberfläche der Substanz herauszudiffundieren. Die von ihr hervorgerufene Entladungsrate übersteigt deshalb die der Strahlung allein beträchtlich.

Auf der Grundlage der „Emanations"-Theorie ist die Erklärung der Wirkung eines schwachen Luftstromes einfach. Äußerst geringe gleichförmige Luftbewegungen entfernen viele Strahlungszentren aus dem Plattenzwischenraum. ... Die Emanation ionisiert das Gas in ihrer Umgebung einige Minuten lang, so daß die Entfernung der Teilchen aus dem Plattenzwischenraum die Entladungsrate der Platten verringert.

Zusammenfassend heißt das, daß Thorium einen Stoff absondert, der selber Ionisation hervorrufen kann und der ein Gas ist oder zumindest in einer Form vorliegt, die sich durch einen Luftstrom transportieren läßt.

Darüber hinaus werden in der ersten Arbeit verschiedene Bedingungen zur Erzeugung der Emanation untersucht und drei weitere ihrer Eigenschaften abgeleitet. Eine davon besteht darin, daß ihre Radioaktivität exponentiell mit der Zeit verschwindet, sie verringert sich etwa mit jeder Minute auf die Hälfte. Das ist einer der ersten Nachweise des radioaktiven Zerfalls, und es ist sehr wohl möglich, daß RUTHERFORD, als er im September 1899 die Arbeit zur Publikation einreichte, von keiner der anderen Arbeiten zu dieser Frage Kenntnis hatte.[5]) Die zweite Eigenschaft der Emanation, die RUTHERFORD als „sehr bemerkenswert" beschreibt, zeigt sich darin, daß „das in einem Gas durch die Emanation erzeugte positive Ion imstande ist, in allen Stoffen, auf die es trifft, Radioaktivität hervorzurufen".

Die dritte Eigenschaft ist, daß die Emanation wirklich ein Gas ist oder es zu sein scheint. „Die Emanation durchdringt einen Baumwollstöpsel ohne den geringsten Verlust ihrer radioaktiven Kraft. Sie wird auch nicht beeinflußt, wenn sie durch heißes oder kaltes Wasser, schwache oder starke Schwefelsäure geleitet wird. In dieser Beziehung verhält sie sich wie ein gewöhnliches Gas. Andererseits kann ein Ion nicht durch einen Baumwollstöpsel oder durch Wasser geleitet werden, ohne seine Ladung zu verlieren." Offensichtlich war RUTHERFORD der Ansicht, daß die Radioaktivität auf einer Eigenschaft des Ions, das durch die Thoriumstrahlung erzeugt wird, beruhen könnte.

Die zweite Arbeit der Reihe ist der induzierten Radioaktivität, d. h. der zweiten oben genannten Eigenschaft, gewidmet. Ihre wesentlichen Aussagen sind:

1. daß diese induzierte Aktivität „in irgendeiner Weise durch die ‚Emanation' oder durch irgendetwas, das sie begleitet, bedingt ist; sie wird aber nicht durch direkte Einwirkung der Thoriumoxidstrahlung hervorgerufen",
2. daß sie ebenfalls zerfällt, und zwar mit einer Halbwertszeit von etwa 11 Stunden, und
3. daß sie die Abscheidung eines materiellen Stoffes hervorruft, allerdings nur in äußerst geringen Mengen.

---

[5]) ELSTER und GEITEL erkannten erstmals im Jahre 1899, daß die Radioaktivität mit der Zeit abnimmt. Die meisten damals isolierten und identifizierten radioaktiven Stoffe zerfielen so langsam, daß man die Änderung normalerweise nicht feststellen würde.

In der dritten Arbeit, bei der SODDY erstmals Mitautor ist, erfolgt der wirklich entscheidende Schritt. Die Forscher stellen sich eine Reihe von Fragen, die meisten davon zur Erzeugung der Emanation; eine betrifft jedoch eine umfassendere Bestimmung der Natur der Emanation selbst. RUTHERFORD und SODDY wollen „sehen, ob die Emanation chemische Eigenschaften besitzt, die sie mit irgendeiner bekannten Materieart gleichsetzen würde." Hierfür waren SODDYS Ausbildung als Chemiker und seine Kenntnis der damaligen Entwicklungen in der Chemie unerläßlich.

Für diesen Teil der Untersuchung wurde vermutlich die gleiche Apparatur wie zur Untersuchung der Erzeugung der Emanation verwendet.

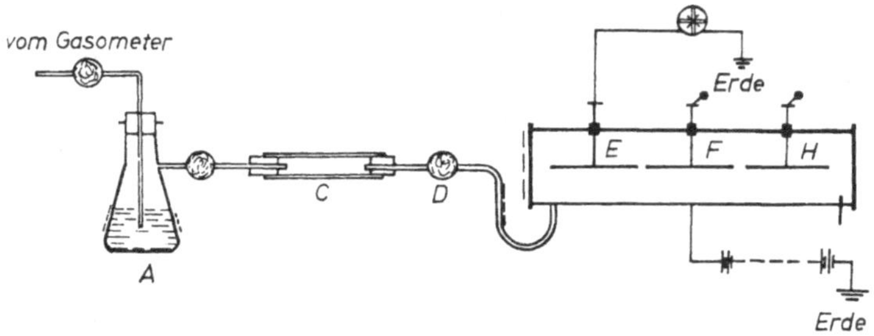

Abb. 3.1. RUTHERFORDS und SODDYS Apparatur zur Untersuchung der Thoriumemanation [*Phil. Mag.* **4**, S. 569 (1902), Abb. 1]

[Abbildung 3.1] zeigt die experimentelle Anordnung für den Vergleich des Emanationsvermögens der Substanzen. Diese wurden als feiner Puder in ein flaches Bleigefäß innerhalb des Glaszylinders *C* gebracht, der 17 cm lang ist, einen Durchmesser von 3,25 cm hat und mit Naturkautschukkorken versehen ist. Ein Luftstrom aus einem großen Gasbehälter wurde, nachdem er ein mit Baumwolle gefülltes Rohr zur Beseitigung von Staubteilchen passiert hatte, durch Schwefelsäure im Gefäß *A* geleitet. Dann strömte er durch einen Kolben, der dicht gepackte Baumwolle enthielt, um das Weitertragen feiner Tröpfchen zu verhindern. Die mit Luft gemischte Emanation strömte aus dem Gefäß *C* durch einen Baumwollstöpsel *D*, der alle Ladungsträger vollständig entfernte, die die Emanation mit sich führte. Diese wurde dann in einen 75 cm langen und 6 cm dicken Messingzylinder geleitet. Der durch Paraffinblöcke isolierte Zylinder war mit einem Pol einer Batterie kleiner Bleiakkumulatoren verbunden,[6]) der andere Pol mit der Erde verbunden.

[6]) Diese ist in der chemischen Anordnung und der elektrischen Wirkung, aber nicht im physikalischen Aufbau, mit mehreren in Reihe geschalteten Autobatterien identisch.

Drei Elektroden *E*, *F* und *H* gleicher Länge waren längs der Zylinderachse angeordnet und durch Messingstäbe gehalten, die durch Hartgummikorken im Zylindermantel führten. Der durch die Emanation hervorgerufene Strom durch das Gas wurde mit einem KELVINschen Quadrantenelektrometer WHITEscher Bauart gemessen.[7]) ... Ein isolierter Schalthebel war so angebracht, daß eine der Elektroden *E*, *F*, *H* oder alle zusammen sehr schnell mit einem Quadrantenpaar des Elektrometers verbunden werden konnten. Die anderen beiden Quadranten blieben immer mit der Erde verbunden.

Die typischen Ströme einer solchen Anordnung lagen bei einer Batteriespannung von 50 Volt in der Größenordnung von einigen 10^{-11} Ampere; das ergab in etwa 10 Sekunden einen Ausschlag von ungefähr 100 Teilstrichen auf der (ungeeichten) Skala. Der Strom war proportional zu der im Messingzylinder erzeugten Ionisation, die wiederum proportional zur Menge der vorhandenen Emanation war. Die Eigenschaften der Emanation wurden weiter untersucht, indem man probierte, welche Reaktionen sie einging.

Zuerst wurde der Einfluß der Temperatur untersucht. Emanationhaltige Luft, wie üblich durch Hinwegströmen über Thorium erzeugt, wurde durch ein Platinrohr[8]) geleitet, das elektrisch auf die höchsten erreichbaren Temperaturen erhitzt, und ebenso durch ein Rohr, das mit festem Kohlendioxid und Äther gekühlt worden war. Das Rohr wurde dann mit Platinschwarz gefüllt und die Emanation bei allmählich zunehmender Temperatur hindurchgeführt, bis die Maximaltemperatur erreicht war. Infolge der intensiven Wärmebehandlung wandelte sich das Platinschwarz vollständig in Platinschwamm um. In einem anderen Experiment wurde die Emanation in einem Glasrohr über eine rotglühende Bleichromatschicht geführt. Der Luftstrom wurde durch einen Wasserstoffstrom ersetzt, und die Emanation wurde durch rotglühendes Magnesiumpulver und rotglühendes Palladiumschwarz sowie mit einem Kohlendioxidstrom durch rotglühenden Zinkstaub geleitet. In allen Fällen ging sie ohne merklichen Verlust hindurch. Wenn überhaupt etwas auftrat, dann eine schwache Zunahme der Aktivität; denn das Gas strömt durch heiße Rohre etwas rascher als durch kalte, und daher ist auch der Zerfall *auf dem Wege* geringer. Es sei angemerkt, daß die einzigen bekannten Gase, die ohne Verlust durch all die verwendeten Reagenzien gehen können, die kürzlich entdeckten Gase der Argon-Familie sind.

Platinschwarz und Palladiumschwarz sind weitverbreitete Katalysatoren, von denen man Beschleunigung einer möglichen chemischen Reaktion der Emanation mit dem Luftsauerstoff oder mit Wasserstoff erwarten könnte. Bleichromat ist ein Oxydationsmittel, Magnesium und Zink sind Reduktionsmittel. Insgesamt waren die benutzten Agenzien so gewählt, daß die Emanation, wenn sie überhaupt che-

---

[7]) Die Arbeitsweise dieses Instrumentes wird im Anhang A beschrieben.

[8]) Dies ist der erste Hinweis auf das „Platinrohr", das sich zwischen dem Baumwollstöpsel *D* und dem Messingzylinder befunden haben muß.

misch reagiert, in dieser Versuchsreihe mindestens eine Reaktion erfahren hätte.

Viele Jahre später beschrieb SODDY das Experiment und seine sowie RUTHERFORDS Reaktionen darauf:[9])

Ich fügte bei Temperaturen bis zur Weißglut zwischen die Thoriumverbindung und die Ionisationskammer nacheinander eine Anzahl starker chemischer Reagenzien in den Gasstrom ein, z. B. Magnesiumpuder, Platin schwarz, Bleichromat und Zinkstaub. Vor der Entdeckung des Argons wäre jedes bekannte Gas durch eines der Reagenzien absorbiert worden. Die Emanation ging durch alle völlig ungehindert und unbeeinflußt hindurch.

Diese Unfähigkeit, das Gas zu absorbieren, hätte acht Jahre früher sogar einem Chemiker nichts gesagt, aber im Jahre 1900 wußte ich, sie bedeutete, daß sich Thorium spontan in ein Argongas umwandelte.

... Meine Gedanken befaßten sich immer mit der Transmutation[10]). Das ist natürlich, ich war Chemiker. ... Zu jener Zeit hatte ich auch an einer Vorlesung über Gasanalyse gearbeitet. Ich war gebeten worden, diese an der Universität zu halten. Als RUTHERFORD mir die Emanation zeigte, die kein Thorium war und die weder aus Alpha- noch aus Betateilchen bestand, aber weggeblasen werden konnte, machte ich ihn darauf aufmerksam, daß es ein Gas sein wird. ...

Ich war natürlich ungeheuer stolz darauf, die Transmutation entdeckt zu haben — das Ziel aller Chemiker aller Zeiten ... jedoch als die Zeit heran war, die Erscheinung zu untersuchen, erschien das Ganze allzu vernichtend einfach. Die Tatsache, daß dies wirklich Transmutation war, schoß mir durch den Kopf, und ich konnte kaum glauben, was ich als wahr erkannt hatte.

... nach der Interpretation der Entdeckung, die darin bestand, daß das Atom ganz eindeutig spontan zerfällt, wurde ich von etwas Größerem als Freude übermannt — ich kann es nicht gut ausdrücken —, einer Art Verzükkung, vermischt mit einem Gefühl des Stolzes, daß ich unter den Chemikern aller Zeiten auserwählt worden war, die natürliche Transmutation zu entdecken.

Ich erinnere mich sehr gut, wie ich dastand, erstarrt, als ob ich durch die ungeheure Bedeutung der Sache betäubt wäre, und herausplatzend — es erschien mir seinerzeit jedenfalls so:

„Rutherford, das ist Transmutation! Das Thorium zerfällt und wandelt sich in ein Argongas um!"

Die Worte schienen wie von einer äußeren Quelle stammend durch mich hindurchzublitzen.

RUTHERFORD schrie mich in seiner lebhaften Art an:

„Um Himmels willen, Soddy, nenne es nicht *Transmutation*! Sie werden uns als Alchimisten köpfen. Du weißt, wie sie sind!"

---

[9]) In: MURIEL HOWORTH, *Pioneer Research on the Atom· The Life Story of Frederick Soddy*, New World Publications, London, 1958, S. 82–84.

[10]) Transmutation bedeutet Umwandlung eines Elementes in ein anderes (Anm. d. Übers.).

Danach begann er im Laboratorium Walzer zu tanzen, seine gewaltige Stimme dröhnte: „Onward Christian so-ho-hojers." Wie H. R. Robinson[11]) erklärte, sei das eher aus den Worten als aus der Melodie erkennbar gewesen.

... Ich möchte nur zeigen, wie unsere Gehirne arbeiteten, meins befaßte sich mit Transmutation und mit Gasen, RUTHERFORDS mit Thorium und der Emission von Alphastrahlen.

Mir wurde deutlich, wenn Thoriumemanation sich selber in ein anderes Element — ein Argongas — umwandelt, unterliegen zweifellos andere Elemente in genau derselben Weise einem natürlichen Umwandlungsprozeß.

Das war die Geburt der Zerfallstheorie radioaktiver Stoffe.

Die Forscher waren nicht bereit, ihre Ergebnisse so unbeschliffen bekanntzugeben. Erstens hielten sie es noch für denkbar, „daß einer der inerten Bestandteile der Atmosphäre in Gegenwart von Thorium radioaktiv wird und so die Emanation darstellt", obwohl sie einen Test durchgeführt hatten, um diese Möglichkeit auszuschließen. Wichtiger war aber wahrscheinlich die Tatsache, daß andere Experimente, durch die zu klären versucht wurde, was das Emanationsvermögen verschiedener Thoriumverbindungen beeinflussen könnte, äußerst verwirrende Resultate geliefert hatten.

Im ersten Experiment, das wir bisher nicht erfolgreich wiederholen konnten, wurden offenbar durch zufällige Bedingungen zwei Bestandteile vom Thorium abgetrennt, die sich in ihrem Emanationsvermögen im Verhältnis 200:1 unterschieden.

Der aktive Bestandteil verringerte sich in 14 Tagen von selbst auf etwa ein Drittel seines Anfangswertes, während sich die Aktivität des weniger aktiven Bestandteils zum großen Teil durch Auflösen und Wiederausscheiden regenerierte.

... Versuche, diese Resultate zu wiederholen, haben bisher zur Erzeugung von zwei mehr oder weniger de-emanierten[12]) Bestandteilen geführt, deren Aktivität jedoch spontan mit der Zeit anwächst ...

Zu diesen Experimenten gehörten das Herstellen von Thoriumnitratlösungen und das Ausscheiden des Thoriums, entweder als Thoriumkarbonat, Thoriumhydroxid oder in einer Kombination beider; das Präzipitat wurde durch Filtern von der Flüssigkeit getrennt.

Die Herstellung von Präparaten mit so niedrigem Emanationsvermögen legte natürlich nahe, die Filtrate und Abwässer auf Radioaktivität zu überprüfen. Dabei fanden wir, daß sie in konzentrierter Form sowohl beträchtliches Emanationsvermögen als auch starke Radioaktivität besitzen, obwohl sie nach der Art ihrer Herstellung von Thorium chemisch gereinigt sein sollten.

---

11) Der Student und spätere Kollege von RUTHERFORD sagte das einige Jahre nach dieser Entdeckung.

12) Das bedeutet, die Fähigkeit verloren zu haben, Emanation zu erzeugen.

Dieses Verhalten gilt ganz allgemein. ... Es spielt keine Rolle [wie die Präzipitation des Thoriums durchgeführt wurde] – das thoriumfreie Filtrat besaß unverändert Emanationsvermögen, und wenn es durch Eindampfen völlig getrocknet war, zeigte es direkte Radioaktivität[13]), die sogar viel größer als die einer gleich schweren Menge Thorium war.

Die Resultate einer sorgfältigen chemischen Untersuchung der aktiven Filtrate ... sollten zeigen, daß diese kein Thorium oder höchstens winzige Spuren davon enthielten, daß aber eine andere Substanz in sehr beträchtlichen Mengen vorhanden war. ... Diese waren jedoch nicht groß genug für eine umfassende chemische Untersuchung, und zur Zeit kann man nicht sagen, woraus die Substanz besteht.

Die neue Substanz wurde vorläufig „Thorium-X" genannt, und eine Reihe von Experimenten wurde begonnen, um mehr über sie zu erfahren. Zu dieser Zeit hatten Rutherford und Soddy erkannt, daß das Emanationsvermögen kein geeignetes Maß für den Nachweis der neuen Substanz ist, weil es beträchtlichen Schwankungen unterliegt. Sie orientierten sich deshalb viel stärker auf die gewöhnliche Radioaktivität. „Es hat sich gezeigt, daß es schwierig ist, anhand des Emanationsvermögens den Fortgang der Abreicherung des aktiven Materials zu verfolgen. Nachdem das erkannt war, richtete sich die Aufmerksamkeit auf die direkte Radioaktivität; sie wird im allgemeinen nicht durch solche Änderungen der Bedingungen und der Vorgeschichte beeinflußt, die so ausgeprägte Schwankungen im Emanationsvermögen hervorrufen."

Ausgehen dvon 70 Gramm Thoriumnitrat, extrahierten sie dann etwa 0,023 Gramm eines Salzes des Thorium-X, das 200mal so aktiv wie gewöhnliches Thoriumoxid war. Das übriggebliebene „echte" Thorium war in seiner Aktivität auf nur etwa ein Drittel seiner Ausgangsaktivität abgesunken.

Aus der darauffolgenden Veröffentlichung geht hervor, daß die Weihnachtsferien an dieser Stelle die Arbeiten unterbrachen und die Präparate stehenblieben. Nach der Rückkehr der Forscher „etwa drei Wochen später wurde gefunden, daß das Thoriumhydroxid, das ursprünglich nur etwa 36% seiner normalen Aktivität besaß, den normalen Wert fast vollständig wiedererlangt hatte. Der aktive Extrakt dagegen hatte ... nahezu seine gesamte Anfangsaktivität verloren." Eine genauere Untersuchung zeigte, daß die Aktivität des Thorium-X exponentiell mit einer Halbwertszeit von etwa vier Tagen abnimmt, während die Erholung der Aktivität des Hydroxids durch eine umgekehrte Exponentialkurve beschrieben wird. Wie Rutherford bei anderer Gelegenheit gezeigt hatte, läßt sich der

---

[13]) Das ist die „normale" Radioaktivität, die nicht von einem Luftstrom davongetragen wird.

Verlauf der beiden Kurven erklaren, wenn man zwei parallel ablaufende Prozesse annimmt:

„1. Der aktive Bestandteil ThX wird mit einer konstanten Rate erzeugt.
2. Die Aktivität des ThX zerfällt geometrisch mit der Zeit.“

Der zweite Punkt der Annahme war schon bestätigt, so daß nur die Überprüfung des ersten noch ausstand. Das geschah auf einfache Art und Weise:

Läßt man 24 Stunden zwischen den aufeinanderfolgenden Präzipitationen verstreichen, dann entspricht die Aktivität des in dieser Zeit gebildeten ThX ungefähr einem Sechstel der Maximalaktivität des gesamten verwendeten Thoriums. Nach drei Stunden beträgt die Aktivität der erzeugten Menge etwa 1/30 davon. Die mit diesen Zahlen berechnete ThX-Erzeugungsrate stimmt gut mit der Kurvenform überein, wenn man annimmt, daß die Kurve für die Erholung der Thoriumaktivität einer kontinuierlichen ThX-Erzeugung mit konstanter Rate und einer geometrisch mit der Zeit sinkenden Aktivität des erzeugten ThX entspricht.

Rutherford und Soddy hatten schon erkannt, daß Thorium-X und nicht Thorium selber die Emanation erzeugt. Von der Emanation wußte man wiederum, daß sie „induzierte“ Radioaktivität hervorruft. „Dieser Prozeß muß im Material der Thoriumverbindung ablaufen und ... einen wesentlichen Anteil zur Gesamtradioaktivität der Verbindung beitragen.“ Insgesamt war die experimentelle Situation folgende:

Die konstante Radioaktivität des Thoriums wird durch eine konstante ThX-Erzeugungsrate aufrechterhalten. ... Das ThX erfährt eine weitere Umwandlung; eins der Produkte ist gasförmig und stellt im radioaktiven Zustand die Emanation dar, die aus den Thoriumverbindungen entsteht. Das ThX besitzt außerdem die Eigenschaft, in nichtaktiven Stoffen der Umgebung Radioaktivität zu induzieren, ... diese ist wahrscheinlich mit der von der Thoriumemanation erzeugten induzierten Radioaktivität identisch, wobei – wie schon gezeigt – die Emanation durch ThX hervorgerufen wird.

Die entscheidenden Feststellungen erfolgen jedoch in den letzten beiden Arbeiten der Reihe. In der ersten der beiden schreiben die Autoren: „Da ... Radioaktivität gleichzeitig eine atomare Erscheinung ist[14]) und von chemischen Umwandlungen begleitet wird, bei denen neuartige Stoffe erzeugt werden, müssen diese Veränderungen im Atom stattfinden, die radioaktiven Elemente müssen sich spontan umwandeln.“ Das bedeutet, daß ihre Untersuchungen, so tastend und umherirrend diese auch manchmal gewesen sein mögen, sie überzeugt

---

[14]) Das wurde von allen Forschern auf diesem Gebiet akzeptiert.

hatten, daß Radioaktivität und Elementumwandlung eine untrennbare Einheit bilden.

Die abschließende Arbeit enthält sogar eine noch weiter vorausschauende Vorstellung, obwohl diese dem Inhalt des Kapitels völlig untergeordnet ist:

Es ist genügend vorgebracht worden, um deutlich zu machen, daß wir bei der Radioaktivität des Thoriums ... Zeugen einer sehr komplexen Reihe von Umwandlungen sind, wobei jede mit der kontinuierlichen Erzeugung eines speziellen radioaktiven Stoffes einhergeht. Die Komplexität der Erscheinungen führt auf eine wichtige Frage nach den grundlegenden Beziehungen zwischen den auftretenden chemischen Umwandlungen und der Radioaktivität. Bisher wurde als einfachste Erklärung angenommen, daß der Radioaktivität eine chemische Umwandlung *vorausgeht* ... Man kann aber auch eine etwas andere Erklärung zumindest erwägen, und diese ist in mehrfacher Hinsicht vorzuziehen. Die Radioaktivität könnte eine *Begleiterscheinung* der Umwandlung sein, wobei ihre Intensität in jedem Moment proportional zur Umwandlungsrate wäre. So gesehen, würden die nicht trennbaren Radioaktivitäten des Thoriums und des Urans durch eine primäre Umwandlung hervorgerufen, bei der ThX und UX entstehen. Die Aktivität des ThX würde von der sekundären Umwandlung herrühren, wobei die Emanation erzeugt wird. Die Aktivität der Emanation entstünde durch eine tertiäre Umwandlung, wobei ein Stoff produziert wird, der induzierte Radioaktivität hervorruft. Die Aktivität des letzteren würde sich durch weitere Umwandlungen erklären. Das Gesetz vom Zerfall der Aktivität mit der Zeit ... ist dann, außer bei der primären Aktivität, stets eine Folge des einfachen Gesetzes der chemischen Reaktion, nach dem sich eine Substanz proportional zur noch vorhandenen Substanzmenge umwandelt. Bei der primären Umwandlung ist die in kurzer Zeit gebildete oder abgebaute Substanzmenge winzig klein im Vergleich zur verbleibenden, so daß die Reaktionsgeschwindigkeit praktisch konstant ist.

Die Autoren räumen aber ein, daß „weitere Untersuchungen ... abgewartet werden müssen, ehe der Zusammenhang ... als genau bekannt angesehen werden kann". Aber sie hatten den Weg gefunden, auf dem zehn Jahre später Soddy, unabhängig von zwei anderen Forschern,[15]) die Gesetze der radioaktiven Umwandlung — der natürlichen Elementumwandlung — in der heutigen Form hergeleitet hat.

Literatur zu Kapitel 3

Ernest Rutherford, *Philosophical Magazine* **49**, 1—14 und 161—192 (1900).

E. Rutherford und Frederick Soddy, *Transactions of the Chemical Society* **81**, 321—350 und 837—860 (1902).

E. Rutherford und Frederick Soddy, *Philosophical Magazine* **4**, 370—396 und 569—585 (1902).

---

[15]) Die anderen beiden waren F. Fajans und A. S. Russell.

In den letzten beiden Arbeiten wird sehr viel von den zwei vorausgehenden wiederholt, manches auch weggelassen.

Alle sechs Arbeiten sind abgedruckt in: Sir JAMES CHADWICK, ed., *The Collected Papers of Lord Rutherford of Nelson* (George Allen and Unwin Ltd., London, 1962), Band 1, S. 220–231, 232–259, 376–402, 435–456, 472–494 und 495–508.

Den fünften Artikel der Serie findet man auszugsweise in: *The World of the Atom*, Band 1, S. 451–461.

4. Die Existenz der Atome

In der klassischen Physik bestand keine besondere Notwendigkeit für eine atomistische Konzeption. Die Entwicklung dieser Konzeption wurde natürlich von Physikern verfolgt und verstanden; für einige Gebiete der Physik lieferte sie zumindest eine geeignete Terminologie. Und es gab Physiker, die sie uneingeschränkt akzeptierten und gebrauchten. Aber am Ende des 19. Jahrhunderts gab es keine offensichtliche zwingende Notwendigkeit, an die Existenz von Atomen zu glauben, und, wie schon in Kapitel 1 erwähnt, viele Wissenschaftler lehnten diese Vorstellung ab. Dazu gehörten einige bekannte Chemiker jener Zeit, obwohl viele Indizien, die für die Atomhypothese sprachen, chemischer Natur waren.

In den Jahren 1908 und 1909 wurden die Zweifel der Skeptiker durch eine einzige Forschungsarbeit von JEAN PERRIN beseitigt. Seine Arbeit, die als Artikelserie in der Zeitschrift *Comptes Rendus des Séances Hebdomadaires de l'Académie des Sciences* (Berichte der wöchentlichen Sitzungen der Akademie der Wissenschaften) und ausführlicher in *Annales de Chimie et de Physique*[1]) erschien, zeigte überzeugend, daß die BROWNsche Bewegung auf die Existenz von Molekülen zurückzuführen ist. Von dieser Arbeit wurden auch zwei Methoden zur Bestimmung der AVOGADROschen Zahl (Anzahl der Moleküle in einem Grammolekül) aus den Eigenschaften und dem Verhalten von Emulsionen beschrieben. Für diese Forschungsarbeit, die hier beschrieben wird, erhielt PERRIN im Jahre 1926 den Nobelpreis für Physik.

BROWNsche Bewegung wird eine Erscheinung genannt, die der Botaniker BROWN im Jahre 1827 entdeckte: Sehr kleine feste Teilchen (z. B. Pollenkörner) führen, wenn sie in einer Flüssigkeit schweben,

---

[1]) Alle Zitate im vorliegenden Kapitel sind dieser Arbeit entnommen. Die Arbeit war so bedeutend, daß von ihr im Jahre 1910 sowohl eine englische als auch eine deutsche Übersetzung veröffentlicht worden ist (siehe Literaturverzeichnis).

ständig stochastische Bewegungen aus. PERRIN beschreibt das wie folgt: „... jedes in eine Flüssigkeit gebrachte Teilchen führt, anstatt entsprechend seiner Dichte gleichmäßig unterzusinken oder aufzusteigen, eine sehr lebhafte und vollkommen ungeordnete Bewegung aus. Es bewegt sich hin und her, dreht sich dabei, *steigt auf*, sinkt herab, *steigt wieder empor*, ohne jemals einer Ruhelage zuzustreben." PERRIN vermerkt jedoch: „Die merkwürdige Entdeckung von BROWN erregte zunächst wenig Aufmerksamkeit. Sie wurde vielmehr von den meisten Physikern lange Zeit ignoriert. Und man kann annehmen, daß die Physiker, die davon hörten, meinten, es handle sich um eine Analogie zur Bewegung von Staubteilchen, die wir in einem Sonnenstrahl unter dem Einfluß von Luftströmungen tanzen sehen können, bewirkt durch kleine Druck- oder Temperaturunterschiede."

Es ist bezeichnend, daß diejenigen, die diese Erscheinung untersuchten, fast ausnahmslos zu der Schlußfolgerung gelangten, sie müsse molekularen Ursprungs sein. PERRIN zitiert die Erklärung, die CARBONNELLE in den späten siebziger Jahren des vorigen Jahrhunderts für die BROWNsche Bewegung gegeben hat:

Wenn eine große Oberfläche vorhanden ist, werden die molekularen Stöße, welche die Ursache des Druckes sind, keine Erschütterung des suspendierten Körpers hervorrufen, weil ihre Gesamtheit diesen Körper in allen Richtungen gleichmäßig antreibt. Wenn aber die Oberfläche kleiner ist, als daß ein Ausgleich der Unregelmäßigkeit gewährleistet ist, dann muß man die ungleichen und von Ort zu Ort fortwährend veränderlichen Druckwirkungen, welche nach dem Gesetze der großen Zahlen nicht mehr bis zum Ausgleich gebracht werden, bemerken können. Ihre Resultante wird nicht mehr Null sein, sondern fortwährend in ihrer Größe und Richtung schwanken.

Diese fluktuierende Kraft ruft die stochastische Bewegung der Teilchen hervor. CARBONNELLE fährt fort: „Außerdem werden die Unregelmäßigkeiten in dem Maße immer offensichtlicher, mit dem sich die Teilchen verkleinern, und demzufolge werden gleichzeitig auch die Oszillationen immer lebhafter ...". Dieser Aspekt wird weiter unten genauer diskutiert.

Wie schon erwähnt, war die Atomhypothese im Jahre 1908 bekannt, schon seit mehreren Jahrzehnten. Das obige Zitat macht deutlich, wie die Forscher den Begriff der molekularen Bewegung schon frühzeitig zur Erklärung der BROWNschen Bewegung herangezogen haben. PERRIN meint, daß die Argumente ebenso gut und vielleicht sogar überzeugender wären, wenn man sie umkehrte: Die Existenz der BROWNschen Bewegung könne genutzt werden, um auf die Existenz der Moleküle zu schließen.

Das wirklich Merkwürdige und *Neuartige* an der BROWNschen Bewegung besteht darin, daß sie niemals aufhört. Das scheint im ersten Moment im

Widerspruch zu unserer täglichen Erfahrung mit der Reibung zu stehen. Wenn wir z. B. einen Eimer voll Wasser in ein Gefäß schütten, so wird es uns normal erscheinen, daß nach einer Weile die anfänglich im Wasser vorhandene Bewegung verschwunden ist. Wir wollen jedoch einmal analysieren, wie dieses offensichtliche Gleichgewicht erreicht wird: Am Anfang haben alle Wasserteilchen eine etwas gleichgroße und gleichgerichtete Geschwindigkeit. Diese Situation wird gestört, sobald einige Teilchen beim Auftreffen auf die Gefäßwand in verschiedenen Richtungen mit geänderten Geschwindigkeiten abprallen, um unmittelbar darauf durch Stöße mit anderen Wasserteilen erneut abgelenkt zu werden. So befinden sich kurz nach dem Ausschütten des Eimers noch alle Wasserteile in Bewegung, aber es ist schon notwendig, ein ziemlich kleines Wassergebiet zu betrachten, um an allen Punkten etwa gleichgroße und gleichgerichtete Geschwindigkeiten vorzufinden. Das kann einfach beobachtet werden, indem man in die Flüssigkeit ein paar Körnchen eines gefärbten Puders gibt, die dann immer unregelmäßigere Bewegungen relativ zueinander annehmen.

Solange wir irgend etwas unterscheiden können, beobachten wir deshalb nicht, daß die Bewegung aufhört, sondern vielmehr, daß sie immer ungeordneter wird, daß sie immer regelloser auf immer kleinere Gebiete verteilt wird.

Schreitet dieser Verteilungsprozeß unbegrenzt fort?

Um das beurteilen zu können, d. h., den Verteilungsprozeß in irgendeinem Falle so weit wie möglich verfolgen zu können, müssen wir das Beobachten mit dem bloßen Auge aufgeben, das Mikroskop benutzen und als Indikatorkörnchen mikroskopische Teilchen verwenden. Das sind nun aber genau die Bedingungen, unter denen wir die Brownsche Bewegung beobachten; wir sind somit davon *überzeugt*, daß die Bewegung auf mikroskopischer Ebene nicht kohärent bleibt, so wie das beim Beobachten mit dem bloßen Auge eindeutig der Fall ist. Wir *weisen* auf mikroskopischer Ebene ein Gleichgewicht zwischen kohärenter und inkohärenter Bewegung *nach*. ... Es gibt anscheinend keine Möglichkeit, die folgende Schlußfolgerung zu umgehen:

Da die Zerstreuung der Bewegung in einer Flüssigkeit nicht unbegrenzt fortschreitet und durch eine spontan wieder auftretende Ordnung begrenzt wird, bedeutet das, daß Flüssigkeiten selber aus Teilchen zusammengesetzt sind, *aus Molekülen*, die relativ zueinander alle möglichen Bewegungen ausführen können, in deren Inneres jedoch keine Bewegung übertragen werden kann. Wenn solche Moleküle nicht existierten, dann gäbe es keine Möglichkeit, die Zerstreuung der Bewegung zu begrenzen.

Diese Argumente sind eindrucksvoll; aber, wie immer in der Physik, sie wären wertlos, wenn sie nicht durch quantitative Beweise gestützt werden könnten. Perrin widmete sich nun dem Problem, solch einen Beweis zu liefern.

Eine Folgerung der Molekulartheorie ist das Gesetz, das die mittlere kinetische Energie W eines Gasmoleküls mit dem Druck p und dem Volumen V seines Behälters verknüpft,

$$W = \frac{3}{2} pV/n, \tag{4.1}$$

wobei n die Zahl der Moleküle im Behälter ist. Nun stellen wir uns eine verdünnte Lösung vor, von ihrem reinen Lösungsmittel durch eine halbdurchlässige Wand getrennt, die die Moleküle des Lösungsmittels ohne Widerstand passieren läßt, für Moleküle des gelösten Stoffes jedoch undurchlässig ist. Dieselben Überlegungen, die zu (4.1) führten, können auf die Moleküle des gelösten Stoffes übertragen werden mit dem Ergebnis, daß zwischen der mittleren kinetischen Energie der Moleküle des gelösten Stoffes und dem osmotischen Druck eine Relation derselben Form besteht. Der holländische Chemiker VAN'T HOFF hat außerdem entdeckt, daß die gemessenen Werte des osmotischen Druckes genau mit den Drücken übereinstimmen, die die jeweils gelösten Stoffe verursachen würden, wenn sie bei ungeänderter Dichte im gasförmigen Zustand vorlägen.[2])

Für Gase existiert eine andere Beziehung zwischen Druck und Volumen, nämlich das Gasgesetz

$$pV = NRT,$$

wobei T die absolute Temperatur, N die Molzahl des Gases und R eine universelle Konstante sind. Diese Gleichung ergibt mit (4.1)

$$W = \frac{3}{2} (NR/n)\, T. \tag{4.2}$$

Das Verhältnis zwischen der Anzahl der Moleküle n und der Molzahl N ist ebenfalls eine Konstante, die AVOGADROsche Zahl N_0. Gleichung (4.2) sagt somit aus, daß die mittlere kinetische Energie eines Gasmoleküls nur von der absoluten Temperatur des Gases abhängt. Dasselbe gilt wegen der oben genannten Argumente auch für die Moleküle des Lösungsmittels in einer verdünnten Lösung.

Diese Feststellung hängt nicht von der Art des Lösungsmittels oder des gelösten Stoffes ab. Betrachtet man ein Molekül eines gelösten Stoffes, der selber flüssig ist, z. B. Ethylalkohol, dann ist es nach PERRIN „wegen dieser Unabhängigkeit von der Natur der Moleküle der Flüssigkeit, in der es sich bewegt, nahezu unmöglich zu glauben, daß es nicht dieselbe Energie besitzt, wenn es sich in Ethylalkohol befindet, wo es ein Ethylalkoholmolekül unter gleichen ist"[3]). Noch viel

---

[2]) Alle vorangegangenen Analysen könnten ebenfalls auf VAN'T HOFF zurückgehen; PERRIN ist mitunter nachlässig darin, deutlich zu machen, wieviel an Grundlagen er den Arbeiten anderer entnommen hat. Auch die folgenden Argumente könnten allgemein bekannt gewesen sein.

[3]) Das ist eine viel drastischere Erweiterung, als es auf den ersten Blick erscheinen mag. Sie ignoriert die Tatsache, daß die ursprüngliche Folgerung von einer Unterscheidung zwischen Lösungsmittel und gelöstem Stoff abhing.

wichtiger für unsere Diskussion ist, daß für die Größe der Moleküle des gelösten Stoffes keine obere Grenze vorgegeben ist. Es scheint daher keinen Hinderungsgrund zu geben, das Gesetz auf „ein noch etwas größeres Teilchen, das aus mehreren Molekülen besteht, d. h. *ein Staubkörnchen*", auszudehnen. Dann ist offensichtlich Gleichung (4.2), oder besser ihre äquivalente Form

$$W = \frac{3}{2}(R/N_0)T, \tag{4.3}$$

auch auf die bei der BROWNschen Bewegung beobachteten Teilchen anwendbar.

Wir folgen nun wieder PERRINS Beschreibung:

Angenommen, es wäre möglich, eine Emulsion genau gleichgroßer Teilchen herzustellen, eine Emulsion, die ich kurz *gleichmäßig* nennen will. ...

Wir stellen uns eine gleichmäßige Emulsion im Gleichgewicht vor, die einen senkrecht stehenden Zylinder vom Querschnitt s füllt. Der Zustand einer horizontalen Schicht zwischen den Höhen h und $h + \mathrm{d}h$ würde sich nicht ändern, wenn sie sich zwischen zwei Kolben befände, die für Wassermoleküle durchlässig, aber für die Teilchen undurchlässig sind. ... Durch die Wirkung der Teilchen ist jeder halbdurchlässige Kolben einem osmotischen Druck ausgesetzt. Wenn die Emulsion verdünnt ist, kann man die Überlegungen für ein Gas oder eine verdünnte Lösung übernehmen und diesen Druck berechnen. Befinden sich n Teilchen pro Volumeneinheit in der Höhe h, so ist der osmotische Druck P gleich $\frac{2}{3}nW$, wenn man mit W die mittlere Teilchenenergie bezeichnet; in der Höhe $h + \mathrm{d}h$ beträgt der Druck $\frac{2}{3}(n + \mathrm{d}n)\,W$. Nun sinken die Teilchen der betrachteten Schicht nicht; deshalb ist es erforderlich, daß sich die Differenz der osmotischen Drücke, die aufwärts wirkt, und das um ihren Auftrieb verringerte Gesamtgewicht der Teilchen, welches nach unten zieht, die Waage halten. Führen wir das Volumen eines jeden Teilchens φ, seine Dichte Δ und die Dichte der suspendierenden Flüssigkeit δ ein, so sehen wir, daß[4])

$$-\frac{2}{3}s\,W\,\mathrm{d}n = ns\,\mathrm{d}h\,\varphi(\Delta - \delta)\,g$$

oder

$$-\frac{2}{3}W\frac{\mathrm{d}n}{n} = \varphi(\Delta - \delta)\,g\,\mathrm{d}h$$

---

[4]) Die linke Seite ist die Differenz zwischen den beiden osmotischen Drücken, multipliziert mit der Fläche, auf die jeder wirkt; die rechte Seite besteht aus der Differenz zweier Terme, von denen jeder das Produkt aus Teilchenzahl pro Volumeneinheit, dem Volumen $s\,\mathrm{d}h$ der Schicht (das ergibt die Gesamtteilchenzahl), dem Teilchenvolumen, einer Dichte und der Erdbeschleunigung ist, sie stellt daher die Differenz zwischen dem Gesamtgewicht der Teilchen und ihrer Gesamtauftriebskraft dar.

gilt, woraus man durch einfache Integration[5]) die folgende Beziehung für die Konzentrationen n_0 und n in zwei Punkten des Zylinders erhält, die durch eine Höhendifferenz h voneinander getrennt sind:

$$\frac{2}{3} W \ln \frac{n_0}{n} = \varphi(\Delta - \delta)\, gh \tag{4.4}$$

Diese Beziehung kann *Verteilungsgleichung* der Emulsion genannt werden.

Die Ableitung besagt folgendes: In Gleichung (4.3) wird die mittlere Energie eines suspendierten Teilchens durch seine absolute Temperatur und eine charakteristische Größe der Atom- und Molekülhypothese, die AVOGADROsche Zahl, ausgedrückt. Die mittlere Energie kann aber nicht direkt gemessen werden, weil die Teilchen sich sehr schnell über jeweils kurze Strecken bewegen und dazwischen ihre Richtung ändern, so daß man sie nicht verfolgen kann. Man muß daher die mittlere Energie zu meßbaren Größen in Beziehung setzen. Gleichung (4.4) stellt einen solchen Zusammenhang her, *ohne* auf die Atomhypothese Bezug zu nehmen. PERRIN beschreibt das so:

Kurz gesagt, welcher Weg auch gewählt wird, wir kommen immer zu der Schlußfolgerung, daß die mittlere Translationsenergie eines Moleküls genauso groß ist wie die eines Teilchens einer Emulsion. Wenn wir nun eine Methode zur Berechnung dieser Teilchenenergie aus meßbaren Größen finden, dann werden wir damit gleichzeitig eine Methode zur Bewertung unserer Theorie besitzen. Sind die Experimente einmal durchgeführt worden, kann es nur noch zwei Möglichkeiten geben: Entweder die erhaltenen Zahlen weichen beträchtlich von denen ab, welche sich aus den weiter oben zusammengefaßten kinetischen Argumenten ergeben, so daß sich, besonders wenn in diesem Falle die Werte von der untersuchten Teilchenart abhängig sind, die Glaubwürdigkeit der kinetischen Theorien verringert und die Ursachen der BROWNschen Bewegung noch gefunden werden müssen; oder die Zahlen sind in der vorausgesagten Größenordnung, dann haben wir nicht nur das Recht, die Molekültheorie für bewiesen anzusehen, sondern wir können in unseren Experimenten eventuell sogar nach einer genauen Methode zur Bestimmung molekularer Größen suchen.

Der große Rahmen für die Experimente stand damit fest. Wiederum war die Konzeption einfach: In zwei verschiedenen Höhen einer Emulsion aus Teilchen bekannter Größe und Dichte waren bei konstanter Temperatur die Konzentrationen zu bestimmen. Die Ausführung war jedoch außerordentlich langwierig.

---

[5]) Dieser Schritt muß von Lesern, die mit der Differential- und Integralrechnung nicht vertraut sind, einfach geglaubt werden. Die Bezeichnung „ln" in Gleichung (4.4) steht für den Logarithmus zur Basis e = 2,7182..., der „natürlicher Logarithmus" genannt wird. Für eine beliebige Zahl gilt $x = e^{\ln x} = (10^{\log e})^{\ln x} = 10^{\log e \ln x} = 10^{\log x}$, so daß $\log x = \log e \ln x$ gilt. Umgekehrt gilt auch $\ln x = \ln 10 \log x$.

Der erste Schritt bestand in der Auswahl eines geeigneten Stoffes für die Emulsion. Es hatte offenbar schon einige frühere Untersuchungen gegeben; sie führten aber nur zu dem Ergebnis, daß „eine große Anzahl kolloidaler Lösungen in ihren oberen Schichten klar werden, wenn man sie mehrere Wochen oder Monate stehen läßt". PERRIN hatte selber „... einige erfolglose Versuche mit diesen kolloidalen Lösungen ..." durchgeführt. Schließlich, „nach einigem Umherirren", hatte er eine Möglichkeit gefunden, Messungen an Emulsionen aus Gummigutt, einem für Wasserfarben verwendeten gelben Harz[6]), oder aus Mastix, einem zur Lackherstellung benutzten Harz, durchzuführen. Außer dem von ihm betonten Gesichtspunkt, daß sowohl für Gummigutt als auch für Mastix die suspendierten Teilchen sphärisch sind, charakterisiert PERRIN die Eigenschaften, die er für seine Emulsionen anstrebte, nicht weiter. Wenn einmal eine gleichmäßige Emulsion (bestehend aus gleichgroßen Teilchen) hergestellt worden war, bedeutete dies, daß das Volumen φ durch den Radius a zu $\varphi = \frac{4}{3} \pi a^3$ bestimmt werden konnte, vorausgesetzt natürlich, daß der Radius gemessen werden kann.

Die Emulsion, so wie sie ursprünglich hergestellt wurde,[7]) bestand jedoch aus Teilchen unterschiedlicher Größe, und es war notwendig, „sie nach der Größe zu sortieren". Das wurde mit einem Verfahren erreicht, das PERRIN „fraktionierte Zentrifugierung" nannte. Hier ist seine Beschreibung der Methode:

Das Zentrifugenrohr wird bis zu einer gegebenen Höhe, z. B. 10 cm, mit einer reinen Emulsion gefüllt. Der Motor wird auf eine feste Drehzahl gebracht, z. B. 30 Umdrehungen pro Sekunde, wodurch in 15 cm Entfernung von der Achse eine Zentrifugalkraft erzeugt wird, die etwa 500mal so groß wie die Schwerkraft ist. Nach einer bestimmten Zeit, z. B. 60 Minuten, wird die Zentrifuge ausgeschaltet, und man läßt sie ohne Bremsung zum Stillstand kommen, was einige Minuten dauern muß. Das Rohr wird vorsichtig herausgenommen.

Ein ziemlich festes Sediment mit einer deutlich erkennbaren Oberfläche hat sich am Boden des Rohres als Schicht abgelagert, deren Dicke relativ zur Flüssigkeitshöhe gewöhnlich vernachlässigbar ist. Das Sediment enthält

---

[6]) PERRIN war Chemiker genug, um sich für die chemische Natur der verwendeten Substanzen zu interessieren. Er stellte z. B. fest, daß die gelbe Substanz, die im Falle von Gummigutt suspendiert wurde und etwa 80% des Gewichtes des rohen Harzes ausmachte, offenbar eine reine chemische Verbindung und kein Gemisch darstellte, daß sie eine Säure war und daß sie ein Molekulargewicht von etwa 540 hatte.

[7]) Üblicherweise durch Auflösen des rohen Harzes in Alkohol und anschließendes Verdünnen der Lösung mit Wasser.

alle Teilchen, die während der Zentrifugierung den Boden erreicht haben, sie sind wie Sandkörner in einem Sack zusammengepreßt.

Wir wollen mit a_1 den Radius bezeichnen, den ein zu Beginn der Zentrifugierung an der Flüssigkeitsoberfläche befindliches Teilchen haben müßte, um gerade in dem Moment, in dem die Zentrifugierung beendet wird, am Boden anzukommen. Jedes größere Teilchen wird *a fortiori* im abgelagerten Sediment angelangt sein; das Sediment enthält aber zusätzlich auch viele kleinere Teilchen, die den Boden erreichen konnten, weil sie sich am Anfang in tieferen Schichten der Emulsion befanden.

Mit Hilfe eines Saughebers wird die Flüssigkeit über dem Sediment vorsichtig entfernt und das Rohr bis zum ursprünglichen Füllstand wieder mit destilliertem Wasser aufgefüllt, das Rohr wird geschüttelt, bis sich alle Teilchen wieder verteilt haben, und der Prozeß wird mit der gleichen Drehzahl und Zentrifugierungsdauer wiederholt. Alle Teilchen mit einem Radius größer als a_1 werden wieder Zeit haben, den Boden zu erreichen. Ein kleines Teilchen dagegen, das vorher den Boden erreichen konnte, weil es schon weit genug unten schwebte, wird es diesmal nicht können, wenn es der Zufall will, daß es sich vor der Zentrifugierung in Oberflächennähe befindet. Das heißt, das zweite Sediment enthält wie das erste alle Teilchen mit einem Radius größer als a_1, aber viel weniger kleinere Teilchen.

Die Emulsion wird abgehoben, sie ist schon heller als die zuerst abgehobene Fraktion. Dieses Verfahren wird wiederholt, bis die Flüssigkeit, die man nach jeder Zentrifugierung über dem Sediment findet, fast so klar wie Wasser ist. Das Sediment enthält jetzt alle Teilchen der Ausgangsemulsion, deren Radius größer als a_1 ist. Die kleineren Teilchen wurden alle entfernt.

Mit diesem Sediment wiederholen wir nun dasselbe Verfahren, nur die Dauer der Zentrifugierung ist ein klein wenig kürzer. Wir wollen mit a_2 den Radius bezeichnen, den die Teilchen an der Oberfläche besitzen müssen, um genau am Ende dieser Zentrifugierung den Boden des Rohres zu erreichen. Die Flüssigkeit, die man über dem Sediment findet, kann nur Teilchen mit einem Radius kleiner als a_2 enthalten. Sie kann aber wegen der Vorbehandlung des Sedimentes auch nur Teilchen mit einem Radius größer als a_1 enthalten. Wenn sich nun a_1 und a_2 nur wenig unterscheiden, *ist diese Flüssigkeit praktisch eine gleichmäßige Emulsion*, die nur abgehoben werden muß.

Ich glaube, es ist nicht notwendig, zu erklären, wie man im Bedarfsfalle durch analoges Vorgehen aus den abgehobenen Fraktionen eine gleichmäßige Emulsion von noch kleineren Teilchen extrahieren kann, oder wie vom übriggebliebenen Sediment eine gleichmäßige Emulsion mit größeren Teilchen zu gewinnen ist.

Wie so oft, erscheint das Vorgehen im nachhinein als einfach und geradlinig. Es war jedoch durchaus erfinderisch und muß sehr zeitaufwendig gewesen sein. Perrin weist nicht darauf hin, wie viele Zyklen für eine vollständige Trennung notwendig waren.

Die Dichte der Teilchen wurde nach zwei Methoden bestimmt: Eine bestand darin, die Emulsion zu erwärmen und somit das Wasser zu verdunsten. Das Harz schmilzt und erstarrt beim Abkühlen wieder zu einer glasartigen Substanz, deren Dichte man mit Standardmethoden bestimmen kann. Dieses Verfahren stützt sich jedoch auf die Annahme, daß große Harzstücke dieselbe Dichte haben wie kleine Teilchen in suspendierter Form. Zur Kontrolle verwendete PERRIN deshalb eine zweite Methode. Er bestimmte die Wassermenge m und die Masse der Emulsion m', die bei gleicher Temperatur zum Füllen eines bestimmten Gefäßes notwendig sind. Dann trocknete er die Emulsion ein und maß die Masse μ des in ihr enthaltenen Harzes. Wenn d die Dichte des Wassers ist, dann ist das Volumen des Gefäßes m/d. Das Volumen der ursprünglich in der Emulsion vorhandenen Flüssigkeit ist gleich $(m' - \mu)/d$. Die Differenz beider Volumina ergibt den Volumenanteil des Harzes *in der Emulsion*: dividiert man diesen durch seine Masse μ, so erhält man seine Dichte. Beide Methoden lieferten sehr gut übereinstimmende Werte.

Nun wurde eine flache zylindrische Küvette gebildet, indem eine etwa 0,1 mm dicke Glasscheibe mit Loch auf einen Objektträger gelegt wurde.[8]) Ein Tropfen gleichmäßige Emulsion wurde in die Küvette gebracht und durch ein Deckglas als Küvettenverschluß plattgedrückt. Die Ränder des Deckglases wurden zuvor mit Paraffin oder Firnis bestrichen, um Verdunstung zu vermeiden, und ein Präparat konnte mehrere Wochen lang beobachtet werden. Das Ganze wurde dann auf den Objekttisch des Mikroskopes gelegt, wobei der Tisch genau waagerecht stehen mußte, damit die Bewegung des Tubus und des Objektivs genau vertikal erfolgte. Die Anordnung ist in Abbildung 4.1 schematisch dargestellt.

Das Objektiv wurde so gewählt, daß es eine hohe Vergrößerung bei nur geringer Schärfentiefe hatte, so daß bei jeder Einstellung nur die Teilchen in einer sehr dünnen horizontalen Emulsionsschicht von etwa 1 μm Dicke scharf gesehen werden konnten (0,1 mm Tiefe der Küvette = 100 μm). Hob oder senkte man den Tubus, so sah man die Teilchen in einer anderen Schicht. Die senkrechte Entfernung zweier nacheinander eingestellter Schichten, die der Höhendifferenz h in Gleichung (4.4) entspricht, konnte am Mikroskop direkt abgelesen werden.[9])

Der nächste Schritt bestand darin, die Teilchen in einer gegebenen Fläche, z. B. dem Gesichtsfeld des Mikroskops, in zwei verschiedenen Höhen zu zählen. Das war keinesfalls einfach: „... es handelt sich nicht um feststehende Objekte, und wenn man einige hundert Teilchen wahrnimmt, die sich im verschiedensten Sinne bewegen, von denen

[8]) Solche Glasscheiben werden üblicherweise zur Zählung von Blutkörperchen benutzt.

[9]) Wenn kein Objektiv mit Wasserimmersion verwendet wurde, mußte die gemessene *scheinbare* Wassertiefe mit dem Faktor 4/3 korrigiert werden. PERRIN verwendete jedoch meist Objektive mit Wasserimmersion.

noch dazu fortwährend welche verschwinden, während andere in demselben Augenblicke erscheinen, so ist man schnell von der Nutzlosigkeit des Unternehmens überzeugt, auch nur annähernd die Teilchenzahl in der beobachteten Schicht bestimmen zu wollen." Das ist natürlich eine Übertreibung. Ein Verfahren, das sich sofort anbietet,

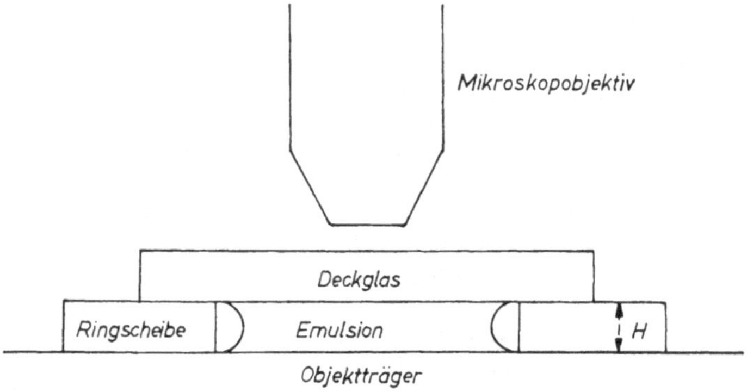

Abb. 4.1. Experimentelle Anordnung zur Messung der Teilchenverteilung in einer Emulsion. Die Zeichnung ist PERRINS Arbeit entnommen [PERRIN, *Œuvres Scientifiques*, S. 193, Abb. 21]

ist das Fotografieren der Schicht mit nachfolgendem Auszählen der scharf abgebildeten Teilchen. Sogar wenn die Emulsion so verdünnt wäre, daß die Teilchenzahl klein ist und somit starken Fluktuationen unterliegt,[10]) könnte dieselbe Schicht sehr oft fotografiert werden, so daß man einen genauen Mittelwert erhält. Dieser Weg war gangbar, aber nur, wenn die Teilchen größer als etwa 0,5 μm waren. Für kleinere Teilchen waren keine guten Aufnahmen zu erhalten, für sie fand eine andere Methode Anwendung. In die Brennebene des Okulars wurde eine Blende gebracht, die aus einer kreisförmigen, lichtundurchlässigen Folie bestand, in die mit einer Nadel ein sehr kleines Loch gestochen worden war. Das Gesichtsfeld wurde auf diese Weise so

[10]) Wenn die einfache Zählung einer Menge, die zufälligen Schwankungen unterliegt, zum Resultat n führt, ist der wahrscheinliche Fehler dieses Resultats $\sqrt{n}$, er ist etwa gleich der mittleren Fluktuation. Der relative wahrscheinliche Fehler ist somit $1/\sqrt{n}$ und kann ziemlich groß sein, wenn n nicht allzu groß ist. Soll der relative Fehler 1% betragen, muß n gleich 10000 sein.

stark eingeschränkt, daß das Auge sofort die genaue Anzahl der Teilchen erfassen konnte, die z. B. während der mit einem Kameraverschluß gesteuerten Beleuchtung sichtbar sind. „Verfährt man so in regelmäßigen Zeitintervallen, z. B. alle 15 Sekunden, dann erhält man eine Zahlenreihe, deren Mittelwert sich immer stärker dem Grenzwert nähert, der die mittlere Häufigkeit der Teilchen in der kleinen zylindrischen Schicht in der Höhe h, auf die das Mikroskop fokussiert ist, darstellt." Durch Wiederholung des Auszählens in einer anderen Höhe wird die mittlere Häufigkeit in einem gleichgroßen Volumen festgestellt, und „das Verhältnis der beiden Zahlen ergibt das gesuchte Verhältnis der Konzentrationen". Mehrere tausend Teilchenzahlen mußten jedoch ermittelt werden, um wenigstens eine gewisse Genauigkeit zu erzielen.

Die nun noch zu bestimmende Größe war der Teilchenradius. Auch hierfür fand PERRIN mehr als eine Meßmethode, um eine Kontrolle zu haben. Die erste Methode macht vom STOKESschen Gesetz Gebrauch, das den Fall einer Kugel vom Radius a und der Dichte Δ durch eine Flüssigkeit der Dichte δ und der Zähigkeit η beschreibt: Die Kugel erreicht eine Grenz- oder Sinkgeschwindigkeit, wenn die Reibungskraft der Flüssigkeit gerade die resultierende Kraft aus Gewicht minus Auftrieb kompensiert. Die Sinkgeschwindigkeit genügt der Gleichung

$$6\pi\eta a v = \frac{4}{3}\pi a^3(\Delta - \delta)\, g.$$

Für eine sehr lange vertikale Säule einer gleichmäßigen Emulsion gibt PERRIN folgende Beschreibung: „Man wird weit genug von der Gleichgewichtsverteilung entfernt sein, so daß die Teilchen der oberen Flüssigkeitsschichten wie die Nebeltröpfchen fallen, ohne daß man sich praktisch um die Stauung zu bekümmern hat, die durch die Anhäufung der Teilchen in den unteren Schichten bedingt ist. Die Flüssigkeit wird sich also fortschreitend in ihrem oberen Teil klären. Aus der Dicke der hellen Zone und der Zeit, welche man die Emulsion sich selbst überlassen stehen ließ, erhält man die Sinkgeschwindigkeit, auf die man das STOKESsche Gesetz anwendet." Das entsprechende Verfahren bestand darin, die Emulsion in ein kapillares Röhrchen einzuschließen (das enge Röhrchen verhindert die Bewegung durch Konvektionsströme), sie vertikal in ein Temperaturbad zu bringen und die tägliche Fallhöhe der oberen Grenze der Teilchenwolke zu beobachten. Für so kleine Teilchen ist die Sinkgeschwindigkeit sekundenschnell erreicht, sie liegt aber nur in der Größenordnung von einigen Millimetern pro Tag.

PERRIN erkannte, daß die Anwendung des STOKESschen Gesetzes

auf so kleine Teilchen fraglich sein könnte,[11]) so daß er noch zwei direktere Methoden zur Radiusbestimmung heranzog. Eine bestand darin, die Teilchenzahl in einem bekannten Volumen einer Standardemulsion zu messen. Das ist eine Emulsion mit bekannter Massenkonzentration der suspendierten Teilchen. Es war natürlich nicht durchführbar, die Teilchen in einer Emulsion wirklich zu zählen, vielmehr hatte PERRIN „gelegentlich bemerkt, daß sich in einer schwach sauren Umgebung (z. B. 1/100-normal) die Gummigutt- oder Mastixteilchen an den Glaswänden ansammeln". Die Suspension wurde nicht zerstört, aber sobald die Zufälligkeiten der Bewegung ein Teilchen an die Wand brachten, haftete dieses Teilchen unbeweglich am Glas an, und nach einigen Stunden waren alle Teilchen eines mikroskopischen Präparates an der Oberfläche der Küvette fixiert. Ein „schützendes Kolloid", das im natürlichen Milchsaft des Gummigutts vorkommt und der Emulsion zugesetzt war, sorgte außerdem dafür, daß die Teilchen nicht koagulierten. Schließlich gab es keine wesentliche seitliche Abwanderung der Teilchen während der Abscheidung, so daß sich die ursprünglich in einer gegebenen vertikalen Säule befindlichen Teilchen an der Deckglas- bzw. Objektträgerwand in der zugehörigen Grund- bzw. Deckfläche der Säule ablagerten, wenn man von Fluktuationen absieht. Durch einfache Zählung[12]) erhielt man dann die Teilchenzahl in einem bekannten Emulsionsvolumen. Daraus ließ sich bei bekannter Dichte die Größe der Teilchen berechnen.

Eine dritte, noch direktere Methode war auf Teilchen mit mehr als einem halben Mikrometer Durchmesser anwendbar. In diesem Fall neigen die Teilchen dazu, sich in ziemlich regulären Strukturen zu ordnen, in denen gerade Reihen aus drei bis fünf Teilchen festgestellt werden konnten. Ein Beispiel ist in Abbildung 4.2 zu sehen. Während das Bild eines einzelnen Teilchens durch Beugung zu stark vergrößert wurde, um mehr als eine grobe Abschätzung seines Durchmessers zu erlauben, konnte man die Länge einer solchen Reihe messen (ent-

---

[11]) Wenige Jahre später entdeckte MILLIKAN, daß das STOKESsche Gesetz tatsächlich abgeändert werden muß, wenn der Kugeldurchmesser mit dem mittleren Abstand zwischen den Molekülen des fluiden Mediums vergleichbar wird. In Flüssigkeiten wird diese Situation aber für sichtbare und sogar für mikroskopisch sichtbare Teilchen nicht erreicht.

[12]) In Wirklichkeit wurde die Position der Teilchen mit Hilfe einer Spezialkamera aufgezeichnet. Diese Kamera erzeugte ein Bild, das wie auf eine ebene Fläche projiziert erschien, wie auf Mattglas, so daß man die Orte markieren konnte. Die erwähnten Fluktuationen wurden berücksichtigt, indem man die Teilchenzahlen für mehrere vertikale Säulen einer Zelle mittelte. Die Säulen wurden durch ein quadratisches Gitter auf dem Objektträger definiert.

Abb. 4.2. Die Fotografie von Emulsionsteilchen, die sich an die Oberfläche einer Küvette angelagert haben, zeigt eine näherungsweise reguläre Teilchenanordnung, die das Messen ihrer Durchmesser erlaubt [PERRIN, *Œuvres Scientifiques*, S. 198, Abb. 1]

weder direkt unter dem Mikroskop oder auf einer Fotografie) und somit den Durchmesser eines einzelnen Teilchens bestimmen.

Diese drei Methoden lieferten gut übereinstimmende Werte. Sechs Emulsionen dienten schließlich als Quelle für PERRINS Ergebnisse; die Radiuswerte von fünf dieser sechs Emulsionen und noch von einer anderen sind in Tabelle 4.1 aufgeführt. PERRIN schreibt, daß er 11000

Tabelle 4.1
Radien der Teilchen von sechs Emulsionen (in Mikrometern)

Material	Bestimmungsmethode		
	Zählen	STOKESsches Gesetz	Ausmessen von Reihen
Gummigutt	0,14	0,15	...
Gummigutt	0,212	0,213	...
Gummigutt	0,30	0,29	0,30
Gummigutt	0,46	0,45	0,455
Gummigutt	..	0,49	0,50
Mastix	...	0,52	0,54

Teilchen zählen mußte, um in diesem einen Falle eine dreistellige Genauigkeit zu erreichen.

Die Emulsion mit 0,14 μm großen Teilchen lieferte schlechte Resultate. Über die Ursachen dafür läßt sich PERRIN jedoch nicht aus. Er berichtet nur, daß der resultierende N_0-Wert zwischen $5 \cdot 10^{23}$ und $8 \cdot 10^{23}$ pro Grammolekül liegt. Zwei Meßreihen wurden an Emulsionen mit einem Radius von etwa 0,30 μm durchgeführt; eine (wahrscheinlich die, deren Radiusmessungen tabelliert sind) lieferte $N_0 = 7{,}5 \cdot 10^{23}$ pro Grammolekül, während die andere (für die ein Radius von 0,29 μm angegeben ist) $N_0 = 6{,}6 \cdot 10^{23}$ pro Grammolekül ergab. Mit der 0,45-μm-Emulsion wurde $N_0 = 7{,}2 \cdot 10^{23}$ pro Grammolekül gefunden, während die Mastixemulsion mit einem Radius von 0,52 μm den Wert $N_0 = 7{,}0 \cdot 10^{23}$ pro Grammolekül brachte. Die Gesamtzahl der Teilchen, die zur Bestimmung der Konzentrationsverhältnisse für diese fünf Emulsionen gezählt wurden, lag zwischen 3000 und 7500. Auf die Meßreihe mit der 0,212-μm-Emulsion war PERRIN offensichtlich am meisten stolz; er zählte in vier Höhen insgesamt 13000 Teilchen und erhielt als Resultat $N_0 = 7{,}05 \cdot 10^{23}$ pro Grammolekül.

Berücksichtigt man die Natur der Experimente und die mit ihnen verbundenen Schwierigkeiten, so ist die Übereinstimmung dieser verschiedenen Werte recht befriedigend. PERRIN schreibt, daß die Experimente sich über ein Gebiet erstreckten, in dem sich die Teilchenmasse um das 40fache änderte, der Dichteunterschied zwischen Teilchen und Flüssigkeit variierte nahezu um den Faktor 5,[13]) und die Konzentrationsabnahme mit der Flüssigkeitshöhe änderte sich

[13]) Für Gummigutt lag der Dichteunterschied im Bereich von 0,2 bis 0,3 Gramm pro Kubikzentimeter, für Mastix betrug er nur 0,063 Gramm pro Kubikzentimeter.

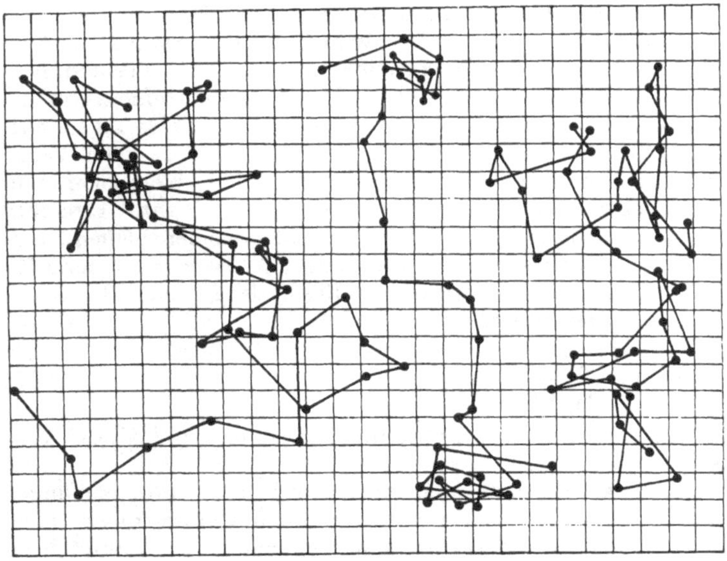

Abb. 4.3. Drei Beispiele für Teilchenbahnen bei der BROWNschen Bewegung [PERRIN, *Œuvres Scientifiques*, S. 218, Abb. 25]

um das 30fache. Schon an dieser Stelle schlußfolgerte er, daß „es sehr schwer ist, die objektive Realität der Moleküle zu leugnen".

Er ging aber noch einen Schritt weiter. Man darf nicht glauben, daß ein gegebenes Teilchen bei der BROWNschen Bewegung nur eine stochastische Bewegung um eine Gleichgewichtsposition ausführt. Es wandert vielmehr einen irregulären, zickzackartigen Weg. In Abbildung 4.3 werden drei Beispiele gezeigt. Jeder dieser Wege ist aufgezeichnet, indem der Ort eines Teilchens in Abständen von 30 Sekunden durch Punkte markiert wird; der Maßstab ist nicht angegeben, der Abstand der Gitterstriche liegt aber in der Größenordnung von einem oder wenigen Mikrometern. „Jede dieser Aufzeichnungen besteht aus 50 aufeinanderfolgenden Positionen eines Teilchens. Sie vermitteln nur einen sehr schwachen Begriff von der außerordentlichen Kompliziertheit der wirklichen Bahn. Wenn man den Ort eines Teilchens in Intervallen von einer Sekunde markieren würde, dann würde jede Verbindungslinie in der resultierenden Zeichnung durch eine vielzackige Linie vertreten sein, die relativ ebenso kompliziert wäre wie die ganze Zeichnung usw."

EINSTEIN hatte diese Bewegung in einer Artikelserie analysiert, die in den Jahren 1905 und 1906 erschien.[14]) Er konzentrierte sich bei seiner Analyse auf die mittlere Verschiebung eines Teilchens in einem Zeitabschnitt τ. Die Verschiebung ist die gerade Verbindungslinie zwischen dem Ausgangspunkt des Teilchens und seinem Aufenthaltsort am Ende des Zeitabschnitts. Wie aus Abbildung 4.3 ersichtlich, gibt es für diese Größe keinen festen Wert, sondern viele Werte. Jeder Wert ist natürlich eine Vektorgröße, deren Komponente in einer vorgegebenen Richtung bestimmt werden kann. EINSTEIN berechnete das arithmetische Mittel der Quadrate einer solchen Komponente. Bezeichnet man diese Größe mit $\langle x^2 \rangle$, dann erhält man für ein kugelförmiges Teilchen mit dem Radius a, das in einer Flüssigkeit der Zähigkeit η suspendiert ist,

$$\langle x^2 \rangle = \frac{RT}{N_0} \frac{\tau}{3\pi a \eta}, \tag{4.5}$$

R ist die Gaskonstante, T die absolute Temperatur und N_0 die AVOGADROsche Zahl.

Tatsächlich gab es schon mindestens drei frühere Untersuchungen über diesen Aspekt der BROWNschen Bewegung, zwei davon nach EINSTEINS Arbeit. Alle drei Arbeiten schienen im Widerspruch zu EINSTEINS Resultaten zu stehen. Trotzdem gab es genügend Anlaß, die Gültigkeit dieser Arbeiten anzuzweifeln, so daß PERRIN und einer seiner Studenten namens CHAUDESAIGUES durchaus gewillt waren, es nochmals zu versuchen. CHAUDESAIGUES arbeitete mit „Teilchen von genau bekanntem Durchmesser, die ich herstellen konnte“ und „registrierte jede halbe Minute den Ort eines Teilchens mit der ‚camera lucida‘[15]), dann begann er wieder mit einem anderen Teilchen usf. ... Es war dann nichts weiter zu tun, als nachzusehen, ob der mit der EINSTEINschen Gleichung erhaltene Wert ... innerhalb der experimentellen Fehlergrenzen mit dem schon bestimmten Wert übereinstimmt“.

Im Vorversuch beobachtete CHAUDESAIGUES einige Gummiguttteilchen, die nur ungefähr gleich groß waren. Die Resultate waren ermutigend, so daß sorgfältigere Messungen durchgeführt wurden. Die schon erwähnte 0,212 μm-Emulsion wurde verwendet. Insgesamt wurden 100 Teilchen einzeln über vier Zeitabschnitte von je 30 Sekunden verfolgt, jeweils 50 Teilchen für zwei Flüssigkeiten mit verschiedenen Zähigkeitswerten. Mit den ersten 50 Teilchen erhielt man $N_0 = 7{,}3 \cdot 10^{23}$ pro Grammolekül, die zweite Gruppe ergab $N_0 = 6{,}8 \cdot 10^{23}$

---

[14]) Diese Arbeit und seine Untersuchungen zur spezifischen Wärme der Festkörper waren für die Verleihung des Nobelpreises an EINSTEIN mindestens ebenso wichtig wie seine Arbeit über die Relativitätstheorie.

[15]) Die Funktion dieser Kamera ist in Fußnote 12 auf Seite 44 beschrieben.

pro Grammolekül. Für eine ebenfalls aus 50 Teilchen bestehende dritte Gruppe wurde die Zähigkeit der Flüssigkeit durch Zugabe von Zucker auf das Fünffache erhöht, die mittlere Verschiebung verringerte sich im theoretisch vorausgesagten Verhältnis, und für N_0 ergab sich ein Wert von $5{,}6 \cdot 10^{23}$ pro Grammolekül.

Drei Meßreihen wurden gemeinsam mit M. DABROWSKI für eine Mastixemulsion erarbeitet. Für N_0 ergaben sich die Werte 6,45; 7,15 und 7,7 in Einheiten von 10^{23} pro Grammolekül. Der mit dieser Methode erhaltene wahrscheinlichste Wert wurde zu $7{,}15 \cdot 10^{23}$ pro Grammolekül bestimmt, was sich recht gut mit dem Wert deckt, der sich aus dem Verteilungsgesetz ergab.

Im letzten Teil seiner Arbeit gibt PERRIN einen Überblick über andere Methoden zur Bestimmung von N_0 (dazu gehört eine ziemlich überraschende, auf Lord RAYLEIGH zurückgehende Möglichkeit, N_0 aus dem Blau des Himmels zu erhalten. Er schreibt, daß alle Methoden Ergebnisse liefern, die mit seinen eigenen vergleichbar sind. Dann gibt er folgende Zusammenfassung:

Ich glaube, es ist für einen von Vorurteilen freien Geist unmöglich, auf die ungeheure Vielfalt an Erscheinungen, die letztlich alle zum gleichen Resultat führen, zu reagieren, ohne sehr stark beeindruckt zu sein. Und ich denke, daß es von nun an schwierig sein wird, mit vernünftigen Argumenten eine Haltung zu verteidigen, welche der molekularen Hypothese ablehnend gegenübersteht. Die molekulare Hypothese überwindet eine Überzeugung nach der anderen, und man muß ihr mindestens ebensoviel Glauben schenken wie den Prinzipien des Energetismus[16]). Es steht sicherlich nicht die Frage, diese beiden großen Disziplinen einander gegenüberzustellen, sondern die Vereinigung von Atomismus und Energetismus wird zu einem Triumphzug beider werden.

Literatur zu Kapitel 4

Diesem Kapitel liegt eine Arbeit von J. PERRIN zugrunde, die in *Annales de Chimie et de Physique* 18, 1–114 (1909) veröffentlicht ist und in *Œuvres Scientifiques* (Service des Publications du Centre National de la Recherche Scientifique, Paris, 1950), S. 171–239, nochmals erschien. Diese wichtige Arbeit wurde ins Deutsche und ins Englische übersetzt. Die englische Übersetzung stammt von FREDERICK SODDY, *Brownian Movement and Molecular Reality* (Taylor and Francis, London, 1910) und ist auszugsweise in *The World of the Atom*, S. 628–640, abgedruckt.

Anmerkung des Übersetzers: Eine ausführliche Abhandlung dieser Untersuchungen findet man auch in dem Buch von J. PERRIN, *Die Atome*, das von A. LOTTERMOSER in deutscher Sprache herausgegeben worden ist (Verlag von Theodor Steinkopff, Dresden und Leipzig, 1913), zweite Auflage 1920).

[16]) Die Gegner der Atomhypothese, deren Führer der Chemiker OSTWALD war, traten für eine Doktrin ein, die sie Energetismus nannten.

5. Der Atomkern

Im Jahre 1911 war die Atomhypothese durch PERRINS Arbeit fest etabliert. Zwar galt das Atom seit den Experimenten von RUTHERFORD und SODDY nicht mehr als unveränderlich; aber die Radioaktivität war eine ziemlich spezielle Erscheinung. Keine Untersuchung sagte jedoch etwas über die Atomstruktur aus. Allgemein wurde akzeptiert, daß „Korpuskeln" — heute als Elektronen bekannt — in dieser Struktur eine Rolle spielen. Worin diese Rolle besteht, war noch unbekannt; sie hing aber zweifellos mit dem Spektrum des von den Atomen ausgestrahlten Lichts zusammen.

Zumindest drei verschiedene Vorstellungen hatten sich herausgebildet. Die erste (aus dem Jahre 1902) stammte von Lord KELVIN, aber hauptsächlich trat Sir J. J. THOMSON für sie ein, und so wurde sie unter dem Namen THOMSON-Atom bekannt. THOMSON veröffentlichte im Jahre 1904 einen ausführlichen Artikel darüber und arbeitete danach noch mehrere Jahre an dieser Thematik. In dem Modell wird angenommen, daß die positive Ladung und die Masse gleichmäßig über das Atom verteilt sind, das — wie man vermutete — die Form einer Kugel mit einem Durchmesser in der Größenordnung von 1 Å (10^{-10} m) hat. Man stellte sich vor, daß die Elektronen in diese Kugel wie Rosinen in Pudding eingebettet sind; dieses Modell wird daher oft „Rosinenpudding"-Atom genannt. THOMSON untersuchte mögliche Gleichgewichtskonfigurationen der Elektronen in diesem Atom und stellte fest, daß eine gewisse Periodizität der atomaren Eigenschaften zu erwarten ist, die der beobachteten zumindest qualitativ ähnelt.

Die zweite Vorstellung wurde von PHILIPP LENARD, Professor an der Kieler Universität, vorgeschlagen. Sie entstand im Ergebnis seiner Untersuchung der Kathodenstrahlen (für die er den Nobelpreis erhielt) und wurde im Oktober 1903 veröffentlicht. Seine Arbeit hatte ihn zu der Schlußfolgerung geführt, daß „die verschiedenartigen Atome aller Stoffe aus unterschiedlich vielen, gleichartigen Bausteinen zusammengefügt sind". Diese Bausteine nannte er „Dynamiden". Aus dem fast ungehinderten Durchgang von Kathodenstrahlen durch dünne Folien folgerte er, daß das Volumen der Dynamiden nur einen winzigen Bruchteil (der Größenordnung 10^{-12}) des Atomvolumens ausmacht. (Die Größe des Atoms schätzte er mit einigen 10^{-8} cm ebenfalls richtig ab.) Außerdem wies er darauf hin, daß ein solches Dynamid aus einer innigen Vereinigung eines Elektrons mit einem viel massiveren, positiv geladenen Teilchen bestehen könnte. Er unterließ es aber, die Dynamik seines Modells zu studieren, und so wurde sein Vorschlag nur wenig beachtet (was LENARD verbitterte).

Das dritte Modell stammt von H. NAGAOKA.[1]) Ein umfassender Bericht darüber wurde der Japanischen Physikalisch-Mathematischen Gesellschaft vorgelegt und in ihren *Abhandlungen* veröffentlicht. Eine „ausführliche Zusammenfassung“ wurde Anfang 1904 auch in der britischen Zeitschrift *Nature* publiziert. Die wesentliche Idee bestand darin, daß sich die Elektronen in regelmäßigen Abständen auf einem Ring um eine massive, positive Ladung befinden. Schon MAXWELL hatte für den Fall der Saturnringe grundlegende Untersuchungen dieser Art durchgeführt. NAGAOKA fand nun heraus, daß die Abstoßung zwischen den Elektronen an den Ergebnissen für die anziehenden Kräfte (Gravitation) zwischen den Teilchen der Saturnringe nichts ändert. Nach seinen Vorstellungen sollten kleine Schwingungen der Elektronen um ihre Gleichgewichtslagen die optische Strahlung hervorrufen, und er erreichte qualitative und teilweise sogar quantitative Übereinstimmung mit den beobachteten optischen Spektren. Er wies auch darauf hin, daß eine hinreichend große Störung das Atom auseinandersprengen würde, wobei die Elektronen davonflögen wie Betateilchen und die positive Ladung Alphateilchen bildete. Das Modell wurde sofort kritisiert, weil solch ein Atom im Falle elektrischer Neutralität äußerst instabil wäre. NAGAOKA erwiderte, daß er mit seinem Modell nicht beabsichtigt habe, die gesamte Atomstruktur zu beschreiben, und daß es deshalb nicht auf neutrale Atome beschränkt sei. Er erwähnte jedoch nicht, was für Effekte durch die somit vorhandenen überschüssigen Elektronen hervorgerufen werden sollten. Sein Modell scheint auch kaum weiterentwickelt worden zu sein.

Zur entscheidenden Entwicklung kam es durch eine Untersuchung der Streuung von α-Teilchen, die HANS GEIGER, ein promovierter Assistent, und ERNEST MARSDEN, ein Diplomand, an der Universität Manchester unter der Leitung von RUTHERFORD durchführten. Sie stellten fest, daß α-Teilchen mit einer hohen Wahrscheinlichkeit um große Winkel abgelenkt werden. Das konnte nur unter der Annahme erklärt werden, daß Atome ein sehr kleines, massives Zentrum besitzen, den Kern. In diesem Kapitel werden ihre Untersuchungen beschrieben.

Das Problem der α-Teilchenstreuung hatte RUTHERFORD schon seit 1906 interessiert, als er noch an der McGill-Universität arbeitete.

---

[1]) Der Durchschnittseuropäer ist vielleicht überrascht zu hören, daß die Japaner in den ersten Jahren unseres Jahrhunderts einen bedeutenden Anteil an den wissenschaftlichen Entwicklungen hatten. Tatsache ist jedoch, daß die japanische Regierung seit dem Jahre 1868 die Entwicklung der Wissenschaft und die Teilnahme von Japanern an der Forschung stark gefördert hat.

Er stellte fest, daß ein mit Hilfe von Blenden kollimierter und durch Luft gehender α-Teilchenstrahl einen scharfkantigen Fleck auf einer Fotoplatte erzeugt. Wenn nun aber eine nur 20 μm dicke Glimmerschicht in den Strahl gebracht wird, wird der Fleck unscharf. Diese Unschärfe entspricht einer Ablenkung einiger Teilchen um etwa 2 Grad. Aus Betrachtungen über die Stärke und die räumliche Ausdehnung eines magnetischen Feldes, das notwendig wäre, um eine solche Ablenkung zu erzeugen, zog RUTHERFORD den Schluß, daß auf die α-Teilchen beim Durchgang durch Glimmer ein elektrisches Feld der Grössenordnung 10^8 Volt pro Zentimeter gewirkt haben muß. „Dieses Ergebnis weist deutlich darauf hin, daß in den Atomen sehr starke elektrische Kräfte vorhanden sein müssen."

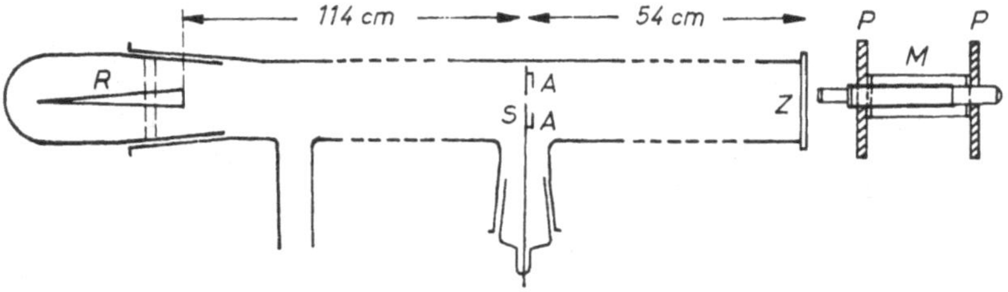

Abb. 5.1. GEIGERS Apparat zur Untersuchung der α-Teilchenstreuung [*Proc. Roy. Soc.* (London) **A81**, S. 174 (1908), Abb. 1]

Im Jahre 1908 wurde in Manchester im Zusammenhang mit einer anderen Untersuchung seine Aufmerksamkeit erneut auf dieses Problem gelenkt. Er vertraute es GEIGER an, der eine semiquantitative Untersuchung durchführte, über die im Jahre 1908 berichtet wurde. Der benutzte Apparat ist in Abbildung 5.1 dargestellt.

Der Hauptteil besteht aus einem 2 m langen und 4 cm dicken Glasrohr. Die α-Teilchen aus einer intensiven kleinen Quelle bei R gehen durch einen schmalen Spalt S und bilden diesen Spalt auf einem phosphoreszierenden Schirm Z ab, der auf das Ende des Glasrohres gekittet ist. Der Spalt war 0,9 mm breit, die Breite seiner Abbildung auf dem Schirm war abhängig von der Größe und dem Abstand der Quelle und betrug etwa 2 mm. Die Szintillationen an den verschiedenen Stellen des Schirmes wurden mit Hilfe eines geeigneten Mikroskops M von 50facher Vergrößerung direkt gezählt. Durch das Mikroskop konnte etwa 1 mm² Schirmfläche gesehen werden. Die gezählten Szintillationen schwankten zwischen 2 bis 3 pro Minute und etwa 80 pro Minute. ... Das Mikroskop wurde auf einem Schlitten PP so befestigt, daß Szintillationen in verschiedenen Abständen vom Strahlzentrum beobachtet werden konnten. Die jeweilige Position des Mikroskops wurde von einer Millimeterskala abgelesen, die am Schlitten angebracht war.

Die Szintillationsmethode, die hier die gröbere fotografische Abbildung früherer Arbeiten ersetzte und für alle anderen in diesem Kapitel diskutierten Untersuchungen verwendet wurde, erfordert einige Erläuterungen. Die Tatsache, daß Zinksulfid beim Auftreffen von α-Teilchen szintilliert, war schon seit längerer Zeit bekannt gewesen. Rutherford z. B. hatte diese Erscheinung bereits 1904 in einem Buch über die Radioaktivität erwähnt, und der Berliner Forscher Erich Regener nutzte sie offensichtlich erstmals als Nachweismethode. Regener berichtete über seine Untersuchungen im Jahre 1908. Er schrieb, daß die Methode Sorgfalt bei der Wahl der Mikroskoplinsen erfordere, um für jedes α-Teilchen einen möglichst hellen Lichtblitz zu erhalten, daß es ratsam sei, den Szintillationsschirm mit einer gewöhnlichen Lampe schwach zu beleuchten, damit das Auge auf den Schirm fokussiert bleibt, und, was am wichtigsten ist, daß sich das Auge vor dem Beginn des Zählens an die Dunkelheit anpassen müsse, indem der Beobachter mindestens fünf Minuten lang in einem vollständig verdunkelten Raum sitzt. Rutherford und Geiger schrieben außerdem, daß es schwierig sei, länger als etwa zwei Minuten zu zählen, weil das Auge schnell ermüdet. Regener merkt an: „Das Zählen der Lichtblitze wurde mit einem Morseapparat (der vermutlich bei jedem Tastendruck ein Zeichen druckte) und einer Stoppuhr bewerkstelligt.“ Rutherford und Geiger meinen dagegen: „Es war üblich, 100 Szintillationen zu zählen und die Zeit mit der Stoppuhr zu nehmen.“ Die Methode war, unabhängig vom speziellen Vorgehen, offenbar langwierig und erforderte eine außerordentlich hohe Konzentration.

Geigers Resultate wurden in Form von Kurven veröffentlicht, die in Abbildung 5.2 wiedergegeben sind.

> Die Kurve *A* zeigt die Verteilung der Szintillationen in einem Holzkohlevakuum[2]). ... Die zweite Kurve *B* zeigt den Effekt, den eine Schicht Blattgold[3]) über dem Spalt hervorruft. Die Fläche, in der die Szintillationen beobachtet wurden, war viel breiter, und der Unterschied in der Verteilung konnte mühelos mit bloßem Auge festgestellt werden. ... Die dritte Kurve *C* zeigt die Wirkung von zwei Lagen Blattgold.

Es sei vermerkt, daß Geigers Daten bei 54 cm Abstand des Schirmes vom Spalt nur bis zu Ablenkungen von etwa 10 mm reichten, was Ablenkwinkeln von etwa einem Grad entspricht. Trotzdem

---

[2]) Das ist ein Vakuum, in dem der Druck durch Adsorption der Gase an Holzkohle (oft in einer Kühlfalle) bis auf die Größenordnung von 10^{-4} mm Quecksilbersäule reduziert ist.

[3]) Die Dicke ist nicht angegeben. Für normales Blattgold liegt sie zwischen 0,10 und 0,13 μm.

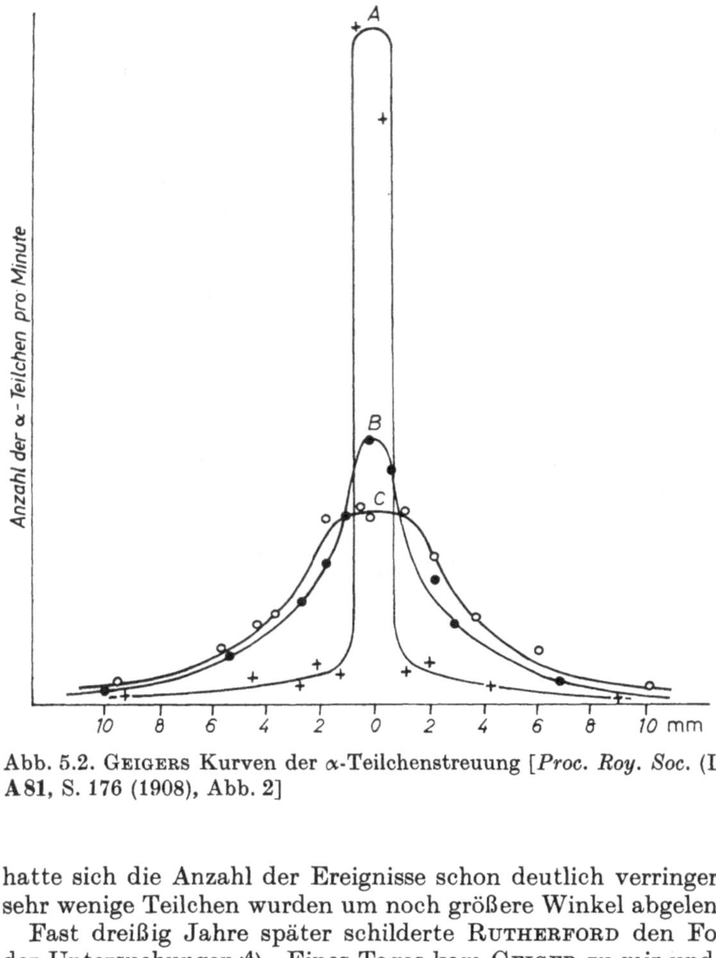

Abb. 5.2. GEIGERS Kurven der α-Teilchenstreuung [*Proc. Roy. Soc.* (London) **A 81**, S. 176 (1908), Abb. 2]

hatte sich die Anzahl der Ereignisse schon deutlich verringert. Nur sehr wenige Teilchen wurden um noch größere Winkel abgelenkt.

Fast dreißig Jahre später schilderte RUTHERFORD den Fortgang der Untersuchungen:[4] „Eines Tages kam GEIGER zu mir und sagte: ‚Sollte nicht der junge MARSDEN, den ich in radioaktiven Methoden ausbilde, eine kleine Forschungsarbeit beginnen?‘ Da ich auch schon daran gedacht hatte, sagte ich: ‚Warum nicht? Soll er untersuchen, ob irgendwelche α-Teilchen um einen großen Winkel gestreut werden können!‘ Ich darf Ihnen im Vertrauen sagen, daß ich nicht an solche großen Ablenkungen glaubte, weil wir wußten, daß das α-Teilchen

[4]) *Background to Modern Science*, herausgegeben von JOSEPH NEEDHAM und WALTER PAGEL (Cambridge University Press, London, 1938), S. 68–69.

ein sehr schnelles, massives und energiereiches Teilchen ist, und weil man zeigen konnte, daß die Wahrscheinlichkeit für eine Rückwärtsstreuung eines α-Teilchens durch wiederholte Streuungen um kleine Winkel sehr klein war."

Die Ergebnisse von GEIGER und MARSDEN, die im Juni 1909 veröffentlicht wurden, enthielten eine überraschend große Anzahl von Streuereignissen bei großen Winkeln. Die Resultate waren noch grob, aber im Vergleich zu GEIGERS früheren Untersuchungen schon eher quantitativer Natur.

... als Strahlungsquelle wurde Radium-C benutzt, das auf einem kleinen Plättchen lag. Die Anordnung, die in Abbildung [5.3] schematisch dargestellt ist, war so aufgebaut, daß die vom Plättchen *A* kommenden α-Teilchen mit einem mittleren Winkel von 90° auf den etwa 1 cm² großen Platinreflektor *R* fielen. Die reflektierten Teilchen wurden an verschiedenen Stellen des Schirmes *S* gezählt. ...

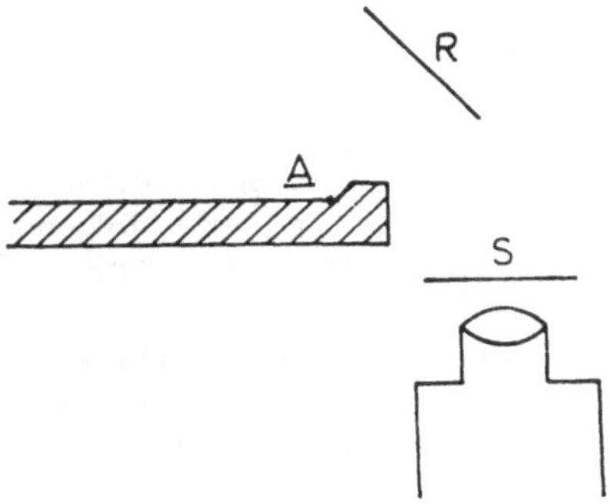

Abb. 5.3. Die erste experimentelle Anordnung von GEIGER und MARSDEN zur Messung der α-Teilchenrückstreuung [*Proc. Roy. Soc.* (London) **A82**, S. 499 (1909), Abb. 3]

Die auf dem Plättchen liegende Menge an Radium-C wurde durch ihre γ-Aktivität bestimmt. Die Anzahl der pro Sekunde vom aktiven Plättchen emittierten α-Teilchen wurde unter der Annahme berechnet, daß $3{,}4 \cdot 10^{10}$ Teilchen pro Sekunde von einer RaC-Menge emittiert werden, die einem Gramm Ra äquivalent ist.[5]) Die Anzahl der auf den Platinreflektor fallenden Teilchen ließ sich dann einfach aus dessen Fläche und Abstand von der Quelle ermitteln. Um die Gesamtzahl der reflektierten Teilchen zu bestimmen, wurde angenommen, daß sie gleichmäßig über eine Halbkugel mit der Reflektormitte als Zentrum verteilt wären.

5) Diese Zahl war schon früher von RUTHERFORD und GEIGER bestimmt worden. Jene Untersuchung hatte die weitere Forschung zur α-Teilchenstreuung stimuliert.

Drei verschiedene Messungen zeigten, daß unter den beschriebenen Bedingungen von 8000 einfallenden α-Teilchen etwa eins reflektiert wurde.

In der schon erwähnten Vorlesung[6]) beschrieb RUTHERFORD seine Reaktion, als er von diesem Resultat erfuhr:

... Ich erinnere mich ..., daß GEIGER sehr aufgeregt zu mir kam und sagte: ‚Wir konnten ein paar α-Teilchen feststellen, die zurückgestreut wurden. ...' Das war das unglaublichste Ereignis, das mir in meinem Leben jemals zu Ohren gekommen ist.[7]) Es war fast so unglaublich, als ob man eine 15-Zoll-Granate auf ein Stückchen Seidenpapier feuert, die Granate zurückkommt und man von ihr getroffen wird. Als ich darüber nachdachte, erkannte ich, daß diese Rückstreuung das Ergebnis eines einzigen Stoßes sein muß, und als ich Rechnungen durchführte, sah ich, daß man Ablenkungen von dieser Größenordnung nur erhalten konnte, wenn man ein System annahm, in dem ein Großteil der Atommasse in einem winzigen Kern konzentriert ist. Seitdem hatte ich die Vorstellung von einem Atom mit einem winzigen, massiven Zentrum, welches geladen ist.[8])

RUTHERFORD erkannte offenbar, daß nach dem THOMSONschen Atommodell das einfallende Teilchen bei einem Stoß mit einem Atom keine sehr große Kraft spüren und deshalb in einem Einzelstoß keine sehr große Ablenkung erfahren könnte. Eine große Ablenkung müßte vielmehr ein kumulativer Effekt vieler aufeinanderfolgender kleiner Ablenkungen sein. Doch obwohl beim Durchgang eines α-Teilchens durch Materie, bestehend aus THOMSON-Atomen, die Wahrscheinlichkeit für eine Vielfachstreuung groß ist, ist es sehr unwahrscheinlich, daß ein α-Teilchen bei jedem Streuprozeß in dieselbe Richtung abgelenkt wird. Eine große resultierende Ablenkung war deshalb äußerst unwahrscheinlich.

Obwohl RUTHERFORD weder ein großer Mathematiker noch ein Theoretiker war, erkannte er auch, daß die für eine große Ablenkung in einem Einzelstoß erforderliche große COULOMB-Kraft vorhanden wäre, wenn die positive Ladung in einem sehr kleinen Raumgebiet konzentriert ist. Dadurch verringerte sich die Wahrscheinlichkeit für Stöße erheblich. Gleichzeitig nahm aber die Wahrscheinlichkeit für Vielfachstreuung (zumindest in einer dünnen Folie) noch viel stärker ab. RUTHERFORD rechnete den Streuprozeß in allen Einzelheiten

---

6) Siehe Fußnote 4, S. 54.

7) Diese Bemerkung weckt die Neugier des Lesers auf die Reaktion RUTHERFORDS bei der Entdeckung der Transmutation (Kap. 3).

8) Wie stark RUTHERFORD durch NAGAOKAS Arbeit beeinflußt war, die seiner eigenen Arbeit teilweise sehr ähnelt, läßt sich nicht feststellen. Er kannte sie sicherlich — in seiner Publikation über die Einzelheiten der Theorie wird sie zitiert, und es ist durchaus möglich, daß er sie mit NAGAOKA diskutiert hatte, als dieser im Jahre 1910 Manchester besuchte.

durch (veröffentlicht im Jahre 1911)[9]) und stellte fest, daß für ein α-Teilchen beim Flug durch eine Folie der Dicke t die Wahrscheinlichkeit für eine Ablenkung um den Winkel θ proportional zu $t/\sin^4(\theta/2)$ ist. Für das THOMSONsche Atommodell ändert sich diese Wahrscheinlichkeit dagegen mit der Quadratwurzel der Foliendicke, und die Winkelabhängigkeit wird durch den Faktor $\exp(-\theta^2/\theta_m{}^2)$ bestimmt; der mittlere Streuwinkel θ_m beträgt etwa ein Grad. Diese Unterschiede waren experimentell nachprüfbar, das Experiment mußte aber viel genauer als die vorausgegangenen Untersuchungen sein. RUTHERFORD schloß seine Veröffentlichung mit der Bemerkung ab: „Experimente in dieser Richtung werden schon von GEIGER und MARSDEN durchgeführt."

Die Ergebnisse wurden im Jahre 1913 publiziert. Der Apparat wurde entsprechend der Bedingung konstruiert, daß „zur Erzielung eines meßbaren Effektes ein intensives Strahlenbüschel aus α-Teilchen notwendig ist". Wie aus Abbildung 5.4 ersichtlich,

... bestand er hauptsächlich aus einem stabilen zylindrischen Metallbehälter *B*, der die α-Teilchenquelle *R*, die Streufolie *F* und ein Mikroskop *M* enthielt, an dem der Zinksulfidschirm *S* direkt befestigt war. Der Behälter war auf eine kreisförmige Plattform *A* montiert, die mit einer Gradeinteilung versehen war und sich mit Hilfe einer konischen, luftdichten Verbindung *C* drehen ließ. Beim Drehen der Plattform drehten sich der Behälter und das Mikroskop mit, während die Streufolie und die Strahlungsquelle am ursprünglichen Ort blieben, weil sie an einem Rohr *T* befestigt waren, das mit dem Ständer *L* verbunden war. Der Behälter *B* war mit einer Mattglasplatte *P* verschlossen und konnte durch das Rohr *T* evakuiert werden.

Die α-Teilchenquelle ... bestand aus einem kleinen, dünnwandigen Glasröhrchen von etwa 1 mm Durchmesser, das gut gereinigte Radiumemanation in großer Menge enthielt. Die von der Emanation und ihrem aktiven Niederschlag emittierten α-Teilchen gingen ohne großen Reichweiteverlust durch die Glaswand. Infolge der verschiedenen α-Teilchen von der Emanation, dem RaC und dem RaA war die Quelle inhomogen. Die Anwendbarkeit des theoretisch abgeleiteten Streugesetzes für diese Experimente wurde aber durch die Inhomogenität nicht in Frage gestellt, da jede α-Teilchenart nach demselben Gesetz gestreut wird.

Mit Hilfe einer Blende bei *D* wurde ein α-Teilchenstrahl senkrecht auf die Streufolie *F* gerichtet. Indem man das Mikroskop drehte, konnte man die in unterschiedliche Richtungen gestreuten α-Teilchen auf dem Schirm *S* beobachten, ... In verschiedenen Experimenten wurden Beobachtungen für Streu winkel zwischen 5° und 150° durchgeführt. Beim Messen von Streuereignissen mit sehr großen Streuwinkeln mußte der Zinksulfidschirm sehr nahe an die

---

[9]) Seltsamerweise taucht das Wort „nucleus" [Kern] in dieser Arbeit nicht auf. Auch die Annahme, daß die Atommasse gemeinsam mit der Ladung konzentriert ist, wird nicht explizit erwähnt, obwohl sie implizit in seine dynamischen Betrachtungen eingeht.

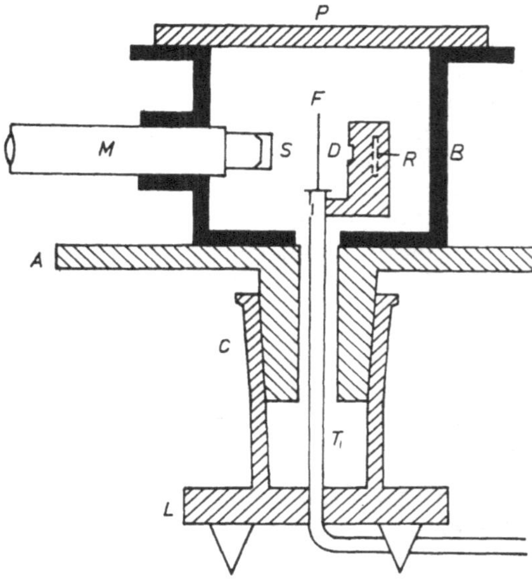

Abb. 5.4. Ein später verwendeter Apparat von Geiger und Marsden zur Messung der Winkelabhängigkeit der α-Teilchenstreuung [*Phil. Mag.* **25**, S. 607 (1913), Abb. 1]

Quelle gebracht werden, so daß die β- und γ-Strahlen auf ihm eine beträchtliche Lumineszenz erzeugten, was das Zählen der Szintillationen erschwerte. Der Einfluß der β-Strahlung wurde so weit wie möglich durch eine Bleiummantelung der Quelle reduziert, die im Schema schraffiert gezeichnet ist. Die Bleimenge war jedoch aus Platzgründen begrenzt, und daher konnten für Streuwinkel zwischen 150° und 180° keine Messungen durchgeführt werden. ...

Auch ohne Streufolie wurden auf dem Schirm immer einige Szintillationen beobachtet. Sie rührten offenbar von der Streuung der Strahlung an den Gefäßwänden und der Kante der strahlbegrenzenden Blende her. Dieser Effekt wurde so weit wie möglich verringert. ... Bei entfernter Streufolie wurde die Anzahl der ungewollt gestreuten α-Teilchen für verschiedene Mikroskoppositionen bestimmt, so daß die notwendigen Korrekturen zuverlässig vorgenommen werden konnten.

Normalerweise ging man wie folgt vor: Solange die Quelle neu und intensiv war, wurde für mehrere Streufolien aus verschiedenen Materialien jeweils eine Meßreihe bei großen Winkeln durchgeführt, bei denen die Streuung relativ selten stattfand. „Nachdem einige Tage vergangen waren" und die Quelle etwas an Aktivität verloren hatte, „wurden die Messungen für die kleineren Winkel wiederholt",

Tabelle 5.1
Abhängigkeit der Streuung vom Winkel

I	II	III	IV	V	VI
		SILBER		GOLD	
Streu-winkel		Anzahl der Szintillationen		Anzahl der Szintillationen	
φ (Grad)	$\frac{1}{\sin^4 \varphi/2}$	N	$N * \sin^4 \frac{\varphi}{2}$	N	$N * \sin^4 \frac{\varphi}{2}$
150	1,15	22,2	19,3	33,1	28,8
135	1,38	27,4	19,8	43,0	31,2
120	1,79	33,0	18,4	51,9	29,0
105	2,53	47,3	18,7	69,5	27,5
75	7,25	136	18,8	211	29,1
60	16,0	320	20,0	477	29,8
45	46,6	989	21,2	1435	30,8
37,5	93,7	1760	18,8	3300	35,3
30	223	5260	23,6	7800	35,0
22,5	690	20300	29,4	27300	39,6
15	3445	105400	30,6	132000	38,4
30	223	5,3	0,024	3,1	0,014
22,5	690	16,6	0,024	8,4	0,012
15	3445	93,0	0,027	48,2	0,014
10	17330	508	0,029	200	0,0115
7,5	54650	1710	0,031	607	0,011
5	276300	...	...	3320	0,012

um die Korrekturen für den Zerfall der Quelle zu überprüfen, „und der Winkelbereich erweitert. Auf diese Weise wurde der gesamte Winkelbereich innerhalb weniger Wochen untersucht.“

Die wichtigsten Ergebnisse kann man Tabelle 5.1 entnehmen, die zwei Meßreihen an Silberfolien gleicher Dicke und zwei an Goldfolien unterschiedlicher Dicke wiedergibt.

... Spalte I enthält die Werte der Winkel φ zwischen der Strahlrichtung und der Richtung, in der die gestreuten α-Teilchen gezählt wurden. Spalte II gibt die zugehörigen Werte von $1/\sin^4 (\varphi/2)$ wieder. In den Spalten III und V ist die Anzahl der Szintillationen aufgelistet, die für Silber bzw. Gold beobachtet wurden. Korrekturen für den Zerfall der Emanation, für die Streuung an Gefäßwand und Blendenkante und für eine Veränderung der Blende wurden durchgeführt. ... In den Spalten IV und VI findet man die Quotienten der jeweiligen Anzahl der Szintillationen und der Größe $1/\sin^4 (\varphi/2)$. Man sieht, daß diese Werte für beide Meßreihen annähernd konstant sind. Die Abweichungen sind systematisch, mit kleiner werdendem Winkel nimmt das Verhältnis zu. Irgendeine geringfügige Asymmetrie am Apparat oder andere Ursachen würden jedoch die Resultate systematisch beeinflussen, so daß ... die Abweichungen von einem konstanten Verhältnis wahrscheinlich innerhalb des experimentellen Fehlers liegen. Die Experimente beweisen deshalb, daß sich die Anzahl der in eine bestimmte Richtung gestreuten Teilchen wie $1/\sin^4 (\varphi/2)$ ändert.

Der Test der Abhängigkeit von der Foliendicke erforderte einen etwas anderen Versuchsaufbau. Er ist in Abbildung 5.5 dargestellt.

Er besteht im wesentlichen aus einer Strahlungsquelle *R*, einer Blende *D*, einer Streufolie *F* und einem Zinksulfidschirm *Z*, auf dem die gestreuten α-Teilchen beobachtet wurden. Der Hauptteil der Apparatur war in einem zylindrischen Messingring *A* untergebracht, dessen Stirnseiten geglättet wurden, so daß sie durch zwei Glasplatten *B* und *C* luftdicht verschlossen werden konnten. Der Ring war 3,5 cm hoch, sein innerer und äußerer Durchmesser betrug 5,5 bzw. 7,5 cm. Durch die Glasplatte *B* waren zwei Löcher gebohrt, eins in der Mitte und das andere 1,65 cm von der Mitte entfernt. Die Strahlungsquelle *R* befand sich direkt auf einem Glimmerplättchen, das eingewachst war und die Öffnung *E* verschloß. ...

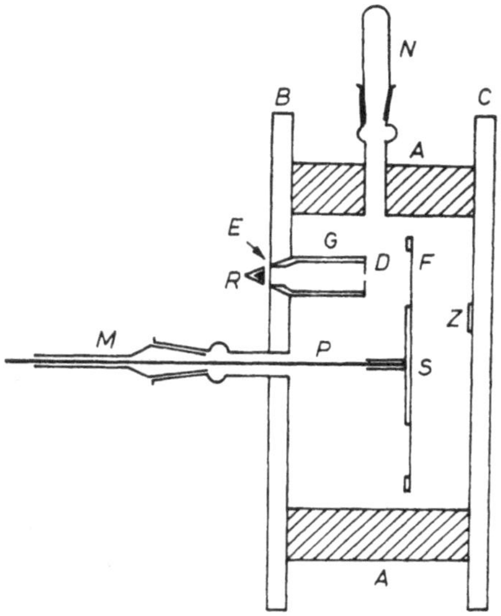

Abb. 5.5. Apparat von GEIGER und MARSDEN zur Messung der Abhängigkeit der α-Teilchenstreuung von der Foliendicke [*Phil. Mag.* **25**, S. 612 (1913), Abb. 3]

Mit Hilfe der Blende *D* konnte ein dünner α-Teilchenstrahl auf die Streufolie gerichtet werden. Die verschiedenen Folien waren auf der Scheibe *S* befestigt und bedeckten fünf der sechs Löcher, die in gleichem Abstand von der Scheibenmitte durch die Scheibe gebohrt waren. Die freie Öffnung wurde benutzt, um die vom Apparat selbst gestreuten α-Teilchen zu bestimmen. Die Scheibe konnte auf eine Stange *P* aufgesteckt werden, die an der Glasschliffverbindung *M* so befestigt war, daß sie gedreht und die verschiedenen Folien vor die Blende gebracht werden konnten. Die gestreuten α-Teilchen wurden mit einem Mikroskop auf dem Zinksulfidschirm *Z* beobachtet, der innen an der Glasplatte befestigt war.

Für die Präparation der Quelle war hier viel größere Sorgfalt erforderlich als bei dem anderen Teil der Experimente, da eine Inhomogenität, die dort ohne Bedeutung war, hier nicht tragbar gewesen wäre. Es war möglich, eine Quelle aus einem Gemisch von RaA und RaC herzustellen. RaA zerfiel nach der Präparation innerhalb von etwa 20 Minuten, und im wesentlichen blieb reines RaC zurück. Das war nun die tatsächlich verwendete Quelle, die etwa eine Stunde lang genutzt werden konnte. Danach störten die geringen Mengen der Emanation, die aufgrund der Präparationsmethode noch in der Quelle enthalten waren. Die Kurzlebigkeit der Quelle begrenzte die Anzahl der Zählungen für jede Folie und somit auch die Genauigkeit.

Eine andere Schwierigkeit bestand darin, daß der Streuuntergrund von den übrigen Teilen der Apparatur so stark war, daß er in einigen Fällen den zu messenden Effekt überschattete. Eine Abschirmung sorgte dafür, daß die von den Kanten der Blende gestreuten Teilchen den Schirm nicht mehr erreichen konnten.

Messungen wurden an Gold, Zinn, Silber, Kupfer und Aluminium durchgeführt. Die Ergebnisse wurden in einer grafischen Darstellung veröffentlicht, in der die Anzahl der Szintillationen pro Minute über der Foliendicke aufgetragen ist. Die beobachteten Szintillationszahlen mußten wegen der zeitlichen Änderung der Quellenaktivität korrigiert werden. „Für alle untersuchten Metalle liegen die Punkte auf Geraden, die durch den Ursprung des Koordinatensystems gehen. Die Experimente beweisen daher, daß die Streuung an dünnen Metallschichten proportional zu deren Dicke ist."

Rutherfords Theorie besagt außerdem, daß die Streuung unterschiedlich schneller α-Teilchen umgekehrt proportional zur vierten Potenz der Geschwindigkeit ist. Geiger und Marsden überprüften auch diese Aussage der Theorie und stellten fest, daß sie gültig ist. Deshalb schlußfolgerten sie: „Wir haben die Theorie von Professor Rutherford umfassend bestätigt." Das Atom mit einem Kern hatte sich als Realität erwiesen.

Literatur zu Kapitel 5

Das THOMSONsche Atom wird behandelt in: J. J. THOMSON, *Philosophical Magazine* **7**, 237–265 (1904); einen kurzen Abriß von NAGAOKAS Modell findet man in: H. NAGAOKA, *Nature* **69**, 392–393 (1904). Die letzte Literaturstelle wurde mit aufgenommen, weil diese Veröffentlichung möglicherweise RUTHERFORDS Arbeit beeinflußte.

Über die experimentellen Voruntersuchungen wird berichtet in: H. GEIGER, *Proceedings of the Royal Society of London, Series* **A81**, 174–177 (1908); H. GEIGER und E. MARSDEN, a.a.O., **82**, 495–499 (1909). Die letzte Arbeit ist auch in *The World of the Atom*, S. 696–700, zu finden.

Die Theorie wurde veröffentlicht von E. RUTHERFORD, *Philosophical Magazine* **21**, 669–688 (1911), Die Arbeit ist abgedruckt in *The Collected Papers of Lord Rutherford of Nelson* (ed. JAMES CHADWICK, George Allen and Unwin Ltd., London, 1963), Band 2, S. 238–254, und man findet sie auch in *The World of the Atom*, S. 707–722.

Die entscheidende experimentelle Arbeit ist publiziert in: H. GEIGER und E. MARSDEN, *Philosophical Magazine* **25**, 604–623 (1913), sie ist auch abgedruckt in *The World of the Atom*, S. 722–733.

6. Stöße von Elektronen mit Atomen

Die Untersuchung der Eigenschaften von Atomen fand auch weiterhin großes Interesse. Unter anderem war bekannt, daß bei ausreichender Energiezufuhr ein oder mehrere Elektronen aus einem Atom herausgeschlagen werden können, das Atom also ionisiert wird. Die beim Stoß eines Elektrons auf das Atom übertragene Energie wird durch die Potentialdifferenz bestimmt, mit der das Elektron beschleunigt worden ist. Die zur Ionisierung des Atoms erforderliche Beschleunigungsspannung wird als Ionisationspotential bezeichnet. Diese Größe ist für das Verständnis der bei elektrischen Gasentladungen beobachteten Erscheinungen von eigenständiger Bedeutung. Zu Beginn dieses Jahrhunderts wurden daher zahlreiche Messungen der Ionisationspotentiale für verschiedene Gase durchgeführt. Sie erfolgten jedoch vorwiegend indirekt und waren von unsicheren Hypothesen abhängig, und die Werte, die verschiedene Experimentatoren für eine bestimmte Substanz erhielten, unterschieden sich oft beträchtlich.

JAMES FRANCK und GUSTAV HERTZ, damals an der Berliner Universität, gehören zu den bedeutendsten Forschern auf diesem Gebiet. Für verschiedene Elemente bestimmten sie Größen, die sie für Ionisationspotentiale hielten. Erst später ergab sich, daß sie in Wirklichkeit gar keine Ionisationspotentiale gemessen hatten. Ihre Arbeit, für die sie im Jahr 1925 den Nobelpreis erhielten, zeigte vielmehr, daß für eine gegebene Atomart ein Minimalbetrag der vom Atom absorbierten Energie existiert und daß dieser Betrag mit dem optischen Spektrum des betreffenden Elements verknüpft ist.

Die ursprüngliche Methode von Franck und Hertz bestand darin, mit Hilfe eines Glühfadens Elektronen zu erzeugen, sie durch eine regelbare Potentialdifferenz V zwischen dem Heizfaden und einem Gitter zu beschleunigen und sie dann durch ein um 10 Volt höheres Gegenfeld zwischen dem Gitter und einer Kollektorplatte wieder abzubremsen. Die Elektronen konnten in dem Raum zwischen Gitter und Kollektor mit Gasatomen zusammenstoßen, aber wegen des Bremsfeldes den Kollektor nicht erreichen. Wenn jedoch (so das Argument) V größer als das Ionisationspotential wäre, würden einige Atome durch Stoß ionisiert; die positiv geladenen Ionen würden durch das elektrische Feld zum Kollektor hin beschleunigt, der dann einen Strom anzeigen müßte. Das Ionisationspotential wäre somit gleich demjenigen Wert von V, bei dem der Stromfluß zum Kollektor einsetzt. Mit dieser Methode bestimmten Franck und Hertz „Ionisationspotentiale" für ein halbes Dutzend von Gasen.

Die beiden Wissenschaftler beabsichtigten, eine vermutete Korrelation der Ionisationspotentiale mit den Atomradien nachzuweisen. Daher wollten sie Messungen an Metallatomen, die relativ große Radien besitzen, durchführen. Sie glaubten aber, daß beim längeren Betrieb ihrer Apparatur bei den zum Erzeugen von Metalldämpfen erforderlichen Temperaturen Fehler auftreten würden: Die Ströme, mit denen sie arbeiteten, waren vermutlich so schwach, daß Kriechströme, die durch die Widerstandsabnahme des Glaskolbens bei den hohen Temperaturen bedingt sind, den gesuchten Effekt überdecken konnten. Daher entwickelten sie eine andere Form des Versuchsaufbaus (s. Abb. 6.1). Das Gitter N wurde nicht mehr in geringem Abstand (5 mm), sondern etwa 4 cm vom Heizfaden entfernt angebracht, und die Kollektorplatte G wurde anstatt 2,5 cm nur 1 bis 2 mm vom Gitter entfernt befestigt. Das Potential zwischen Heizdraht und Gitter war regelbar und wurde so gewählt, daß die Elektronen wie zuvor beschleunigt wurden; das Bremspotential zwischen Gitter und Kollektor war aber diesmal niedrig und konstant.

Die Wirkungsweise der Apparatur beschreiben Franck und Hertz in dem 1914 veröffentlichten Bericht über ihre Arbeit wie folgt: „Solange die beschleunigende Spannung kleiner ist als die verzögernde, ist der Strom [zum Kollektor] Null. Dann wird er ansteigen, bis die beschleunigende Spannung gleich der Ionisierungsspannung geworden ist."

Diese Aussage stützt sich auf folgende Annahme: Die Elektronen konnten im Beschleunigungsbereich mit Gasatomen zusammenstoßen. Doch wurde vorausgesetzt, daß der Stoß zwischen einem Elektron und einem Atom elastisch[1]) ist, solange die kinetische Energie des Elektrons niedriger ist als die Ionisationsenergie; das Elektron verliert bei einem elastischen Stoß mit einem Atom nur einen zu vernachlässigenden Bruchteil seiner Energie[2]) und kann daher das Bremsfeld überwinden und den Kollektor erreichen. Diese Annahme wird später

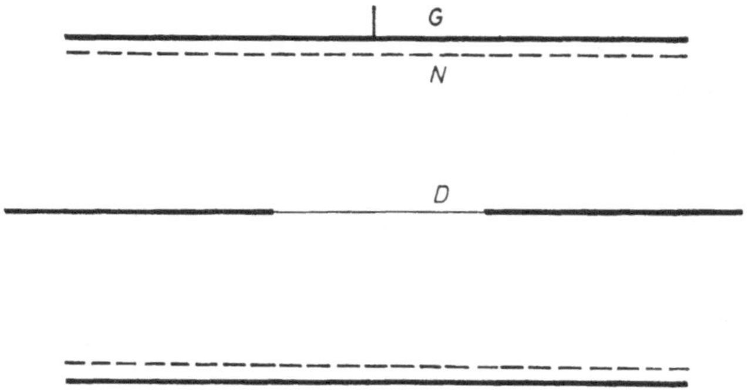

Abb. 6.1. Elektrodenanordnung von FRANCK und HERTZ zur Messung angenommener Ionisationspotentiale [*Verhandl. der Deutschen Physik. Ges.* **16**, S. 459 (1914), Abb. 1]

diskutiert; sie erschien aber im Lichte der früheren Experimente als sinnvoll. Der Bericht lautet weiter:

In diesem Augenblick werden die Elektronen in der Nähe des Drahtnetzes unelastische Stöße erleiden und dabei ionisieren. Da sie selbst und die bei der Ionisation befreiten Elektronen bis zum Durchtritt durch das Drahtnetz nur noch eine sehr geringe Spannung durchlaufen, so treten sie ohne merkliche Geschwindigkeit durch das Drahtnetz hindurch und sind nicht imstande, gegen

---

1) Stöße werden als elastisch oder unelastisch bezeichnet, je nachdem, was mit der kinetischen Energie des Systems geschieht. Verbleibt diese als kinetische Energie der beiden Stoßpartner, wenn auch mit unterschiedlicher Verteilung auf diese, so ist der Stoß elastisch. Wird ein Teil dieser Energie absorbiert und damit der innere Zustand eines der Stoßpartner geändert, dann nennt man den Stoß unelastisch.

2) Der Leser möge nachrechnen, daß bei einem elastischen Stoß zwischen einem anfangs ruhenden Körper der Masse M und einem anderen der Masse m das einfallende Teilchen einen Bruchteil seiner Energie verliert, der höchstens gleich $4mM/(M + m)^2$ ist; für $m \ll M$ ist dieser Bruchteil etwa $4m/M$.

das verzögernde Feld anzulaufen. Der Galvanometerstrom wird daher auf Null abfallen, sobald die beschleunigende Spannung größer geworden ist als die Ionisierungsspannung.

Darin steckt eine zweite Annahme: daß nämlich die Wahrscheinlichkeit eines unelastischen Stoßes nicht sehr klein gegen Eins ist, falls die Elektronenenergie dazu ausreicht. Auch diese Annahme schien aus den früheren Arbeiten zu folgen. Franck und Hertz schreiben weiter:

Steigert man die beschleunigende Spannung weiter, so rückt die Stelle, an der die Elektronen unelastische Stöße erleiden, vom Drahtnetz nach innen. Die nach dem unelastischen Zusammenstoß vorhandenen Elektronen durchlaufen also auf dem Wege zum Drahtnetz eine Spannung, welche gleich der Differenz der beschleunigenden Spannung und der Ionisierungsspannung ist. Sobald diese Differenz größer geworden ist als die konstante verzögernde Spannung zwischen N und G, können wieder Elektronen gegen das verzögernde Feld anlaufen, und der Galvanometerstrom steigt wieder an. Da die Zahl der Elektronen durch die Ionisation vergrößert ist, steigt er noch höher an als das erste Mal. Sobald jedoch die beschleunigende Spannung gleich der doppelten Ionisierungsspannung geworden ist, erleiden die Elektronen in der Nähe des Drahtnetzes zum zweitenmal unelastische Zusammenstöße. Da sie hierbei ihre Energie ganz verlieren, die neugebildeten Elektronen ebenfalls keine merkliche Geschwindigkeit besitzen, so können keine Elektronen mehr gegen das verzögernde Feld anlaufen. Sobald daher die beschleunigende Spannung größer wird als das Doppelte der Ionisierungsspannung, sinkt der Galvanometerstrom wieder auf Null. Da sich dieselbe Erscheinung jedesmal wiederholt, wenn die beschleunigende Spannung gleich einem ganzen Vielfachen der Ionisierungsspannung wird, so haben wir eine Kurve zu erwarten, die Maxima von wachsender Größe besitzt, deren Abstand stets gleich der Ionisierungsspannung ist.

Solche Kurven erhielt man tatsächlich; ein Beispiel zeigt Abbildung 6.2. Die Maxima erwiesen sich als ziemlich scharf — der Bericht erweckt den Eindruck, daß sie schärfer waren, als die Autoren zu hoffen gewagt hatten. Franck und Hertz vertrauten darauf, daß ihre Ergebnisse auf 0,1 Volt genau sind, im Vergleich zur Genauigkeit der älteren Methode, die etwa 1 Volt betrug. Der Wert, der für das Ionisationspotential von Quecksilber gefunden wurde, war 4,9 Volt. Zum Vergleich mit der älteren Methode ermittelten sie den Wert für Helium nochmals und fanden, daß die Ergebnisse beider Methoden sehr befriedigend übereinstimmten.

Eine solche Genauigkeit übertraf alles vorher Erreichte und ermöglichte es Franck und Hertz, eine wiederholt geäußerte theoretische Vermutung quantitativ nachzuprüfen: daß nämlich die Ionisationsenergie gleich dem Produkt aus der Planckschen Konstanten h und der Frequenz einer „Eigenschwingung" sein sollte. Sie wählten

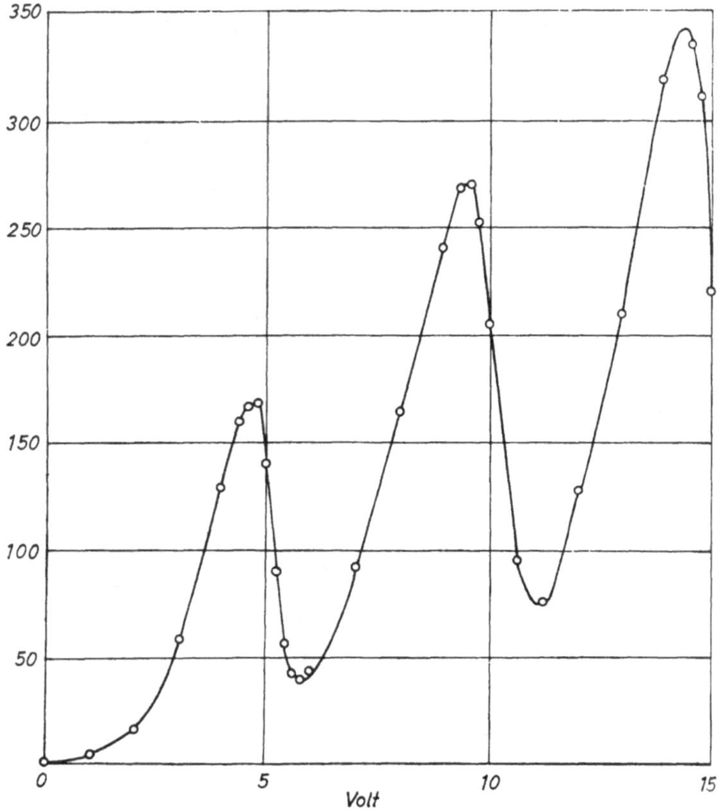

Abb. 6.2. Abhängigkeit des Kollektorstromes vom Beschleunigungspotential; sie zeigt den gleichen Abstand zwischen den Maxima. (Man beachte: Verschiedene Effekte sorgen insgesamt dafür, daß der Abstand zwischen den Maxima von der Lage des ersten Maximums geringfügig abweicht) [*Verhandl. der Deutschen Physik. Ges.* **16**, S. 462 S. 462 (1914), Abb. 3]

dazu eine Frequenz, die von Quecksilberdampf stark absorbiert wurde; diese entsprach einer Wellenlänge von 2536 Å. Das von der Theorie vorausgesagte Potential (4,84 Volt) stimmte ausgezeichnet mit dem gemessenen Wert überein.

In diesem Stadium der Untersuchungen tauchten Zweifel auf, vielleicht gerade wegen der ausgezeichneten Übereinstimmung. Es war denkbar, daß die Elektronen ihre Energie nicht durch Ionisation des Quecksilbers abgeben (Ionisation war nicht direkt beobachtet worden), sondern durch Anregung von Strahlung. Diese neue Möglichkeit ließ sich nicht mit der gleichen Apparatur nachprüfen, da die Wellenlänge 2536 Å weit im Ultraviolettbereich liegt, und für diesen war die Glaswand der Röhre nicht durchlässig. FRANCK und HERTZ bauten daher eine neue Röhre aus Quarz, der für ultraviolettes Licht durchlässig ist. Diese Röhre war viel einfacher als die früheren: Sie enthielt nur einen Platinheizdraht zur Erzeugung von Elektronen, ein Platingitter zur Beschleunigung und als Kollektor der Elektronen sowie ein Quecksilberbad, um Quecksilberdampf im Zwischenraum zu liefern. Der gesamte Kolben wurde mit einem Gasbrenner auf etwa 150°C erwärmt, und die vom Dampf emittierte Strahlung wurde mit Hilfe eines Ultraviolettspektrographen analysiert.

Die Ergebnisse waren überraschend. Betrug das Potential weniger als 4,9 Volt, dann wurde vom Quecksilberdampf keine Strahlung emittiert.[3]) War es höher als 4,9 Volt, dann strahlte das Quecksilber wie erwartet ab. Das überraschende Moment bestand darin, daß *nur* die 2536 Å-Linie emittiert wurde, obwohl das Quecksilberspektrum viele Linien enthält, deren Wellenlängen Potentialen von weniger als 4,9 Volt entsprechen, davon auch einige intensivere Übergänge als die 2536 Å-Linie. FRANCK und HERTZ schlußfolgerten hieraus dennoch, daß die Energie des Elektrons — falls sie genügend hoch war — bei einigen Stößen mit den Quecksilberatomen in Strahlung umgesetzt wurde. Sie waren weiterhin davon überzeugt, daß das Atom in anderen Stößen bei derselben Energie ionisiert wird.

Wir verlassen nun den Standpunkt von FRANCK und HERTZ und untersuchen deren Schlußfolgerungen im Lichte der späteren Erkenntnis. Wären FRANCK und HERTZ in der Lage gewesen, in ihrer ersten Apparatur ebenfalls mit Quecksilber oder einem Alkalimetall zu arbeiten wie in der zweiten, dann wären sie auf einen eigentümlichen Widerspruch gestoßen: Die beiden Methoden hätten für jede dieser Substanzen unterschiedliche Ergebnisse geliefert, obwohl sie tatsächlich für Helium identische Werte ergeben hatten und auch für jede andere Substanz ergeben würden, die mit der ersten Apparatur untersucht worden war. Der Grund dafür ist, daß in keinem Fall tatsächlich ein Ionisationspotential gemessen worden war. Das Ionisationspotential ist in jedem Fall höher als der von FRANCK und HERTZ in ihrer Arbeit gemessene Wert. Die Zunahme des Kollektorstroms, die von FRANCK und HERTZ positiven Ionen zugeschrieben wurde, hatte eine ganz andere Ursache. Die Atome oder Moleküle wurden durch die einfallenden Elektronen in einen höheren Energie-

[3]) Der kritische Wert ist bei diesem Versuchsaufbau tatsächlich etwas kleiner als 4,9 Volt, weil die Elektronen den Heizdraht bereits mit einer geringen Energie verlassen.

zustand angeregt und emittierten Strahlung. Diese Strahlung wiederum löste aus der Kollektorplatte Fotoelektronen aus. Die vom Quecksilber emittierte Strahlung und auch die Strahlung, die ein Alkalimetallatom emittieren würde, konnten diesen Effekt nicht verursacht haben.[4])

Was aber bedeuten dann die gemessenen Werte? Die Abnahme des Kollektorstroms signalisiert in der Tat, daß die Elektronen gerade genügend Energie erreicht haben, um bei einem unelastischen Stoß mit einem Atom den größten Teil dieser Energie abzugeben, wobei sich die *inneren* Eigenschaften des Atoms ändern. Nimmt der Strom zum zweiten Mal ab, dann haben die Elektronen genügend Energie aufgenommen, um bei ihrem Flug vom Heizdraht zum Gitter zwei solche Stöße auszuführen usw. Die Daten zeigen, daß es einen Minimalbetrag gibt, um den sich die innere Energie des Atoms ändern kann. In dieser durch die experimentellen Fakten geforderten Aussage liegt auch die Ursache für das Versagen der Extrapolation der früheren Erfahrung. Aufgrund der Alltagserfahrung erscheint es als völlig annehmbar, daß ein dynamisches System charakteristische *Frequenzen* besitzt wie ein Atom; man denkt sofort an ein Pendel oder eine gespannte Saite. Auch andere, kompliziertere Beispiele könnte man anführen. Aber die *Energie* all dieser Systeme kann sich um einen beliebigen Betrag ändern. Dies gilt offenbar für ein atomares System *nicht*. Dieses kann nur in bestimmten Zuständen mit bestimmten diskreten Energiewerten existieren. Sein Zustand kann sich nur von einem zu einem anderen dieser Energiewerte und seine Energie sich daher nur um ganz bestimmte Beträge ändern. Darin besteht die Aussage der FRANCK-HERTZ-Experimente. Während die Experimente noch liefen, übernahm NIELS BOHR diese Idee als eines der Grundpostulate, auf denen seine Atomtheorie aufgebaut werden sollte, ohne zu ahnen, daß seine radikale Annahme zur selben Zeit bestätigt wurde.

Literatur zu Kapitel 6

J. FRANCK und G. HERTZ, *Verhandlungen der Deutschen Physikalischen Gesellschaft* **16**, 457–467 (1914).

[4]) Eine ausführlichere Diskussion dieses Sachverhalts ist in Kapitel 7 zu finden.

7. Der Fotoeffekt

Wir haben in Kapitel 2 gesehen, daß der Begriff des Quants ursprünglich als ein Aspekt des Verhaltens strahlender Oszillatoren eingeführt worden ist und nicht als Merkmal der Strahlung selbst. Man könnte aber annehmen, daß sich ein solches Verhalten wenigstens teilweise auf die Strahlung überträgt. Der Quantenbegriff existierte gerade fünf Jahre, als ALBERT EINSTEIN diese Möglichkeit aufgriff, um die eigentümlichen Effekte der Strahlung beim Fotoeffekt zu erklären. Aber erst im Jahre 1914 wurde ein gründlicher und überzeugender experimenteller Test der EINSTEINschen Ideen veröffentlicht.

Der Fotoeffekt war gegen Ende des 19. Jahrhunderts entdeckt und bis zum Jahre 1914 ausführlich untersucht worden. Die wichtigsten Erscheinungen waren bekannt: Ein Lichtstrahl setzt beim Auftreffen auf eine Metalloberfläche aus dieser Elektronen frei, wenn seine Frequenz höher als ein kritischer Wert ist, der von der Art des Metalls abhängt. Die freigesetzten Elektronen besitzen eine bestimmte kinetische Energie, deren Betrag mit steigender Lichtfrequenz nach einer Relation zunimmt, deren Form 1914 experimentell noch nicht mit Sicherheit festgestellt war. Werden die Elektronen an einer anderen Elektrode gesammelt und als Strom abgeleitet, dann ist die Stromstärke proportional der Intensität des eingestrahlten Lichts. Der Gesamtprozeß verläuft anscheinend ohne Zeitverzug.

Nahezu jeder Aspekt des Fotoeffekts erscheint als ein Versagen der Extrapolation früherer Erfahrung. Die Erscheinung wurde entdeckt, und einige ihrer Eigenschaften wurden erkannt, einschließlich der (zumindest groben) Feststellung kritischer Frequenzen, noch ehe das Elektron entdeckt war. Aber in der klassischen Theorie, die sich mit kontinuierlichen Größen beschäftigte, gab es keinen Hinweis auf einen derartigen Prozeß. Die einzige Eigenschaft, die sich vernünftig in den klassischen Rahmen einfügen ließ, war die Abhängigkeit des Fotostromes von der Lichtintensität. Nach der Entdeckung des Elektrons war es möglich, sich eine Wechselwirkung zwischen den Elektronen im Metall und dem elektrischen Feld der Lichtquelle vorzustellen; aber das machte die Lage noch schwieriger. Der einzige sinnvoll erscheinende Mechanismus der Ablösung eines Elektrons aus dem Metall war der einer Resonanzabsorption, wobei die Lichtfrequenz einer natürlichen Vibrationsfrequenz des Elektrons entspricht. Dieser Mechanismus würde aber nicht zu einem kontinuierlichen Frequenzbereich, sondern nur zur Fotoemission bei diskreten Frequenzen oder bei wohldefinierten isolierten Frequenzbändern führen. Er würde auch die Frequenzabhängigkeit der Elektronenenergie nicht erklären. Noch verblüffender ist die Zeitabhängigkeit des Effekts. Die Annahme eines Resonanzprozesses für die Energieübertragung vom Licht zum Elektron bedeutet, daß das Elektron die gesamte Energie absorbieren würde, die auf einer Fläche gleich dem Quadrat der Wellenlänge einfällt. Rechnungen auf dieser Grundlage führen zu dem Schluß, daß ein Elektron bei sehr geringer, zur Beobachtung des Fotoeffekts aber noch ausreichender Strahlintensität etwa 500 *Jahre* brauchen würde, um die beobachtete Energie aufzunehmen.

EINSTEINS Vorschlag zur Erklärung dieser Erscheinung beruhte auf einer radikalen Erweiterung der ursprünglichen PLANCKschen Quantenhypothese. Diese besagt, daß die Energie eines Oszillators quantisiert ist; daher ist die vom Oszillator in das Strahlungsfeld übertragene Energie ebenfalls quantisiert. EINSTEIN vermutete, daß ein solches „Energiebündel" auch als Ganzes absorbiert wird, insbesondere an einem Metallelektron. Daraus folgte eine einfache Beziehung zwischen der kinetischen Energie E_k des Fotoelektrons und der Frequenz ν der einfallenden Strahlung:

$$E_k = h\nu - e\varphi; \tag{7.1}$$

hierbei ist h die PLANCKsche Konstante und φ eine für das Metall, aus dem die Elektronen freigesetzt werden, charakteristische Konstante.

EINSTEINS Vorstellung veranlaßte ROBERT A. MILLIKAN (Universität Chicago, Ryerson-Laboratorium) zu einer umfassenden experimentellen Untersuchung. MILLIKAN bestimmte die kinetische Energie der Fotoelektronen in Abhängigkeit von der Frequenz des einfallenden Lichts. Er fand dabei, daß EINSTEINS Gleichung (7.1) die Daten ausgezeichnet wiedergibt, und schlußfolgerte daraus, daß die Konzeption eines Strahlungsquants als gültig anzusehen ist.

MILLIKANS Ergebnisse wurden erstmals auf einer Tagung der Amerikanischen Physikalischen Gesellschaft im April 1914 mitgeteilt; eine ausführliche Beschreibung wurde 1916 veröffentlicht. Der Status der neuen Theorie ist im folgenden Zitat aus der Einleitung dieser Arbeit treffend beschrieben:

Im Jahre 1905 brachte EINSTEIN erstmals Fotoeffekte mit Quantentheorien beliebiger Art [sic] in Verbindung, indem er die kühne, um nicht zu sagen rücksichtslose, Hypothese eines elektromagnetischen Lichtteilchens aufstellte, das die Energie $h\nu$ besitzt, die bei der Absorption auf ein Elektron übertragen wird. Diese Hypothese darf wohl rücksichtslos genannt werden, da erstens eine im Raum lokalisierte Störung eine Verletzung des Begriffs einer elektromagnetischen Störung an sich darstellt[1]) und da sie zweitens den gesicherten Fakten der Interferenz widerspricht. Die Hypothese war offenbar nur deshalb aufgestellt worden, weil sie eine bündige Erklärung für eine der bemerkenswertesten Tatsachen lieferte, die durch neuere Untersuchungen ans Licht kamen: daß nämlich die Energie, mit der ein Elektron durch ultraviolettes Licht oder durch RÖNTGEN-Strahlung aus einem Metall emittiert wird, nicht von der Intensität, sondern von der Frequenz des Lichts abhängt. Diese Tatsache allein scheint eine Abwandlung der klassischen Theorie zu erfordern oder ist zumindest von dieser noch nicht befriedigend erklärt worden.

Diese wichtigste, wenn nicht sogar einzige, Grundlage für EINSTEINS Annahme erlaubte sofort die Voraussage, daß die maximale Energie der unter dem Einfluß von Licht emittierten Teilchen der Gleichung

$$\frac{1}{2} mv^2 = Ve = h\nu - p \tag{I}$$

genügt, wobei $h\nu$ die vom Elektron aus der Lichtwelle absorbierte Energie ist, die nach PLANCK gerade den Energiebetrag $h\nu$ enthält, p die zur Ablösung des Elektrons aus dem Metall erforderliche Arbeit, $\frac{1}{2} mv^2$ die Energie, mit der es die Oberfläche verläßt. Diese Energie wird offensichtlich durch das Produkt aus der Ladung e und der Potentialdifferenz bestimmt, gegen die das Elektron anlaufen kann, bevor es zur Ruhe kommt.

Zu der Zeit, als diese Voraussage gemacht wurde, war sie ebenso kühn wie die Hypothese, auf der sie beruhte, da zu jener Zeit keinerlei Experimente darüber vorlagen, wie die Potentialdifferenz von der Frequenz ν abhängt oder ob die hypothetische Größe h in Gleichung (I) etwas mehr bedeutet als eine Zahl derselben Größenordnung wie das PLANCKsche h. Dennoch scheinen die folgenden Ergebnisse zu zeigen, daß mindestens fünf der experimentell nachprüfbaren Beziehungen, die aus Gleichung (I) folgen, streng gültig sind. Diese Beziehungen sind in den folgenden Aussagen enthalten:

1. Für jede Erregerfrequenz ν oberhalb eines bestimmten kritischen Wertes existiert eine definitiv meßbare Maximalgeschwindigkeit der Teilchenemission.
2. Zwischen V und ν besteht eine lineare Beziehung.
3. Der Anstieg der Geraden $\{V \text{ über } \nu\}$, $dV/d\nu$ ist numerisch gleich h/e.
4. Bei der kritischen Frequenz ν_0 ($V = 0$) gilt $p = h\nu_0$, d. h., der Schnittpunkt der $V\nu$-Kurve mit der ν-Achse ist die niedrigste Frequenz, bei der das betreffende Metall fotoelektrisch aktiv sein kann.
5. Das Kontaktpotential[2]) zwischen zwei beliebigen Leitern ist durch die Gleichung

$$\text{Kontaktpotential} = \frac{h}{e}(\nu_0 - \nu_0') - (V_0 - V_0')$$

bestimmt.

---

[1]) Der Begriff der elektromagnetischen Welle besagt, daß eine anfangs lokalisierte elektromagnetische Störung sich nach allen Richtungen ausbreitet, so wie sich Wellen auf einer Wasseroberfläche ausbreiten.

[2]) Werden zwei unterschiedliche Metalle durch direkten Kontakt oder über

Keine dieser Aussagen (mit Ausnahme der ersten) war auch nur grob untersucht worden, als EINSTEIN seine Voraussage machte, und auch die Richtigkeit der ersten wurde unlängst von RAMSAUER entschieden bestritten. Bezüglich der vierten Aussage hatten ELSTER und GEITEL bereits 1891 aus einer Untersuchung der Alkalimetalle gefolgert, daß der Wert von ν, bei dem ein Metall fotoempfindlich wird, um so kleiner ist, je stärker dieses Metall elektropositiv ist. Spätere Untersuchungen an Nichtalkalimetallen schienen dieser Schlußfolgerung jedoch über Jahre zu widersprechen.

Während der seit der Aufstellung der EINSTEIN-Gleichung vergangenen zehn Jahre war die fünfte der Aussagen überhaupt nicht untersucht worden. Die dritte und die vierte Behauptung waren experimentell niemals sorgfältig unter solchen Bedingungen nachgeprüft worden, unter denen eine exakte und definitive Antwort zu erwarten gewesen wäre. Tatsächlich konnten sie nicht getestet werden, ohne daß gleichzeitig im Vakuum die Kontaktpotentiale und die Fotopotentiale[3]) für Metalle gemessen wurden, die über ein breites Intervall beobachtbarer Frequenzen fotoempfindlich sind. Bei dieser Feststellung unterschätze ich keineswegs die außerordentlich gute Arbeit von RICHARDSON und COMPTON, die ebenso wie die meisten anderen Experimentatoren ihre Ergebnisse nach der EINSTEIN-Gleichung interpretierten, die Bedeutung dieser Gleichung aber viel klarer als die meisten ihrer Vorgänger erkannten. Ich erinnere nur daran, daß der unter 3. genannte Anstieg und der unter 4. erwähnte Schnittpunkt mit keiner Methode sicher bestimmt werden können, wenn der untersuchbare Wellenlängenbereich nicht größer als bisher ist (mit Ausnahme der Alkalimetalle) und auch nicht im Fall 4., wenn die Fotopotentiale und die Kontaktpotentiale im Vakuum nicht gleichzeitig gemessen werden.

Wie aus dem letzten Absatz des Zitats hervorgeht, hat es schon früher Versuche zur Prüfung des EINSTEINschen Vorschlags gegeben. Sehr sorgfältige Untersuchungen waren 1912 von A. L. HUGHES (Cambridge, England) und, wie erwähnt, von W. O. RICHARDSON und A. H. COMPTON (Princeton) publiziert worden. Trotzdem wurde in einer 1913 veröffentlichten Übersicht gefolgert, daß diese Frage noch offen sei.

Die Untersuchungen an der Universität Chicago waren 1905, ver-

---

einen Stromkreis elektrisch verbunden, dann tritt zwischen ihnen außer einer eventuell von außen angelegten Potentialdifferenz eine *zusätzliche elektromotorische Kontaktkraft* (*Kontaktpotential*) auf. Diese hat auf den Stromfluß im Kreis keinen Einfluß, da die Summe aller Kontaktpotentiale in einem geschlossenen Stromkreis verschwindet. Sie trägt aber zu statischen Effekten und besonders zur tatsächlichen Potentialdifferenz zwischen zwei Elektroden einer Elektronenröhre bei; dieser Umstand liegt der Bemerkung im letzten Satz des Zitats sowie einer der nachfolgend beschriebenen Methoden zur Bestimmung kritischer Frequenzen zugrunde.

[3]) D. h. Potentiale, die zur Unterdrückung von Fotoströmen erforderlich sind.

mutlich unmittelbar nach EINSTEINS Veröffentlichung, begonnen worden. Über verschiedene Aspekte der Arbeiten ist von 1907 bis 1912 berichtet worden. Diese früheren Experimente zeigten, wie MILLIKAN formulierte,

> ... die Notwendigkeit, alle Ergebnisse über Fotopotentiale anzuzweifeln, solange nicht der Einfluß von Oberflächenschichten eliminiert werde, entweder durch Entfernen der Oberflächenfilme oder durch simultane Messung von Foto- und Kontaktpotentialen im Vakuum oder auch durch gleichzeitige Anwendung beider Verfahren. Daher habe ich im Jahre 1910 mit einer etwas verbesserten Apparatur mit der gleichzeitigen Messung von Fotoeffekten und Kontaktpotentialen im Vakuum an verunreinigungsfreien Oberflächen begonnen.

Die Untersuchung erforderte eine Reihe mehr oder weniger komplizierter Vorsichtsmaßnahmen, von denen einige im folgenden diskutiert werden. Die lästigste war das erwähnte Abtragen von Oberflächenschichten. Die Lösung des Problems besteht offensichtlich darin, die Oberflächen unter solchen Bedingungen zu präparieren, daß sich kein Film bilden kann; dieser Weg wurde trotz außergewöhnlicher mechanischer Schwierigkeiten eingeschlagen.

> Bei all diesen fotoelektrischen Studien am Ryerson-Laboratorium wurde stets die gleiche allgemeine Methode angewandt: Die zu untersuchenden oder zu bearbeitenden Substanzen wurden im bestmöglichen Vakuum auf einem elektromagnetisch gesteuerten Rad angebracht, und alle erforderlichen Operationen wurden durch außerhalb der Röhre befestigte Elektromagnete ausgeführt. Da neue Operationen erforderlich waren, wurden die Röhren allmählich immer komplizierter; man konnte sie schließlich als Werkstatt im Vakuum bezeichnen. Folgende Operationen wurden bei allen derzeit benutzten Röhren erforderlich:
>
> 1. Entfernen aller Ablagerungen von sämtlichen Oberflächen unter Vakuum;
> 2. Messung der Fotoströme und Fotopotentiale an diesen filmfreien Oberflächen;
> 3. gleichzeitige Messung der Kontaktpotentiale der Oberflächen.

Eine dieser Röhren ist in Abbildung 7.1 schematisch dargestellt. Die drei am Rad *W* befestigten Zylinder sind aus den zu untersuchenden Metallen ausgeschnitten. Das Rad läßt sich durch einen Elektromagneten drehen, so daß jeder der Zylinder vor jeden anderen Teil der Apparatur plaziert werden kann. *K* ist ein rotierendes Messer, das durch den Elektromagneten *F* und die Armaturen *M* und *M'* gedreht und längs der Achse verschoben werden kann. Von dem zu untersuchenden Metall wird mit dem Messer zuerst die Stirnfläche des Zylinders abgeschabt; der Abrieb hilft dazu, verbliebenen Sauerstoff aus dem Gefäß zu entfernen. Die frische Oberfläche kann dann entweder vor die Platte S — zur Messung des Kontaktpotentials — oder vor das Fenster O und die Elektroden B, C — zur Messung der fotoelektrischen Eigenschaften — gedreht werden.

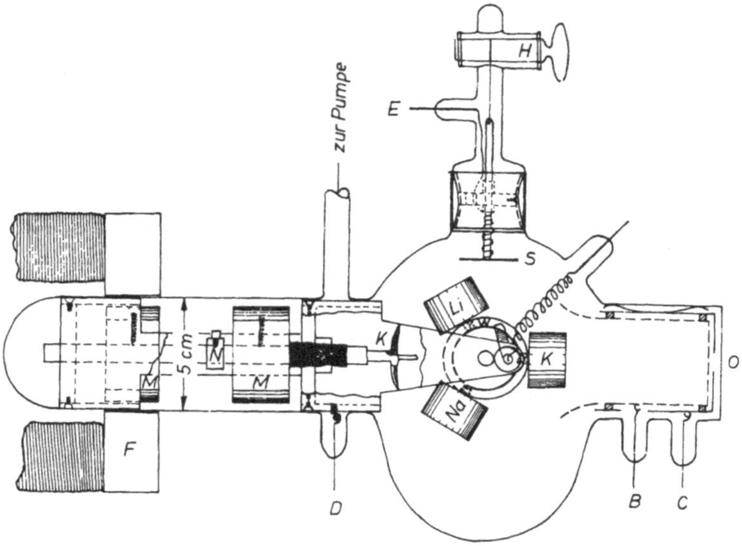

Abb. 7.1. Schematische Darstellung einer der von MILLIKAN zur Untersuchung des Fotoeffekts benutzten Röhren [*Phys. Rev.* 7, 362 (1916), Abb. 2]

Die Elektroden S und B sind aus Kupfer hergestellt und sorgfältig präpariert, so daß sie identische Kontaktpotentiale besitzen. Die Messung der Kontaktpotentiale beruht darauf, daß bei Vorliegen einer Potentialdifferenz zwischen S und dem Zylinder eine Änderung des Abstands zwischen ihnen dazu führt, daß Ladung durch ein angeschlossenes Elektrometer fließt. Wird ein äußeres Potential solcher Größe angelegt, daß *keine* Ladungsverschiebung auftritt, dann muß es das Kontaktpotential gerade kompensieren.

Bei der Untersuchung der eigentlichen Fotoströme fiel ein monochromatischer Lichtstrahl durch das Fenster O auf die zu untersuchende Oberfläche. Die Fotoelektronen wurden von dem Doppelzylinder (B, C) gesammelt, dessen Elektroden innerhalb der Röhre voneinander isoliert waren, bei den tatsächlichen Messungen aber außerhalb dieser elektrisch verbunden wurden.

Eine der Vorsichtsmaßnahmen wird im folgenden Zitat aus der Arbeit diskutiert:

Da beabsichtigt war, den Anstieg der Frequenz ν als Funktion der maximalen Potentialdifferenz mit größtmöglicher Genauigkeit zu bestimmen, mußte erstens ν präzise bekannt sein und zweitens darauf geachtet werden, daß keine Spur von Licht mit einer höheren Frequenz als der betrachteten[4]) durch den Spektrometerspalt gelangte. Zu diesem Zweck ... wurde eine Quecksilberlampe als Lichtquelle benutzt, ... und nur solche Linien wurden zur Messung ausgewählt, die keine Nebenlinien auf der kurzwelligen Seite besaßen. ... Zur Unterdrückung von kurzwelligem Nebenlicht wurden auch Lichtfilter verwendet. ... Da die maximale Potentialdifferenz gemessen werden sollte und diese mit abnehmender Wellenlänge zunimmt, war die Reinheit der Lichtquelle in Richtung großer Wellenlängen nicht sehr kritisch.

Millikan untersuchte außerdem — und eliminierte so weit wie möglich — Fehler, die anderen Forschern zu schaffen gemacht hatten. Einer davon war das „Rückfließen" von Fotoelektronen, die durch reflektiertes Licht aus der Sammelelektrode ausgelöst wurden. Sind solche Elektronen vorhanden, dann ist das scheinbare kritische Bremspotential gleich dem Potential, bei dem der „Vorwärtsstrom" den Rückfluß gerade kompensiert. Richardson und Compton waren sich dieses Problems besonders bewußt gewesen. Millikan umging diese Schwierigkeit für alle außer einer der verwendeten Wellenlängen, indem er eine Sammelelektrode benutzte, deren eigene fotoelektrische Grenzwellenlänge kleiner als die Wellenlänge des einfallenden Lichts war; in dem einen verbleibenden Fall korrigierte er den Fehler. Eine andere Fehlerquelle bestand darin, daß bei den früheren Untersuchungen nur ein sehr schmaler Bereich von Wellenlängen verwendet wurde, dessen Breite kleiner als der untere Grenzwert war, so daß die Form der Kurve aus einem sehr kurzen Stück abgeleitet werden mußte. Millikan benutzte dagegen einen Wellenlängenbereich, dessen Breite etwa das Vierfache des unteren Grenzwertes betrug. Eine dritte Fehlerquelle war kurzwelliges Licht, das die empfindliche Oberfläche durch diffuse Reflexion im Monochromator erreichte. In kritischen Fällen wurde diese Störung mit Lichtfiltern eliminiert, dies war aber nur selten erforderlich.

Die Fotoströme im kritischen Intervall waren sehr schwach; sie wurden daher (wie damals üblich) durch die in einer bestimmten Zeiteinheit — im vorliegenden Fall 30 Sekunden — transportierte Ladung mit einem Quadrantenelektrometer[5]) gemessen. Die resul-

---

[4]) Wir erinnern daran, daß — wie im zweiten Absatz dieses Kapitels bemerkt — bereits bekannt war, daß die Energie der Elektronen mit wachsender Frequenz zunimmt.

[5]) Siehe Anhang A.

tierenden Fotoströme wurden in Abhängigkeit von der Potentialdifferenz für mehrere Wellenlängen aufgetragen. Abbildung 7.2 zeigt einen Satz solcher Kurven. Der Schnittpunkt jeder Kurve mit der Abszissenachse gibt den Wert V für diese Wellenlänge an.

Man erkennt, ... daß der maximale Fehler bei der Bestimmung der Schnittpunkte etwa zwei Hundertstel Volt beträgt und der von den Schnittpunkten überdeckte Bereich größer als 2,5 Volt ist. Jeder Punkt der Potential-Frequenz-Kurve sollte daher mit höchstens einem Prozent Unsicherheit fixiert sein. Die Frequenzen sind natürlich sehr genau bekannt.

Danach wurde die Lage der Schnittpunkte über der Frequenz aufgetragen. Abbildung 7.3 zeigt den mit den Kurven von Abbildung 7.2 erhaltenen Verlauf. „Man erkennt, daß das erste Ergebnis darin besteht, die Schlußfolgerung ... über die Gültigkeit der vorausgesagten linearen Beziehung zwischen maximaler Potentialdifferenz und Frequenz ν ... zu bestätigen, wobei kein Meßpunkt mehr als ein Hundertstel Volt von der Geraden abweicht."

Dividiert man Gleichung (7.1) durch e, so ergibt sich

$$V = \frac{h}{e}\,(\nu - \nu_0),$$

d. h. eine Gerade mit dem Anstieg h/e. Aus dem gemessenen Anstieg der Geraden in Abbildung 7.3 und seiner eigenen früheren Bestimmung der Elementarladung e konnte Millikan daher die Größe h berechnen. Das Ergebnis war $6{,}56 \cdot 10^{-27}$, in völliger Übereinstimmung mit dem ursprünglich von Planck aus den Konstanten der Strahlungsgesetze schwarzer Körper berechneten Wert. Viele weitere Messungen an unterschiedlichen Oberflächen lieferten innerhalb der Fehlergrenzen dieselben Ergebnisse.

Kritische Frequenzen wurden nach zwei Methoden bestimmt; Übereinstimmung beider Werte wäre ein Test von Punkt 4. in Millikans Aufzählung. Wie erwähnt, war Millikans Apparatur so konzipiert, daß das Kontaktpotential zwischen der fotoempfindlichen Oberfläche und einer Oberfläche, die aus dem gleichen Material wie die Kollektorelektrode bestand, gemessen werden konnte. Die tatsächliche Potentialdifferenz zwischen Emitter- und Kollektorelektrode war gleich der gemessenen angelegten Spannung minus dem Kontaktpotential[6]). Die Kurve der wirklichen Potentialdifferenz als Funktion der Frequenz ließ sich daher durch Aufwärtsverschieben der „Rohkurve" in Abbildung 7.3 um den Betrag des Kontaktpotentials erhal-

---

[6]) Siehe Fußnote 2, S. 71.

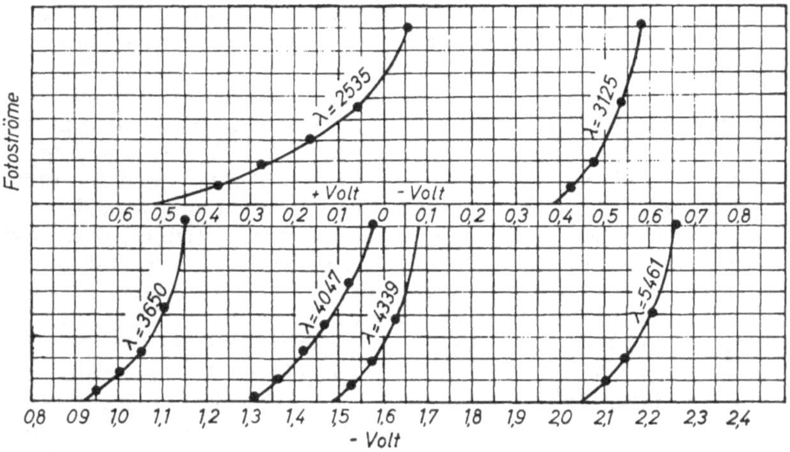

Abb. 7.2. Ein Satz von Fotostromkurven für Natrium. Aus diesen Kurven wurden die in Abbildung 7.3 dargestellten Daten erhalten [*Phys. Rev.* **7**, 371 (1916), Abb. 5]

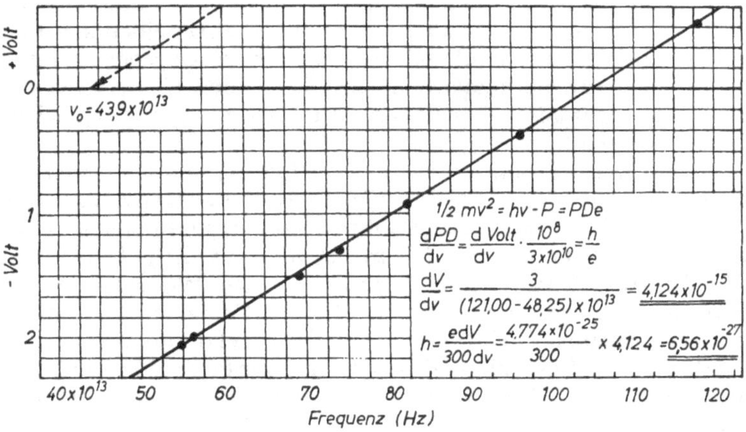

Abb. 7.3. Darstellung der Maximalenergie (gemessen als Bremspotentialdifferenz) in Abhängigkeit von der Frequenz für Natrium. Der Einsatz skizziert die Berechnung der PLANCKschen Konstanten *h* aus dem gemessenen Anstieg der Linie. Die gestrichelte Kurve wird im Text diskutiert [*Phys. Rev.* **7**, 373 (1916), Abb. 5]

ten. Die resultierende Kurve ist in Abbildung 7.3 gestrichelt eingetragen. Der Schnittpunkt dieser Kurve mit der Abszissenachse ergibt den Wert ν_0.

Die zweite Methode nutzt eine andere Eigenschaft des Fotostroms aus. Wird bei fester Intensität und Frequenz des einfallenden Lichts eine variable Potentialdifferenz so angelegt, daß die Elektronen nicht gebremst, sondern zum Kollektor hin beschleunigt werden, dann steigt der Kollektorstrom mit zunehmender Spannung zunächst an, erreicht aber irgendwann einen Grenzwert, den Sättigungsstrom. Bei fester Frequenz ist der Sättigungsstrom der Lichtintensität direkt proportional. Der Sättigungsstrom pro Intensitätseinheit ist daher eine Funktion der Frequenz. Der Verlauf der Funktion hängt von der Art der Oberfläche zumindest insofern ab, als sie für Frequenzen unterhalb der kritischen Frequenz verschwindet. Das Verfahren bestand nun darin, die Intensität der einfallenden Strahlung mit einer Thermosäule[7]) und den zugehörigen Sättigungsfotostrom für mehrere Wellenlängen zu messen. Der Sättigungsfotostrom pro Intensitätseinheit wurde dann über der Wellenlänge aufgetragen. Der Schnittpunkt der Kurve mit der λ-Achse ist die kritische Wellenlänge λ_0, die mit ν_0 über die Beziehung $\lambda_0\nu_0 = c$ verknüpft ist.

Bei der Anwendung dieser Methode brauchte man viel Glück, da über den vermutlichen Verlauf der Kurve nichts bekannt war. Diese hätte sich als Stufenfunktion erweisen können, die unterhalb der kritischen Frequenz verschwindet und oberhalb dieser einen konstanten endlichen Wert annimmt; oder sie hätte beim Durchgang durch die kritische Frequenz derart steil ansteigen können, daß sich der Schnittpunkt nicht genau bestimmen läßt. Dies war aber glücklicherweise nicht der Fall.

Die zweite Methode war auch in der Ausführung weniger genau als die erste. In den von MILLIKAN angeführten Beispielen war jede Kurve nur durch drei oder vier Punkte bestimmt und danach extrapoliert worden. MILLIKAN räumt ein: „Ich würde nicht behaupten, daß die direkten Messungen den Grenzwert großer Wellenlängen mit einer Genauigkeit besser als 100 Å festlegen. Dennoch“, so schlußfolgert er, „scheinen diese Befunde jeden Zweifel daran auszuschließen, daß die von EINSTEINS Gleichung geforderte Übereinstimmung zwischen den beiden Methoden zur Bestimmung von ν_0 tatsächlich vorliegt.“

Punkt 5. aus MILLIKANS Einleitung interessiert uns hier nicht weiter; es sei nur erwähnt, daß er befriedigend bestätigt wurde.

---

[7]) Eine Thermosäule ist eine Gruppe von Thermoelementen, die elektrisch in Reihe geschaltet und geschwärzt werden, so daß sie einfallende Strahlung absorbieren.

MILLIKAN schließt seine Ausführungen mit fünf Seiten Diskussion von Theorien der Fotoemission. Das meiste davon ist aufgrund späterer Entwicklungen veraltet. Zwei Abschnitte bleiben jedoch gültig und verdienen zitiert zu werden:

Es ist vielleicht noch verfrüht, die allgemeine und exakte Gültigkeit von EINSTEINS Gleichung mit absoluter Überzeugung zu behaupten. Man muß aber zugeben, daß die vorliegenden Experimente eine viel bessere Rechtfertigung für eine solche Behauptung darstellen als frühere Befunde, und wenn sich diese Gleichung als allgemein gültig erweisen sollte, dann ist sie sicherlich als eine der fundamentalsten und weitestreichenden Gleichungen der Physik anzusehen; sie muß nämlich die Umwandlung jeder kurzwelligen elektromagnetischen Energie in Wärmeenergie beschreiben. ...

Der fotoelektrische Effekt, wie immer er auch interpretiert wird, liefert dann, wenn er nur durch EINSTEINS Gleichung korrekt beschrieben wird, einen von den Gesetzen der Strahlung schwarzer Körper völlig unabhängigen Beweis für die Richtigkeit der grundlegenden Annahme der Quantentheorie, nämlich der Annahme einer diskontinuierlichen oder explosionsartigen Emission der Energie, die von den Atomelektronen aus anderen Wellen absorbiert wird. Der Fotoeffekt materialisiert sozusagen die von PLANCK beim Studium der Strahlung schwarzer Körper entdeckte Größe „h“ und gibt uns ein von keiner anderen Erscheinung inspiriertes Vertrauen, daß die ursprüngliche physikalische Konzeption, die PLANCKS Arbeit zugrunde liegt, der Wirklichkeit entspricht.

Literatur zu Kapitel 7

Die auf S. 72 genannte Übersichtsarbeit stammt von R. POHL und P. PRINGSHEIM, *Philosophical Magazine* **26**, 1017–1024 (1913).

R. A. MILLIKANS eigene Arbeit ist veröffentlicht in: *The Physical Review* **7**, 355–388 (1916).

8. Räumliche Orientierung atomarer Magnete

BOHRS Theorie der Atomstruktur ist in einer Reihe von Arbeiten in den Jahren 1913 bis 1915 veröffentlicht[1]) und bis zum Anfang der zwanziger Jahre durch viele Forscher, vornehmlich durch ARNOLD

[1]) JAMES FRANCK schrieb 1961, daß er und HERTZ während ihrer Experimente (s. Kapitel 6) von BOHRS Arbeit nichts gewußt, diese aber wahrscheinlich, auch wenn sie jemand darauf aufmerksam gemacht hätte, nicht gelesen hätten. Das Problem der Atomstruktur galt als derart mysteriös, daß jeder, der behauptete, es gelöst zu haben, wahrscheinlich als verrückt angesehen wurde.

SOMMERFELD, weitgehend ausgearbeitet worden. Eines ihrer Grundpostulate ist, daß bestimmte dynamische Größen periodischer Bewegungen nicht willkürliche, sondern nur diskrete Werte annehmen können, die ganzzahlige Vielfache der PLANCKschen Konstanten h sind. Diese Voraussetzung gab eine ausgezeichnete Erklärung für die diskreten Energiezustände, die aus dem FRANCK-HERTZ-Experiment (s. Kapitel 6) abgeleitet wurden, nicht nur qualitativ, sondern im Fall des Wasserstoffatoms auch für ihre quantitativen Werte.

Ein noch merkwürdigeres Ergebnis, das die Anwendung dieser Regel brachte, ist die Erscheinung, die als „räumliche Quantisierung" bekannt wurde. Sie bedeutet nicht die Quantisierung des Raumes selbst, sondern die rein räumlicher Aspekte des Verhaltens eines dynamischen Systems. Hat zum Beispiel die Gesamtheit der Elektronen in einem Atom eines bestimmten Elements einen von Null verschiedenen Drehimpuls, dann kann nach der Regel der Drehimpulsvektor des Atoms, das sich in einem magnetischen Feld befindet, nur bestimmte, wohldefinierte, diskrete Orientierungswinkel bezüglich der Feldrichtung bilden. Die von der Theorie zugelassenen Winkel sind solche, bei denen die Drehimpulskomponente längs der Feldrichtung ein ganzzahliges Vielfaches (positiv oder negativ, aber von Null verschieden) von $h/2\pi$ ist.[2]) Als merkwürdig erschien dieses Ergebnis wegen der in Kapitel 1 diskutierten Art der Extrapolation, da nach der klassischen Theorie die Projektion eines Vektors längs einer beliebigen festgelegten Richtung nur durch die Bedingung begrenzt wird, daß sie den Betrag des Vektors nicht überschreitet.

Überprüfbar wird diese Theorie dadurch, daß ein solches Atom die Eigenschaften eines magnetischen Dipols besitzt, dessen Dipolmoment längs der Richtung des Gesamtdrehimpulses orientiert ist. In einem inhomogenen Magnetfeld erfährt ein magnetischer Dipol nicht nur ein Drehmoment, das ihn parallel zur lokalen Feldrichtung zu drehen versucht, sondern auch eine Kraft, deren Betrag vom Winkel zwischen dem Dipol und dem Gradienten des Magnetfeldes abhängt. Daher wird ein Strahl solcher Atome beim Durchgang durch ein inhomogenes Magnetfeld abgelenkt. Unterliegt die Orientierung

---

[2]) Die Theorie behauptete außerdem, daß der Betrag des Drehimpulses ein ganzzahliges Vielfaches von $h/2\pi$ sein muß. Spätere Entwicklungen zeigten, daß auch halbzahlige Vielfache von $h/2\pi$ erlaubt sind und daß bei den ganzzahligen Vielfachen von $h/2\pi$ die Drehimpulsprojektion längs einer vorgegebenen Richtung gleich Null sein kann. Wäre diese letzte Eigenschaft im Jahre 1921 bekannt gewesen, so hätte man das hier beschriebene Experiment nicht für einen zwingenden Test der Theorie gehalten, was im folgenden noch deutlich wird. Zum Glück arbeiteten die Experimentatoren mit einem Element, das zur Klasse halbzahliger Drehimpulse gehört, bei denen die Drehimpulskomponente Null nicht auftritt.

der Atommagnete, wie die klassische Theorie besagt, keiner Einschränkung, dann streuen die Ablenkungen der Einzelatome in einem bestimmten Intervall, und der Strahl wird verbreitert. Wenn die Atommagnete aber nur in bestimmten Richtungen orientiert sein können, wie die Quantentheorie voraussagt, dann sind die Ablenkungen auf einige Werte beschränkt, und der Strahl wird in mehrere Teile aufgespaltet. Diesen Effekt hatte OTTO STERN vor Augen, als er in einer 1921 veröffentlichten Arbeit schrieb: „Ob nun die quantentheoretische oder die klassische Auffassung zutrifft, läßt sich durch ein prinzipiell ganz einfaches Experiment entscheiden. Man braucht dazu nur die Ablenkung zu untersuchen, die ein Strahl von Atomen in einem geeigneten inhomogenen Magnetfeld erfährt."

Das quantitative Argument lautet wie folgt: Ein Elektron in einer BOHRschen Bahn mit dem Drehimpuls $\boldsymbol{L}$ besitzt ein magnetisches Moment μ, das zu $\boldsymbol{L}$ proportional ist und die gleiche Orientierung hat. (In einem Atom mit mehreren Elektronen addieren sich sowohl die Drehimpulse als auch die magnetischen Momente der einzelnen Elektronen vektoriell; das resultierende magnetische Moment ist in gleicher Weise mit dem Gesamtdrehimpuls verknüpft.) Befindet sich das Atom in einem Magnetfeld $\boldsymbol{B}$, so erzeugt die Wirkung des Feldes auf das magnetische Moment ein Drehmoment in einer zu μ (und somit $\boldsymbol{L}$) und zu $\boldsymbol{B}$ senkrechten Richtung, dessen Betrag zu B und L proportional ist und vom Winkel zwischen $\boldsymbol{B}$ und $\boldsymbol{L}$ abhängt. Dieser Effekt verursacht nach der klassischen Mechanik eine Präzession von $\boldsymbol{L}$ und $\boldsymbol{B}$ auf einem Kegel mit einer zu $\boldsymbol{B}$ parallelen Achse. Die Präzessionsfrequenz ist zu B proportional, und der Proportionalitätsfaktor enthält nur Eigenschaften des Elektrons sowie Naturkonstanten; für ein Feld von 10^3 Gauß beträgt die Umlaufzeit $7 \cdot 10^{-10}$ Sekunden. Wir nehmen nun an, daß das Feld nicht homogen ist, sondern räumlich variiert. Die Änderung von $\boldsymbol{B}$ bei Verschiebung um eine Längeneinheit in x-Richtung sei mit $\partial \boldsymbol{B}/\partial x$ bezeichnet (und analog für y und z). Die auf das Atom wirkende Gesamtkraft $\boldsymbol{F}$ ist durch

$$\boldsymbol{F} = \mu_x \, \partial \boldsymbol{B}/\partial x + \mu_y \, \partial \boldsymbol{B}/\partial y + \mu_z \, \partial \boldsymbol{B}/\partial z \qquad (8.1)$$

gegeben.

Wegen der Präzessionsbewegung ändern sich die zu $\boldsymbol{B}$ senkrechten Komponenten von μ wie eine Sinusfunktion. Wählt man wie üblich die z-Achse längs $\boldsymbol{B}$, dann sind μ_x und μ_y die veränderlichen Komponenten. Mittelt man (8.1) über ein gegen die Präzessionsperiode großes Zeitintervall, dann liefern die ersten beiden Terme wegen der sinusartigen Zeitabhängigkeit im Mittel Null, und es verbleibt nur

$$\langle \boldsymbol{F} \rangle_{\text{mitt}} = \mu_z \, \partial \boldsymbol{B}/\partial z .$$

Das Atom wird daher in der Richtung von $\partial \boldsymbol{B}/\partial z$ beschleunigt.

Wir stellen uns nun einen Elektromagneten vor, dessen Pole wie in Abbildung 8.1 geformt sind; die z-Achse sei vertikal gerichtet. Dicht oberhalb der Schneide ist das Feld $\boldsymbol{B}$ am stärksten, und $\partial \boldsymbol{B}/\partial z$ ist längs $\boldsymbol{B}$ gerichtet. Ein Atom der Masse M, das parallel zur Schneide dicht oberhalb dieser einläuft, erfährt eine Beschleunigung $a = \langle \boldsymbol{F} \rangle_{\mathrm{mitt}}/M = \mu_z\, |\partial \boldsymbol{B}/\partial z|/M$ in der Richtung von $\partial \boldsymbol{B}/\partial z$ und somit senkrecht

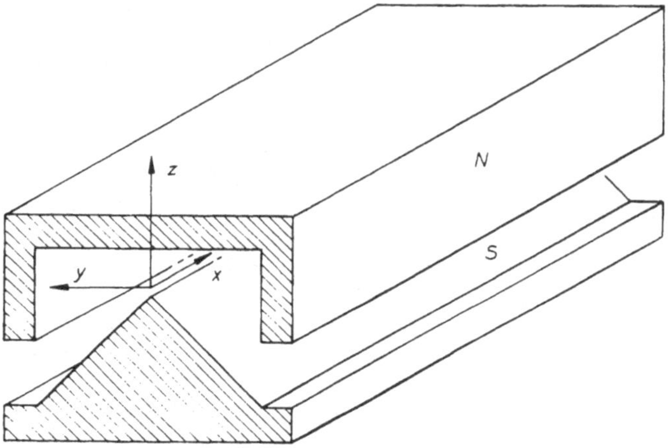

Abb. 8.1. Form der Magnetpole zur Erzeugung eines großen Wertes von $\partial \boldsymbol{B}/\partial z$ in der Richtung $\boldsymbol{B}$ im Gebiet dicht oberhalb der Schneide

zu seiner Anfangsbewegung. Durchläuft es das Feld in der Zeit t, so wird es von seiner ursprünglichen Bahn um den Betrag $z = \frac{1}{2} a t^2 = \frac{1}{2} \mu_z\, |\partial \boldsymbol{B}/\partial z|\, t^2/M$ abgelenkt. Die Zeit t ist gleich der Länge l der Magnetpole, dividiert durch die Geschwindigkeit v des Atoms. Die Ablenkung beträgt dann

$$z = \frac{1}{2} \frac{\mu_z}{M} \left| \frac{\partial \boldsymbol{B}}{\partial z} \right| \frac{l^2}{v^2}. \tag{8.2}$$

Wir betrachten nun ein Atom mit dem Drehimpuls $L = h/2\pi$. Nach der Version der Quantentheorie aus dem Jahre 1921 kann die Komponente L_z von $\boldsymbol{L}$ längs $\boldsymbol{B}$ nur gleich $\pm\, h/2\pi$ sein, und μ_z nur die Werte $\pm\, \mu$ annehmen. Ein Strahl von Atomen mit gleicher Anfangsgeschwindigkeit würde dann unter der Wirkung des Feldes in zwei Teilstrahlen aufgespaltet, und kein Teil des Strahls bliebe unabgelenkt.

Nach der klassischen Theorie ist der Fall etwas komplizierter. Wir schreiben Gleichung (8.2) wie folgt:

$$z = C\mu_z$$

oder

$$z = C\mu \cos\theta, \tag{8.3}$$

θ ist der Winkel zwischen μ und $\boldsymbol{B}$. Nach der klassischen Konzeption kann θ alle möglichen Werte annehmen, d. h., $\cos\theta$ variiert stetig zwischen -1 und $+1$. Der Atomstrahl wird nicht aufgespaltet, sondern verbreitert, wobei die Verbreiterung gleich der von der Quantentheorie vorausgesagten Aufspaltung zwischen beiden Komponenten ist.

Es wäre noch denkbar, daß das klassische Ergebnis dem quantenmechanischen ähnlich wird, wenn die Intensitätsverteilung des verbreiterten Strahls außen Maxima und in der Mitte ein Minimum hat. Man kann zeigen, das dies nicht der Fall ist, wenn man voraussetzt, daß die Magnetmomente gleichmäßig über alle Richtungen verteilt sind, bevor sie in das Magnetfeld eintreten. Die Intensitätsverteilung ist durch die Anzahl der Atome pro Einheit der Ablenkung bei festem Ablenkwinkel gegeben; es sind daher die Anzahl von Atomen in einem kleinen Intervall $d\theta$ um einen vorgegebenen Wert θ und die zugehörigen Werte der Ablenkung zu bestimmen, und der Quotient beider Größen ist zu bilden. Sind z und θ (in Radiant) über (8.3) verknüpft, dann ist das zu einem kleinen Bereich $d\theta$ von θ gehörende Intervall dz der Größe z gegeben durch

$$dz = C\mu \sin\theta \, d\theta; \tag{8.4}$$

das ist der Nenner des gesuchten Quotienten. Der Zähler ergibt sich aus dem Umstand, daß sich bei einer großen Zahl zufallsorientierter Vektoren μ deren Spitzen gleichmäßig über eine Kugel mit dem Radius μ verteilen; die Anzahl dieser Vektoren im Intervall $d\theta$ um den Winkel θ bezüglich einer vorgegebenen Richtung ist gleich der Anzahl der Punkte in einem Streifen der Breite $\mu \, d\theta$ um den Polarwinkel θ[3]) (s. Abbildung 8.2) und daher proportional der Fläche dieses Streifens $(2\pi a) \cdot (\mu \, d\theta)$, falls $d\theta$ klein ist. Der Radius a ist gleich dem Produkt aus $\sin\theta$ und dem Kugelradius μ; die Fläche des Streifens beträgt daher $2\pi\mu^2 \sin\theta \, d\theta$. Die Zahl der Atome, deren magnetische Momente mit dem Feld $\boldsymbol{B}$ einen Winkel im Intervall $d\theta$ um θ bilden, ist demnach proportional zu $\sin\theta \, d\theta$. Dividiert man diese Größe durch (8.4), so hebt sich die Winkelabhängigkeit heraus. Damit

[3]) Der Polarwinkel eines Punktes auf einer Kugel ist der Winkel zwischen dem Radiusvektor zu diesem Punkt und der Nord-Süd-Achse (90° minus der Breite).

erhält man die Aussage der klassischen Theorie: Der Strahlfleck wird mit gleichförmiger Dichte verbreitert.

Bei diesen Rechnungen ist ein Strahl mit einer einzigen Geschwindigkeit angenommen worden. In Wirklichkeit entsteht der Strahl durch Verdampfung; er enthält daher eine Geschwindigkeitsverteilung. Dies erweist sich als ein Vorteil. Im quantenmechanischen

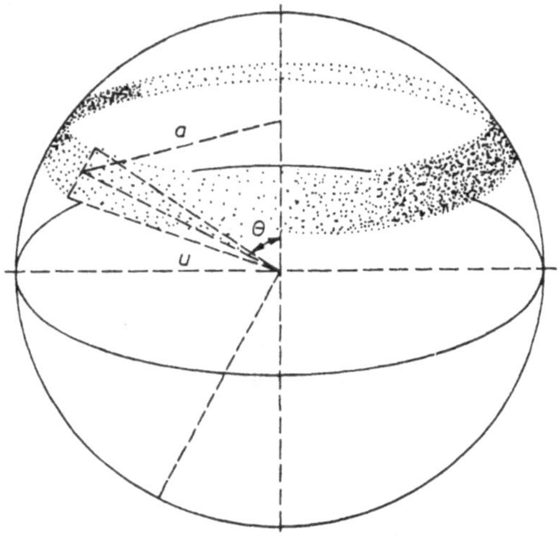

Abb. 8.2. Streifen mit dem Polarwinkel θ auf einer Kugel mit dem Radius μ

Fall wird jeder der Teilstrahlen etwas verbreitert, aber im Zentralbereich hat die Intensität ein *Minimum*. [Gleichung (8.2) zeigt, daß für $\mu_z \neq 0$ und $\partial \boldsymbol{B}/\partial z \neq 0$ eine Ablenkung Null nur von einer unendlich hohen Geschwindigkeit herrühren kann.][4]) Im klassischen Fall wird dagegen der einzelne homogene Streifen durch eine Überlagerung von Streifen ersetzt, deren Längen von sehr kleinen bis zu sehr großen Werten streuen; die Kombination dieser Streifen erzeugt im

[4]) Man beachte die Rolle der falschen Annahme, daß die Größe μ_z nur von Null verschieden sein könne. Hätte man im quantenmechanischen Fall die Möglichkeit $\mu_z = 0$ zugelassen, so hätte man drei Maxima mit dazwischenliegenden Minima, im klassischen Fall dagegen nur ein einzelnes Maximum im Zentrum zu erwarten. Berücksichtigt man noch die Schwierigkeit und die unbekannte Empfindlichkeit des Experiments, dann hätte STERN dieses vielleicht für nicht durchführbar gehalten.

Mittelpunkt ein Intensitäts*maximum*. Offensichtlich ist eine klare Unterscheidung möglich, wie STERN behauptet.

Das Experiment ist jedoch keineswegs so einfach, wie es den Anschein hat. Um den Strahl nicht durch Streuung an Gasmolekülen zu zerstören, muß im Vakuum gearbeitet werden. Nach damaligem Stand der Vakuumtechnik mußte deshalb die Länge l der Polschuhe auf wenige Zentimeter beschränkt werden. Für das Feld B läßt sich die Größenordnung 10^3 Gauß und für den Gradienten die Größenordnung 10^4 Gauß pro Zentimeter erreichen. Der Wert von μ kann durch Naturkonstanten ausgedrückt werden. Die Kombination Mv^2 (der doppelte Wert der kinetischen Energie des Atoms) ist durch die Dampftemperatur bestimmt, die von der Größenordnung 1000 Kelvin sein kann. Setzt man solche Zahlen in die Formel ein, so erhält man Ablenkungen der Größenordnung 0,01 Millimeter. Das Experiment war durchführbar, aber offenbar sehr heikel.

Als STERN den Aufsatz mit der dargelegten Analyse Ende August 1921 zur Veröffentlichung einreichte, waren er und ein Mitarbeiter, WALTHER GERLACH, bereits mit der Durchführung des Experiments in Frankfurt/Main beschäftigt; Mitte November hatten sie erste Ergebnisse — jedoch zu vorläufig für eine Entscheidung. Sie verbesserten die Apparatur (eine Fußnote zu ihrer dritten Veröffentlichung besagt, daß dies während der Weihnachtsferien geschah) und reichten am 1. März 1922 definitive Schlußfolgerungen zur Veröffentlichung ein.

Im Vergleich zur modernen Technologie mit ultrahoher Präzision und Miniaturisierung ist die experimentelle Anordnung von STERN und GERLACH nichts Außergewöhnliches; zu jener Zeit stellte sie aber eine beachtliche Leistung dar. Als Substanz wurde Silber verwendet, das in einem elektrisch geheizten Ofen verdampft wurde und durch eine kreisförmige Öffnung der Fläche 1 mm² entweichen konnte. 2,5 cm vom Ofen entfernt[5]) befand sich eine annähernd kreisrunde Blende mit der Fläche $3 \cdot 10^{-3}$ mm², d. h. mit einem Radius von etwa 0,03 mm. Weitere 3,3 cm dahinter war eine zweite Blende angebracht mit einem 0,8 mm langen und 0,03 bis 0,04 mm breiten Spalt, der senkrecht zur Richtung von B orientiert war. Derart feine Abmessungen waren offensichtlich notwendig, um einen Strahl zu erzeugen, der nicht erheblich breiter als die Strahlablenkung selber war. Die Spaltblende befand sich direkt an der Spitze an einem Ende des schneidenförmigen Polstückes (s. Abbildung 8.1); die Blenden

---

[5]) Der Abstand betrug bei den Vorversuchen nur 1 cm; er wurde aber vergrößert, um zu verhindern, daß die Öffnung durch das aus dem Ofen herausspritzende geschmolzene Silber oder durch zu rasche Verkrustung infolge der Strahlablagerung überdeckt wurde.

waren so justiert, daß der Atomstrahl parallel zur Schneidenkante einfiel. Die Magnetpole waren 3,5 cm lang. Die gesamte Anordnung war in einem Gehäuse mit so dicken Wänden eingeschlossen, daß der Druck auf die Magnetpole infolge des Vakuums in der Kammer die relative Lage der Teile nicht veränderte. Die „Belichtungszeiten" betrugen acht Stunden; selbst dann war die Ablagerung auf einer Glasplatte am entfernten Ende der Polstücke zu dünn, um sichtbar zu sein; sie mußte durch Ausfällen der entstehenden Silberschicht geschwärzt werden.

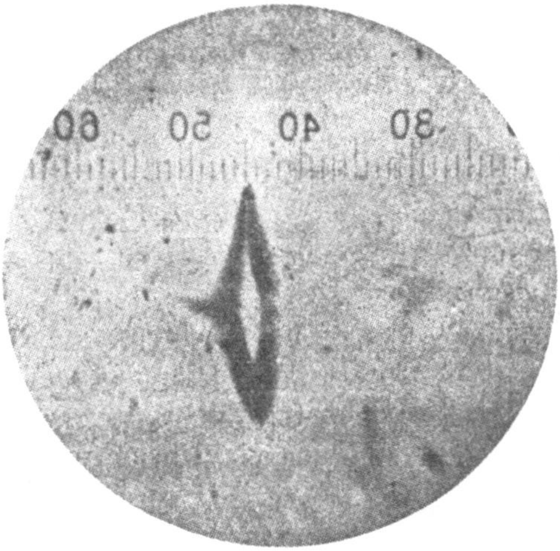

Abb. 8.3. Aufspaltung eines Silberatomstrahls in einem inhomogenen Feld. Jeder Teilstrich der Skala entspricht 0,05 mm [*Z. Phys.* **9**, 350 (1922), Abb. 3. Spiegelung wie im Original]

Die beste Aufnahme ist in Abbildung 8.3 wiedergegeben. GERLACH und STERN schreiben dazu:

Zwei andere Aufnahmen ergaben in allen wesentlichen Punkten das gleiche Ergebnis, jedoch nicht mit dieser vollkommenen Symmetrie. Es muß hier gesagt werden, daß eine sichere Justierung so kleiner Blenden auf optischem Wege sehr schwierig ist, so daß zur Erzielung einer so vollkommen symmetrischen Aufnahme wie in Fig. 3 [hier als Abbildung 8.3 wiedergegeben] schon etwas Glück gehört; Falschstellungen einer Blende um wenige hundertstel Millimeter genügen schon, eine Aufnahme völlig zum Scheitern zu bringen.

Gemeinsames Merkmal aller drei Aufnahmen war die klare Trennung des Strahls in zwei Komponenten. Die Autoren schreiben: „Die

Aufspaltung des Atomstrahls im Magnetfeld erfolgt in zwei diskrete Strahlen. Es sind keine unabgelenkten Atome nachweisbar.“[6])

Die Diskussion zeigt, daß das Ergebnis klar zugunsten der Quantenhypothese entscheidet, die im Gegensatz zum klassischen Verhalten steht. GERLACH und STERN drücken dies in der Terminologie jener Zeit so aus: „Wir erblicken in diesen Ergebnissen den direkten experimentellen Nachweis der Richtungsquantelung im Magnetfeld.“

Literatur zu Kapitel 8

O. STERN, *Zeitschrift für Physik* **7**, 249—253 (1921).
O. STERN und W. GERLACH, *a.a.O.*, **8**, 110—111 (1922) und **9**, 349—355 (1922).

9. Teilcheneigenschaften des Lichtes

Im Jahre 1912 waren die RÖNTGEN-Strahlen mit Hilfe von Diffraktionsexperimenten, die MAX VON LAUE vorgeschlagen und FRIEDRICH und KNIPPING ausgeführt hatten, als elektromagnetische Wellen identifiziert worden. Das Verhalten elektromagnetischer Wellen ließ sich im Rahmen der MAXWELLschen Theorie einleuchtend erklären. Insbesondere konnte man sich einen Mechanismus für die Streuung elektromagnetischer Wellen gut vorstellen und die quantitativen Merkmale der Streuung berechnen. Der Mechanismus war folgender: Das zeitabhängige elektrische Feld der Welle regte die Elektronen im streuenden Medium zu erzwungenen Schwingungen an. Die Elektronen emittierten ihrerseits Strahlung, da sie eine Beschleunigung erfuhren. Die gestreute Strahlung mußte die gleiche Frequenz wie die einfallende Welle, nämlich die Vibrationsfrequenz der emittierenden Elektronen, besitzen. Die Strahlung sollte alle Eigenschaften der von einem oszillierenden Dipol emittierten Strahlung aufweisen. Sie sollte polarisiert sein und eine um die Richtung der Elektronenbewegung zylindersymmetrische Intensitätsverteilung haben, die proportional zum Quadrat des Sinus des Winkels zwischen Bewegungsrichtung des Elektrons und Ausbreitungsrichtung der Welle ist. Die Polarisationseigenschaften der Strahlung spielen aber bei der vorliegenden Diskus-

[6]) Im Lichte späterer Entwicklungen (vgl. Fußnote 2, S. 80) ist dieses Ergebnis zufällig. Hätten STERN und GERLACH anstelle von Silber zum Beispiel Schwefel verwendet, dann wäre der Strahl (anstatt in zwei) in fünf Teilstrahlen aufgespaltet worden, und einer davon hätte keine Ablenkung erfahren. Wie wäre wohl ein solches Ergebnis interpretiert worden?

sion keine Rolle. Der relative Anteil der aus der einfallenden Welle in die Streustrahlung überführten Energie sollte außerdem von der Frequenz unabhängig sein.

Im darauffolgenden Jahrzehnt stieß diese Theorie auf ständig wachsende Schwierigkeiten. Die erste Diskrepanz bestand darin, daß RÖNTGEN-Strahlen sehr kurzer Wellenlängen oder γ-Strahlen stärker in Vorwärtsrichtung (d. h. in der Richtung der einfallenden Strahlung) als in Rückwärtsrichtung gestreut werden. Dieser Befund wurde zeitweilig quantitativ dadurch erklärt, daß man dem Elektron eine mit der Wellenlänge der RÖNTGEN-Strahlung vergleichbare Ausdehnung zuschrieb und annahm, daß die von den verschiedenen Teilen des Elektrons gestreuten Strahlen miteinander interferierten. Aus den zunehmenden experimentellen Daten ergab sich jedoch, daß die Ausdehnung, die man dem Elektron zuordnen mußte, von der Wellenlänge der einfallenden Strahlung abhing. Diese Situation war offenbar äußerst unbefriedigend. Außerdem war eine noch ernstere Schwierigkeit aufgetaucht. Man fand nämlich heraus, daß die Streustrahlung eine andere Frequenz als die einfallende Strahlung besaß. In einer 1923 veröffentlichten Arbeit schrieb ARTHUR H. COMPTON dazu:

Eine solche Wellenlängenänderung widerspricht der THOMSONschen Streutheorie. Diese fordert nämlich, daß die streuenden Elektronen, die infolge ihrer erzwungenen Vibration strahlen, wenn sie von einer primären RÖNTGEN-Strahlung durchlaufen werden, eine Strahlung mit genau derselben Frequenz wie die der einfallenden Strahlung liefern sollten. Keinerlei Abwandlung der Theorie, wie die Hypothese eines räumlich ausgedehnten Elektrons, weist einen Weg aus dieser Schwierigkeit. Aufgrund dieses Versagens erscheint es als unwahrscheinlich, daß im Rahmen der klassischen Elektrodynamik eine befriedigende Erklärung der Streuung von RÖNTGEN-Strahlen gefunden werden kann.

COMPTON schlug statt dessen vor, die Konzeption des Quants, die sich bei der Behandlung des fotoelektrischen Effekts (s. Kapitel 7) als nützlich erwiesen hatte, auch zur Beschreibung der Streuung anzuwenden. Davon ausgehend, schlußfolgerte er, daß sich verschiedene Eigenschaften der RÖNTGEN-Streuung von den Voraussagen der klassischen Theorie meßbar unterscheiden. Der wichtigste Unterschied ist die Änderung der Wellenlänge, die seitdem als COMPTON-Effekt bezeichnet wird. Er verwies auf Daten, die seine theoretischen Vorstellungen bestätigten, und im Fall des COMPTON-Effekts führte er auch das Experiment selber durch. Diese Arbeit brachte ihm den Nobelpreis ein.

COMPTON beschrieb die grundlegende Änderung der Auffassung und deren Konsequenzen wie folgt:

Nach der klassischen Theorie beeinflußt jeder RÖNTGEN-Strahl jedes Elektron in der Materie, die er durchläuft, und die beobachtete Streuung rührt von der gesamten Wirkung aller Elektronen her. Vom Standpunkt der Quantenmechanik aus kann man dagegen annehmen, daß ein bestimmtes RÖNTGEN-Quant nicht von allen Elektronen des Mediums gestreut wird, sondern seine gesamte Energie auf ein einzelnes Elektron überträgt. Dieses Elektron wiederum wird den Strahl streuen. Diese Bahnbiegung des Strahlungsquants führt zu einer Änderung seines Impulses.[1]) Demzufolge wird das streuende Elektron mit einem Impuls zurückgestoßen, der gleich der Impulsänderung des RÖNTGEN-Strahls ist. Die Energie des gestreuten Strahls wird gleich der des einfallenden Strahls vermindert um die kinetische Energie des Rückstoßelektrons sein, und da der gestreute Strahl ein vollständiges Quant sein muß, wird sich seine Frequenz im gleichen Verhältnis wie die Energie verringern. Nach der Quantentheorie sollte man daher erwarten, daß die Wellenlänge der gestreuten RÖNTGEN-Strahlen größer ist als die der einfallenden Strahlen.

Auf dieser Grundlage baute COMPTON eine beeindruckende Theorie auf. Der erste und, wie sich später zeigte, wichtigste Schritt war die Herleitung der Beziehung

$$\lambda = \lambda_0 + \left(\frac{2h}{mc}\right) \sin^2 \frac{\theta}{2}$$

zwischen den Wellenlängen der einfallenden (λ_0) und der gestreuten Welle (λ) und dem Streuwinkel θ; h bezeichnet die PLANCKsche Konstante, m die Elektronenmasse und c die Lichtgeschwindigkeit. Die qualitative Form dieser Beziehung ist einleuchtend: Je größer der Streuwinkel, desto größer sind auch der auf das Elektron übertragene Impuls und die kinetische Energie, die es vom einfallenden Photon übernimmt, und um so größer sind die Frequenzabnahme und der Wellenlängenzuwachs des Photons. Die Details folgen direkt durch Anwendung der Erhaltungssätze für Energie und Impuls auf den Streuvorgang, wobei man die relativistischen Ausdrücke für Energie und Impuls des Elektrons verwenden muß. Eine andere Eigenschaft der Gleichung sei noch erwähnt: Der Faktor $2h/mc$ hat den Wert 0,048 Å. Gerade die Kleinheit dieser Größe hatte den Nachweis des Effektes vor der Entdeckung und Untersuchung von RÖNTGEN-Strahlen verhindert.

Der Rest der theoretischen Darlegung war weniger fundiert. COMPTON bemerkte, daß die Wellenlängenänderung als Funktion der Fre-

---

[1]) Es ist nicht klar, ob COMPTONS Annahme, daß das Photon einen Impuls trägt, von ihm selber stammt oder schon vorher benutzt wurde. Die Formulierung seiner Schlußfolgerungen (s. folgender Text) deutet darauf hin, daß diese Idee auf jeden Fall umstritten war. Falls sie von ihm stammte, erwartete er offensichtlich, daß die Leser selber imstande seien, abzuleiten, daß der von einem Photon mit der Energie E übertragene Impuls gleich E/c ist, wobei c die Lichtgeschwindigkeit bedeutet. Es gab zumindest zwei Methoden zur Herleitung dieser Beziehung.

quenz dieselbe Form hat wie der Ausdruck der klassischen Theorie für die entsprechende Größe bei der Streuung an einem sich anfangs parallel zur Wellenausbreitung *bewegenden* Elektron, wenn dessen Geschwindigkeit mit der einfallenden Frequenz geeignet verknüpft ist. Er *nahm* ferner *an*, daß die Relativintensitäten zu unterschiedlichen Streuwinkeln durch Anwendung der klassischen Theorie auf diesen Spezialfall ebenfalls korrekt beschrieben würden. Unter dieser Voraussetzung leitete er Ausdrücke für mehrere Größen her, die experimentell bekannt waren oder gemessen werden konnten. In allen Fällen, in denen experimentelle Daten vorlagen, stimmten diese mit COMPTONS Theorie besser überein als mit der früheren Theorie.

Diese Rechnungen fußten aber alle auf der unsicheren Grundlage der oben beschriebenen Analogie. Der entscheidende Test betraf offenbar die Wellenlängenänderung, die allein aus den quantenmechanischen Eigenschaften der RÖNTGEN-Strahlen folgte. Hier erwies sich wiederum ein Teil von COMPTONS eigenen früheren Arbeiten als wesentlich. Er hatte die Absorption der von einer natürlichen radioaktiven Substanz emittierten γ-Strahlung nach der Streuung unter verschiedenen Winkeln gemessen. Aus der bekannten Abhängigkeit der Absorption von der Wellenlänge konnte er dann die Wellenlänge der gestreuten Strahlung bestimmen und mit seiner Theorie vergleichen. Die Übereinstimmung war wiederum befriedigend.

Ein noch deutlicherer quantitativer Nachweis war jedoch wünschenswert. COMPTON führte daher ein anderes Experiment durch, dessen Einzelheiten in einer zweiten Arbeit sechs Monate nach der ersten Veröffentlichung beschrieben sind. Das Verfahren bestand einfach darin, die Wellenlängen von RÖNTGEN-Strahlung bei ausgewählten Streuwinkeln direkt zu messen. Das geschah mit Hilfe eines Mineralkristalls (z. B. Kalzit), der ein natürliches, in drei Dimensionen periodisches Gitter bildet, so daß bei der Reflexion einer Welle an einem solchen Gitter durch Interferenz starke Maxima der reflektierten Intensität bei Beugungswinkeln entstehen, die von der Wellenlänge abhängen.[2]) Die Apparatur war so konstruiert, daß sie durch die niedrige Intensität der Streustrahlung möglichst wenig beeinflußt wurde; sie ist in Abbildung 9.1 schematisch dargestellt. Das Target der RÖNTGEN-Röhre, die die RÖNTGEN-Strahlung erzeugt, befindet sich bei T, der Graphitstreukörper bei R, in einer Linie mit den Spaltblenden 1 und 2. Der Streuwinkel, unter dem die Strahlung in das Spektrometer gelangte, konnte verändert werden. Die RÖNTGEN-Röhre und der Streukörper waren in einem Bleigefäß untergebracht,

---

[2]) Dieser Effekt ist im wesentlichen identisch mit der Erzeugung eines Spektrums sichtbaren Lichts mit Hilfe eines Beugungsgitters, nur einige Details sind unterschiedlich.

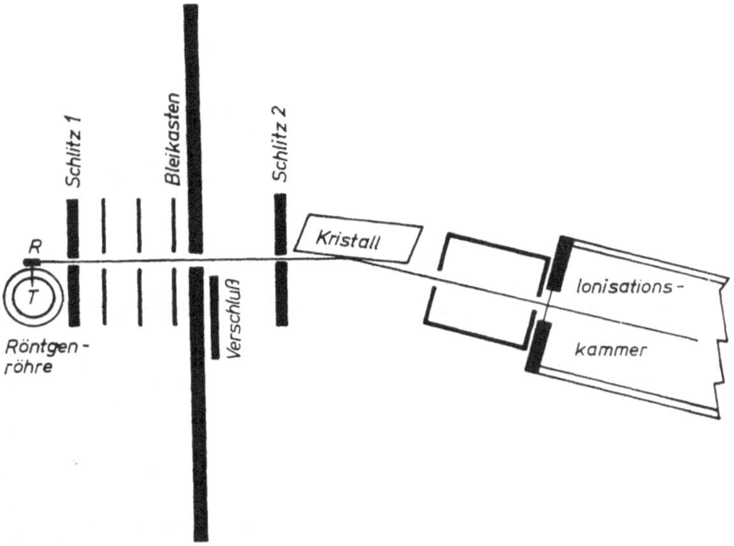

Abb. 9.1. Schematische Darstellung von COMPTONS Apparatur zur Messung der Wellenlängenänderung von gestreuten RÖNTGEN-Strahlen. Der Streuwinkel (bei *R*) beträgt hier 90° [*Phys. Rev.* **22**, 410 (1923), Abb. 1]

um die Störstrahlung vom Detektor fernzuhalten. Die RÖNTGEN-Strahlen wurden durch die Ionisation nachgewiesen, die sie in einer geeigneten Kammer erzeugten.

Abbildung 9.2 zeigt zwei Gruppen von Ergebnissen, die mit Blenden unterschiedlicher Spaltbreite aufgenommen wurden. COMPTON vermerkt auch, daß bei den rechts dargestellten Daten „die Justierung mit größerer Sorgfalt erfolgte, mit einem Meßfehler von weniger als einer Bogenminute oder etwa 0,001 Å". Er beschreibt die Ergebnisse wie folgt:

Aus diesen Kurven geht hervor, daß bei der Streuung einer homogenen RÖNTGEN-Strahlung an Graphit der Strahl in zwei unterschiedliche Teile zerlegt wird, in einen Teil, der die gleiche Wellenlänge wie der Primärstrahl besitzt, und in einen Teilstrahl mit vergrößerter Wellenlänge. Wir bezeichnen sie als *modifizierten* und *nichtmodifizierten* Strahl.[3]) Bei jeder Kurve wurde im Maximum, das der primären RÖNTGEN-Strahlung entspricht, die Linie *P*

[3]) Dieses Versehen kommt nur in dem Satz vor, in dem die Begriffe erstmals eingeführt werden. Im folgenden Text verwendet COMPTON die Begriffe in ihrer logischen Bedeutung.

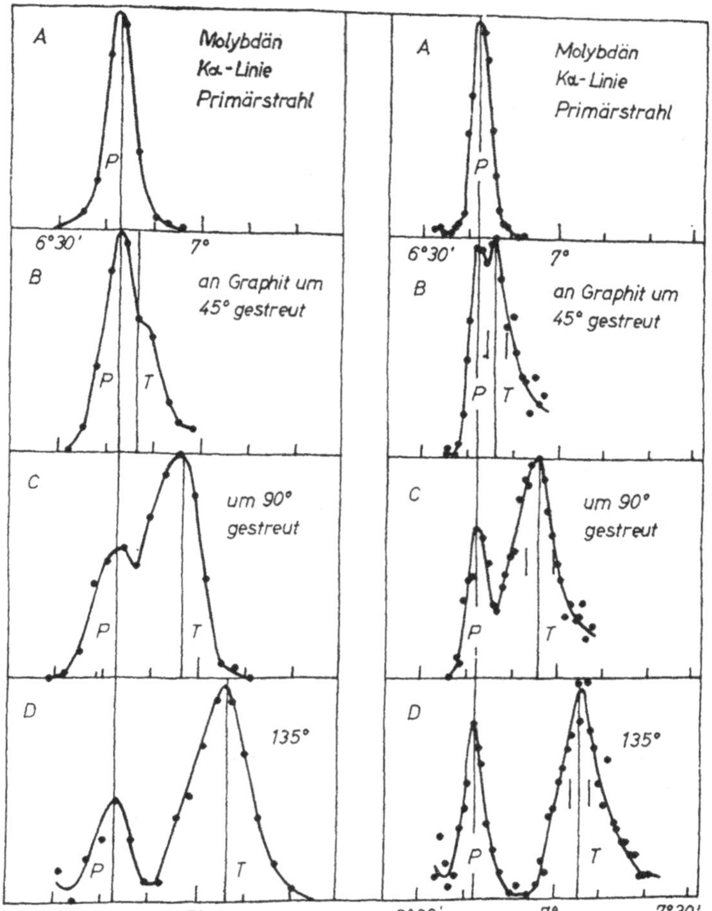

Abb. 9.2. Spektren von RÖNTGEN-Strahlen, die unter verschiedenen Winkeln an Graphit gestreut wurden [*Phys. Rev.* **22**, 411 (1923), Abb. 2]

und unter dem Winkel, wo [nach COMPTONS Theorie; d. Hrsg.] die gestreute Linie erscheinen sollte, die Linie T eingetragen. ...

Zwischen Theorie und Experiment besteht zweifellos Übereinstimmung.[4])

In seiner Schlußfolgerung sagt COMPTON:

Diese bemerkenswerte Übereinstimmung zwischen unseren Formeln und dem Experiment kann kaum Zweifel daran lassen, daß die Streuung von RÖNTGEN-Strahlen eine quantenmechanische Erscheinung ist. Die Hypothese eines ausgedehnten Elektrons als Erklärung dieser Effekte ist demnach überflüssig, da alle RÖNTGEN-Streuexperimente, bei denen jene Hypothese verwendet wurde, sich nun vom Standpunkt der Quantentheorie ohne Einführung neuer Hypothesen oder Konstanten erklären lassen. Außerdem wird durch die vorliegende Theorie die Änderung der Wellenlänge bei Streuung beschrieben, die mit der Hypothese eines ausgedehnten Elektrons nicht erklärt werden konnte. Es gibt daher vom Gesichtspunkt der Streuung von RÖNTGEN- und γ-Strahlung keinerlei Unterstützung mehr für die Hypothese eines Elektrons, dessen Durchmesser mit der Wellenlänge harter RÖNTGEN-Strahlung vergleichbar ist.

Die vorliegende Theorie stützt sich wesentlich auf die Annahme, daß jedes an der Streuung beteiligte Elektron ein vollständiges Quant streut. Sie enthält außerdem die Hypothese, daß die Strahlungsquanten aus definierten Richtungen einlaufen und in definierte Richtungen gestreut werden. Die experimentelle Bestätigung der Theorie zeigt sehr überzeugend, daß ein Strahlungsquant sowohl einen gerichteten Impuls[5]) als auch Energie trägt.

COMPTONS eigenes Experiment enthielt zu diesem Effekt etwas Paradoxes, worüber sich COMPTON im klaren war. Das Kristallspektrometer bestimmte eine wellenartige Eigenschaft, die Wellenlänge, mit Hilfe einer charakteristischen Wellenerscheinung, der Interferenz. Aber der Einfluß des Graphitstreukörpers auf die Größe dieser wellenartigen Eigenschaft war nur aufgrund eines teilchenartigen Verhaltens zu verstehen. Für COMPTON ist „die Art und Weise, wie die Interferenz auftritt, ... noch nicht klar. Auf jeden Fall ist das Problem der Streuung so eng mit den Problemen der Reflexion und der Interferenz verknüpft, daß eine Untersuchung dieses Sachverhalts wahrscheinlich etwas Licht in die schwierige Frage des Zusammenhangs zwischen Interferenz und Quantentheorie bringen kann". Diese Erwartung hat sich glänzend bestätigt. In weniger als drei Jahren begannen die Physiker die Idee zu akzeptieren, daß Licht weder wirk-

---

[4]) Weitere Untersuchungen zeigten, daß die nichtverschobene Linie von der Streuung an Elektronen herrührt, die im Atom genügend fest gebunden waren, so daß die zur Herleitung der Wellenlängenänderung gemachten Annahmen nicht anwendbar waren.

[5]) Siehe Fußnote 1, S. 89.

lich eine Wellenerscheinung noch wirklich Teilchenstrom ist, sondern eine andere Qualität hat und sich mitunter wellenartig, mitunter teilchenartig verhält.

Literatur zu Kapitel 9

A. H. COMPTON, *The Physical Review* **21**, 483–502 (1923) und **22**, 409–413 (1923). Diese Arbeiten sind abgedruckt in: *The World of the Atom*, Band 2, S. 911–929. COMPTON gab später einen persönlichen Rückblick auf die Ereignisse in: A. H. COMPTON, *American Journal of Physics* **29**, 817–820 (1961).

10. Welleneigenschaften der Materie

Gegen Ende des Jahres 1924 war die Vorstellung, daß das Verhalten elektromagnetischer Strahlung sowohl wellenartige als auch teilchenartige Aspekte zeigt, allgemein akzeptiert. In dieser Situation hatte ein Student in Frankreich, LOUIS DE BROGLIE, einen genialen Einfall: Warum sollte dasselbe nicht auch für Materie gelten? Insbesondere vermutete er, daß zwischen den Teilcheneigenschaften *Energie* und *Impuls* und den Welleneigenschaften *Wellenlänge* und *Frequenz* für Materie und Strahlung die gleichen Beziehungen gelten.[1] Der Grund, warum der Wellenaspekt früher nicht bemerkt worden war, liegt darin, daß makroskopische Materie extrem kleine Wellenlängen besitzt. Ein Staubkorn der Masse 1 Mikrogramm, das sich mit der Geschwindigkeit 0,1 mm/s bewegt,[2] hätte eine Wellenlänge von nur $6 \cdot 10^{-11}$ Å. Um auf Wellenlängen zu kommen, die von derselben Größenordnung wie die Ausdehnung der Objekte sind, und somit überhaupt eine Hoffnung zu haben, diese Wellen nachzuweisen, muß

---

[1]) Diese Beziehungen würden eine Wellengeschwindigkeit größer als die Lichtgeschwindigkeit ergeben, die keinen klaren Zusammenhang mit der Geschwindigkeit des Materiestückes hat. Die Lösung dieses Rätsels liegt in der Annahme, daß Materie nicht einer einzelnen Welle, sondern einer Wellengruppe entspricht. Die einzelnen Wellen bewegen sich mit Geschwindigkeiten oberhalb der Lichtgeschwindigkeit; die Wellengruppe hingegen, und mit ihr Energie und Impuls, breitet sich mit der Geschwindigkeit der Materie aus.

[2]) Das ist annähernd die Geschwindigkeit der Spitze des Minutenzeigers einer Uhr mit einem Durchmesser von etwa 10 bis 12 cm.

man zu atomaren Objekten übergehen. Eine so ungewöhnliche Idee allein hätten die Gutachter von DE BROGLIES Dissertation natürlich nicht akzeptiert, daher verband er diese mit Studien der kinetischen Gastheorie. Die Zeit war jedoch reif für diese Idee, und sie setzte sich rasch durch.

Inzwischen führten C. J. DAVISSON und seine Mitarbeiter an den Bell Telephone Laboratories, später in New York, einige Routinemessungen durch. Was sich dabei ereignete, wird am besten durch die ersten Abschnitte einer 1927 veröffentlichten Arbeit[3]) von DAVISSON und L. H. GERMER beschrieben:

Die in dieser Arbeit dargestellte Untersuchung wurde durch einen Vorfall ausgelöst, der sich im April 1925 in diesem Laboratorium ereignet hatte. Zu dieser Zeit waren wir damit beschäftigt, eine 1921 erstmals veröffentlichte Untersuchung der Winkelverteilung der an einem Target aus gewöhnlichem (polykristallinem) Nickel gestreuten Elektronen fortzusetzen. Während der Arbeit platzte ein Behälter mit flüssiger Luft in einem Moment, als das Target sehr heiß war; das Experimentiergefäß war zerbrochen und das Target durch den Lufteinbruch stark oxidiert worden. Das Oxid wurde schließlich reduziert und eine Targetschicht nach längerem Heizen bei unterschiedlichen Temperaturen in Wasserstoff und im Vakuum durch Verdampfung entfernt.

Bei der Fortsetzung der Experimente zeigte sich, daß sich die Winkelverteilung der gestreuten Elektronen völlig verändert hatte. Die in Abbildung 1 [hier: Abbildung 10.1] dargestellten Beispiele von Kurven verdeutlichen diese Änderung. Sämtliche Kurven beziehen sich auf eine Beschleunigungsspannung von 75 Volt. Der Elektronenstrahl fällt von rechts auf das Target, und die Streuintensität in unterschiedlichen Richtungen ist proportional zur Länge der Vektoren im Polardiagramm mit dem Einschußpunkt als Zentrum. Die oberen, bei unterschiedlichen Einfallswinkeln aufgenommenen Kurven sind für das Target vor dem Zwischenfall typisch und von der Art der in *Science* 1921 beschriebenen Kurven; sie ähneln den in vier oder fünf weiteren Experimenten an Nickel erhaltenen Kurven. Die unteren, nach dem Zwischenfall aufgenommenen, Kurven sind in ihrer Art erstmals beobachtet worden. Diese ausgeprägte Änderung im Beugungsbild wurde auf eine Rekristallisation des Targets während der langen Aufheizung zurückgeführt. Vor dem Zwischenfall und in früheren Experimenten hatten wir viele kleine Kristalle beschossen, nach diesem Ereignis aber nur einige wenige große Kristalle. Ihre tatsächliche Anzahl betrug etwa zehn.

Anhand dieser Ergebnisse erschien es wahrscheinlich, daß die Intensität der Streuung an einem einzelnen Kristall eine markante Abhängigkeit von der Kristallorientierung zeigt, und wir begannen sofort mit Experimenten zur Untersuchung dieser Abhängigkeit. Wir müssen zugeben, daß die dabei erhaltenen Ergebnisse unseren Erwartungen überhaupt nicht entsprachen. Wir vermuteten, daß starke Strahlen in Richtungen auftreten, die man als durchsichtige Richtungen des Kristalls bezeichnen könnte — Richtungen, in denen

[3]) Ein vorläufiger Bericht wurde in *Nature* im gleichen Jahr etwas früher veröffentlicht.

die Gitteratome längs der niedrigsten Zahl von Linien pro Flächeneinheit angeordnet sind. Starke Strahlen, die vom Kristall ausgehen, wurden tatsächlich beobachtet, aber nur dann, wenn die Geschwindigkeit der einlaufenden Elektronen in der Nähe einiger kritischer Werte lag, und außerdem in Richtungen, die mit der Durchsichtigkeit des Kristalls in keinerlei Beziehung standen.

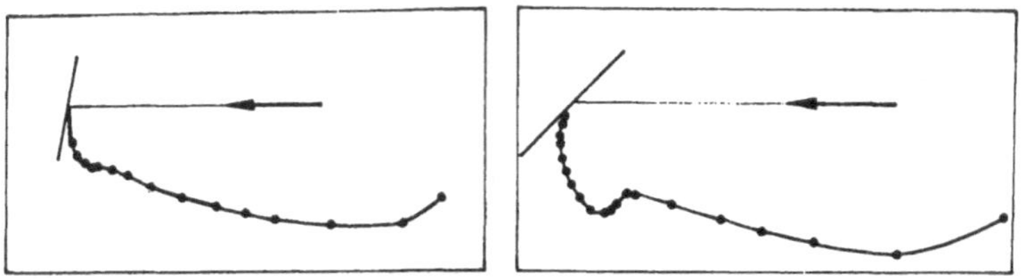

Streuung von Elektronen (75 Volt) an einem Nickelblock (viele kleine Kristalle)

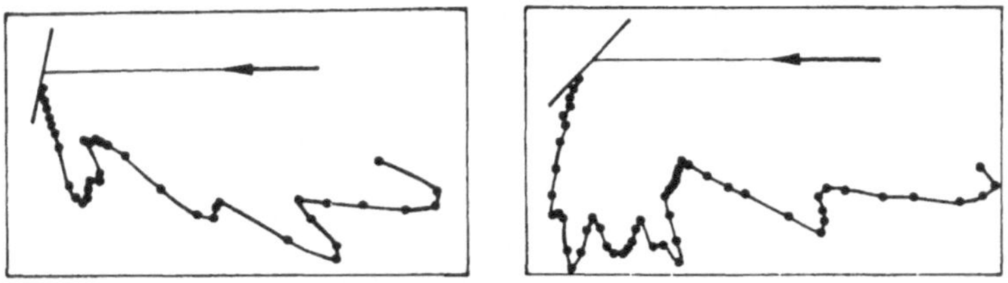

Streuung von Elektronen (75 Volt) an einigen großen Nickelkristallen

Abb. 10.1. Streukurven an Nickel vor und nach dem Zwischenfall [*Phys. Rev.* **30**, 706 (1927), Abb. 1]

Das überraschendste Merkmal dieser Strahlen ist eine im folgenden beschriebene 1:1-Korrespondenz zwischen den stärksten dieser Strahlen und den Laue-Strahlen, die man bei Bestrahlung des gleichen Kristalls mit Röntgen-Licht erhalten würde. Bestimmte andere Reflexionsmaxima erscheinen nicht als Analoga von Laue-Strahlen, sondern von optischen Beugungsmaxima bei ebenen Reflexionsgittern; die Gitterstriche entsprechen den Linien oder Reihen von Atomen an der Kristalloberfläche. Wegen dieser Ähnlichkeiten zwischen der Elektronenstreuung an Kristallen und der Streuung von Wellen an zwei- und dreidimensionalen Gittern ist eine Beschreibung des Auftretens und Verhaltens der Elektronenbeugungsstrahlen als Streuung einer äquivalenten Wellenstrahlung an den Kristallatomen und ihrer anschließenden Interferenz nicht nur möglich, sondern auch äußerst einfach und natürlich. Das hat die Zuordnung einer Wellenlänge zum einfallenden Elektronenstrahl zur Folge, und es erweist sich, daß diese Wellenlänge befriedigend übereinstimmt mit dem Wert h/mv nach der Wellenmechanik, der Planckschen Konstanten, dividiert durch den Elektronenimpuls.

Dieser Textabschnitt zeigt zwei Merkmale eines hervorragenden Wissenschaftlers: Erstens, als DAVISSON und GERMER etwas Signifikantes entdeckten, das sie nicht gesucht hatten, erkannten sie rasch seine Bedeutung. Zweitens waren sie bereit, Ergebnisse zu akzeptieren, die den Erwartungen nicht entsprachen, und nach einer geeigneten Korrelation der Ergebnisse zu suchen.

Das experimentelle Verfahren war im Grunde einfach. Elektronen aus einer Elektronenkanone trafen auf ein Nickeltarget, das sorgfältig präpariert worden war, so daß die bestrahlte Fläche Teil eines Einkristalls war. Die exponierte Fläche war eine mit Atomen dicht besetzte Gitterebene, die vom einfallenden Strahl unter einem rechten Winkel getroffen wurde. Die in einem geeigneten Winkelbereich gestreuten Elektronen wurden gesammelt, und der resultierende Strom wurde bei unterschiedlichen experimentellen Bedingungen gemessen.

Abbildung 10.2 zeigt die wesentlichen Teile der Apparatur. Die Elektronenkanone G beschleunigte die vom Heizfaden F emittierten Elektronen und fokussierte sie zu einem feinen Bündel, das auf das Target T traf. Der Kollektor C war ein doppelwandiger Kasten mit einem regelbaren Bremspotential zwischen äußerem und innerem Behälter, so daß nur Elektronen, die praktisch keine Energie verloren hatten, den inneren Behälter erreichten und zum gemessenen Strom beitrugen. Der äußere Behälter, das Target und die letzte Elektrode (die äußere Struktur und die letzten drei Blenden) der Elektronenkanone wurden auf gleichem Potential gehalten, so daß die Elektro-

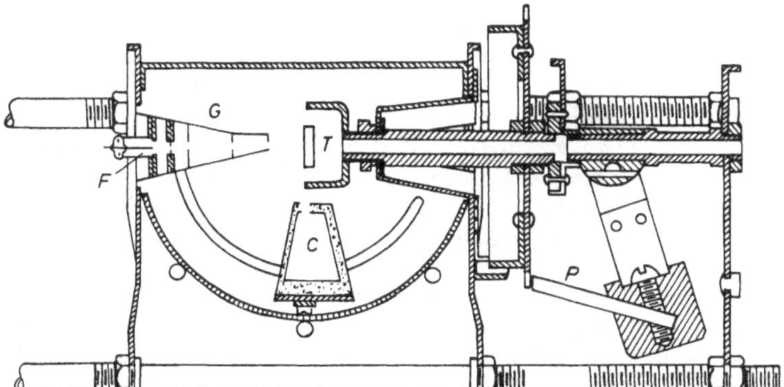

Abb. 10.2. Querschnitt durch die Apparatur von DAVISSON und GERMER. Der einhüllende Glaskolben ist nicht eingezeichnet [*Phys. Rev.* **30**, 708 (1927), Abb. 2]

nen zwischen Kanone und Target bis zum Kollektor hin sich im wesentlichen in einem feldfreien Raum bewegten.

Das Richtungsintervall, aus dem die Elektronen aufgefangen wurden, war durch die kleinen Löcher in den Kollektorbehältern definiert. Der Kollektor war an einer zur Zeichenebene senkrechten Achse aufgehängt, die auf den Punkt zeigte, wo der einfallende Strahl auf das Target traf; die gesamte Apparatur konnte auch um diese Achse geschwenkt und damit der Winkel zwischen der Einschußrichtung und der Richtung des Detektors zwischen 90° und 20° variiert werden.

Aus später ersichtlichen Gründen war es wünschenswert, auch die relative Orientierung von Target und Streuebene zu verändern. Dies wurde durch eine raffinierte Anordnung erreicht. Das Target war auf einer Achse montiert, an der ein Zahnrad befestigt war. Ein Kolben (P in Abb. 10.2) war an einem schweren Pendel angebracht, das um eine zur Zeichenebene senkrechte Achse drehbar gelagert war. Wurde die Apparatur gekippt, so daß der Kollektor dem Target gegenüberstand, dann stieß der Kolben zwischen zwei Zähnen des Rades hindurch und koppelte mit einer am Rahmen befestigten Vorrichtung, so daß Zahnrad und Target am Rahmen arretiert waren. Wurde die Röhre im Uhrzeigersinn gedreht, so daß die Hauptachse nicht mehr horizontal lag, koppelte der Kolben wieder aus dem gekerbten Streifen aus. Die Pendelaufhängung konnte sich außerdem frei um die Achse des Targethalters drehen, so daß durch Drehen der Röhre um ihre Hauptachse Pendel, Kolben, Zahnrad und Target relativ zum Rahmen und zum Kollektor gedreht wurden. Dies ermöglichte eine Drehung um etwa 20 bis 30 Grad. Durch noch stärkeres Kippen der Röhre wurde der Kolben aus den Zähnen des Rades herausgezogen; er konnte durch Drehen der Röhre in eine andere Lücke des Zahnrades gebracht werden. Auf diese Weise ließ sich eine volle Drehung des Targets ausführen. Seine Position wurde durch eine auf dem Zahnrad angebrachte Skala angezeigt.

Die gesamte, etwa 12 cm lange und 5 cm breite Anordnung war in einem Glaskolben eingeschlossen und sorgfältig evakuiert sowie zur Freisetzung absorbierter und eingeschlossener Gase wiederholt ausgeheizt worden. Das Endvakuum wurde auf 10^{-8} mm Quecksilbersäule geschätzt.

Zum Verständnis der Ergebnisse ist es, wie Davisson und Germer formulieren, „wichtig, eine klare Vorstellung von der Atomanordnung des Kristalls relativ zum einfallenden Strahl zu haben. Der Nickelkristall ist vom flächenzentriert-kubischen Typ". Das bedeutet, daß die Atome in jeder Richtung der in Abbildung 10.3 gezeigten Anordnung in unbegrenzter Wiederholung auftreten: Die Atome sitzen an den Ecken und in der Mitte jeder Fläche eines Würfels, der bei Nickel die Kantenlänge 3,51 Å hat. Davisson und Germer schnitten,

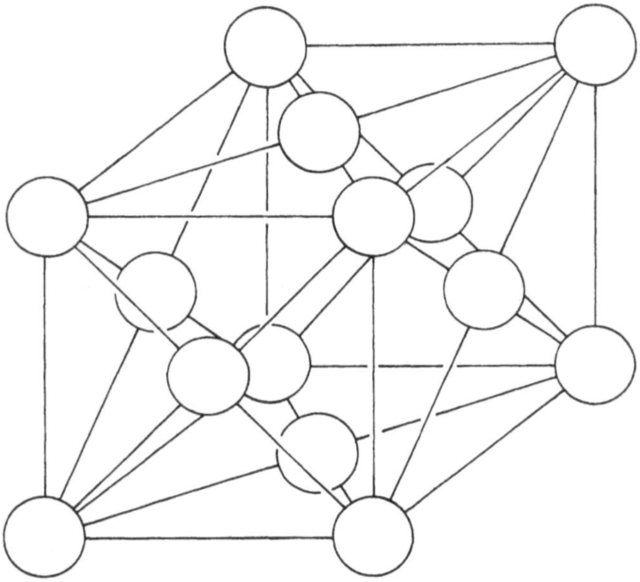

Abb. 10.3. Elementarzelle der Atome in einem Nickelkristall

polierten und ätzten das Target chemisch, so daß die bestrahlte Oberfläche eine {111}-Ebene war (Erklärung der Bezeichnung siehe Anhang B). Abbildung 10.4 zeigt die Beziehung einer solchen Ebene zur Grundstruktur des Kristalls. Die {111}-Ebene wurde aus zwei Gründen ausgewählt: Erstens ist sie am dichtesten mit Atomen besetzt, und zweitens wird sie beim Ätzen bevorzugt entwickelt.

Die Diskussion geht wie folgt weiter:

Die {111}-Ebene ist die Ebene dichtester Packung, und in ihr sind die Atome in Dreieckform angeordnet. Blickt man senkrecht auf einen in dieser Ebene geschnittenen Kristall (Abbildung 6 [hier als Abbildung 10.5 wiedergegeben]), so sieht man die Atome der zweiten Ebene unter den Zentren alternierender Dreiecke der ersten Ebene und die Atome der dritten Ebene unter den Zentren der übrigen Dreiecke.

Die Atome der vierten Ebene liegen unter denen der ersten Ebene. Die Linien zwischen einem beliebigen Atom der zweiten Ebene und den drei nächstliegenden Atomen der ersten Schicht sind {110}-Richtungen im Kristall. Die Verbindungslinien zwischen dem gleichen Atom und den drei übernächsten Oberflächenatomen sind die dazu orthogonalen {100}-Richtungen. Die

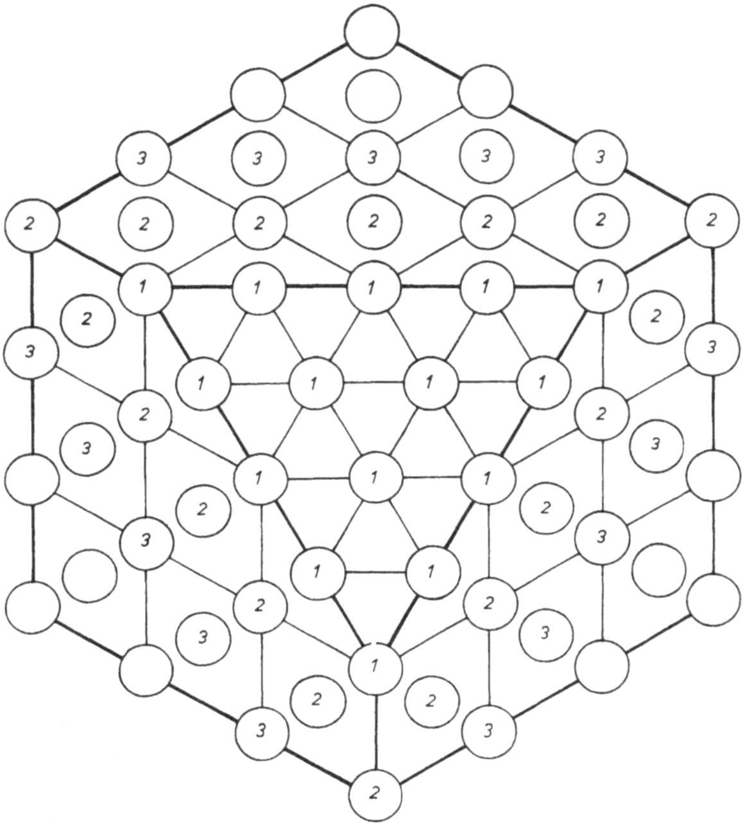

Abb. 10.4. Schnitt einer flächenzentriert-kubischen Struktur, z. B. Nickel, in einer {111}-Ebene; die Atome dieser Ebene sind mit „1" bezeichnet. Außerdem sind die Kanten der nächsten beiden {111}-Ebenen durch „2" und „3" beziffert. Die Numerierung entspricht der in Abbildung 10.5 benutzten

Azimutwinkel dieser letztgenannten Richtungen werden zweckmäßig als {100}-Azimute bezeichnet. Die Azimutwinkel der {110}-Richtungen sind auch die der drei lateralen {111}-Richtungen, ... und wir bezeichnen sie als {111}-Azimute. Wir brauchen noch eine Benennung für die Azimutwinkel, welche die Di-ederwinkel zwischen benachbarten Gliedern der beiden schon festgelegten Gruppen halbieren. Es gibt sechs solcher Azimute, und diese werden im folgenden als {110}-Azimute bezeichnet.

Aus der Dreiecksymmetrie des Kristalls folgt: Wenn die Streuintensität beim Übergang von einem {100}-Azimut zu einem nächstbenachbarten

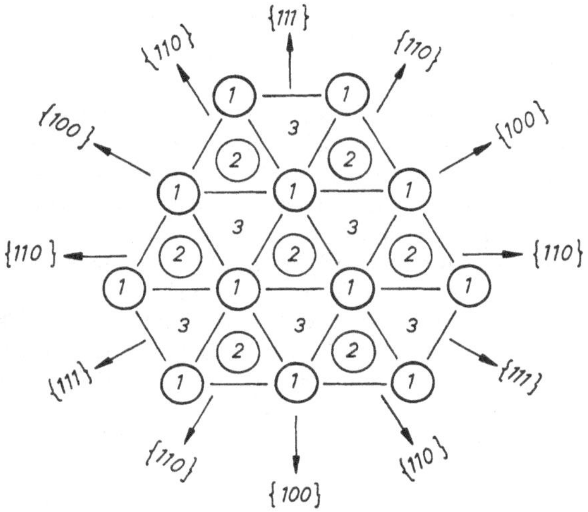

Abb. 10.5 Atomanordnung in einer Schar von {111}-Ebenen in Nickel [*Phys. Rev.* **30**, 712 (1927), Abb. 6]

{111}-Azimut (60°) eine Azimutalabhängigkeit zeigt, dann muß die gleiche Abhängigkeit in umgekehrter Folge erscheinen, wenn man um weitere 60° zum nächstfolgenden {100}-Azimut übergeht. Die Azimutalabhängigkeit der Streuintensität muß eine gerade Funktion der Periode $2\pi/3$ sein.

Die Streuintensität hängt von vier Variablen ab: dem Strahlstrom, dem Azimutwinkel, dem Streuwinkel (bei Davisson und Germer als „colatitude" bezeichnet[4])) und der Einschußenergie, d. h. der Potentialdifferenz, mit der die Elektronen in der Elektronenkanone beschleunigt werden. Die Abhängigkeit vom Strahlstrom ist eine einfache Proportionalität, die im weiteren nicht interessiert. Es sind dann sozusagen drei verschiedene „Experimente" möglich, je nachdem, welche der drei anderen Größen man variiert.

Die Azimutalabhängigkeit der Streuung läßt sich sehr einfach beschreiben:

Hält man das Einschußpotential und den Streuwinkel konstant und variiert man den Azimutwinkel, so beobachtet man stets eine Variation des Kollektorstromes, und diese zeigt immer die von der Kristallsymmetrie geforderte dreifache Symmetrie. Die Kurven haben im allgemeinen zwei Gruppen von

---

4) Die Streuung erfolgte tatsächlich in Rückwärtsrichtung, in der modernen Darstellung wird meist der Supplementwinkel angegeben. Wir folgen hier der Terminologie der Originalarbeit.

Maxima: eine Gruppe von drei Maxima bei den {111}-Azimuten und eine Gruppe von drei Maxima unterschiedlicher Intensität bei den {100}-Azimuten. Diese Berge und Täler sind gewöhnlich nicht scharf ausgeprägt.

Obwohl mitunter Abweichungen von dem zuletzt beschriebenen Verhalten vorkamen, entsprach die allgemeine Form der Azimutalabhängigkeit etwa der Erwartung. Dieses einfache, voraussagbare Verhalten scheint den raffinierten Mechanismus zur Targetdrehung kaum zu rechtfertigen; aber die Details der Effekte anderer Variationen hingen stark von der Wahl des Azimutwinkels ab.

Die wirklich interessanten Ergebnisse erhielt man, indem die Azimutalrichtung bei einer der drei Hauptrichtungen {100}, {110} oder {111} festgehalten (s. Abbildung 10.5) und die Streuintensität in Abhängigkeit von der Beschleunigungsspannung für mehrere Werte des Streuwinkels gemessen wurde. Abbildung 10.6 zeigt einen Ausschnitt aus einer mit solchen Daten erhaltenen Kurvenschar.

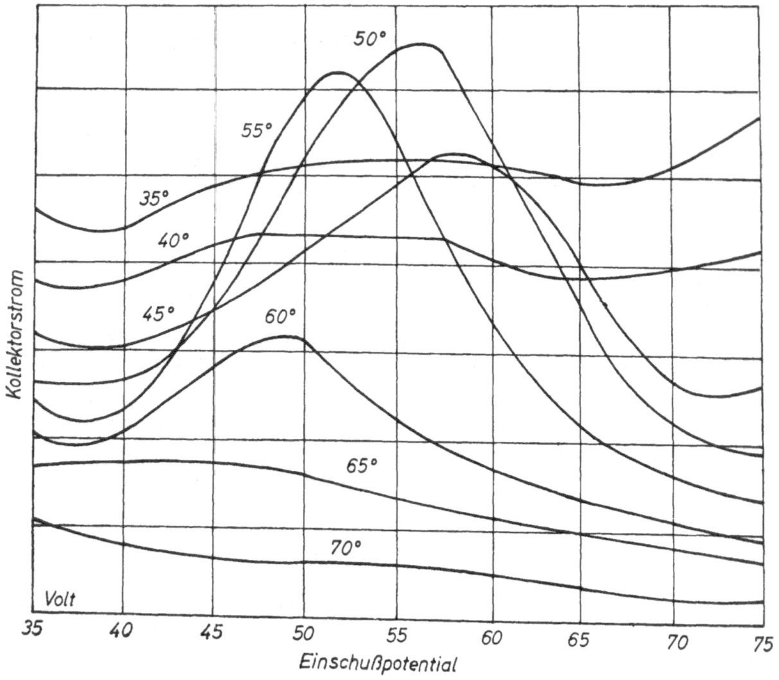

Abb. 10.6. Kollektorstrom in Abhängigkeit vom Einschußpotential bei verschiedenen Streuwinkeln. {111}-Azimut [*Phys. Rev.* **30**, 716 (1927), Abb. 9]

Der allgemeine Verlauf jeder einzelnen Kurve ist nicht wesentlich, da er zum Teil durch die Variation der Beschleunigungsspannung bestimmt wird.[5]) Die relativen Verschiebungen zwischen den Kurven sind dagegen von Bedeutung. ... Wir sehen z. B., daß die Streukurven für Einschußenergien um 55 Volt außerordentliche Intensitäten bei Streuwinkeln von etwa 50° zeigen. ... Diese ungewöhnliche und wesentliche Eigenschaft dieser Kurven ... findet sich ebenfalls in der Kurvenschar auf der rechten Seite in Abbildung 10 wieder [hier: Abbildung 10.7]. Wir sehen eine leichte Erhöhung in der Streukurve für 40 Volt; bei Zunahme der Beschleunigungsspannung entwickelt sich diese zu einem starken Peak, der bei 54 Volt und dem Streuwinkel 50° ein Maximum erreicht, danach an Intensität verliert und schließlich bei etwa 66 Volt und 40° verschwindet.

Eine ähnliche Gruppe von Peaks in den Kurven zum {100}-Azimutwinkel erreicht ihre maximale Ausbildung bei 65 Volt und einem Streu-

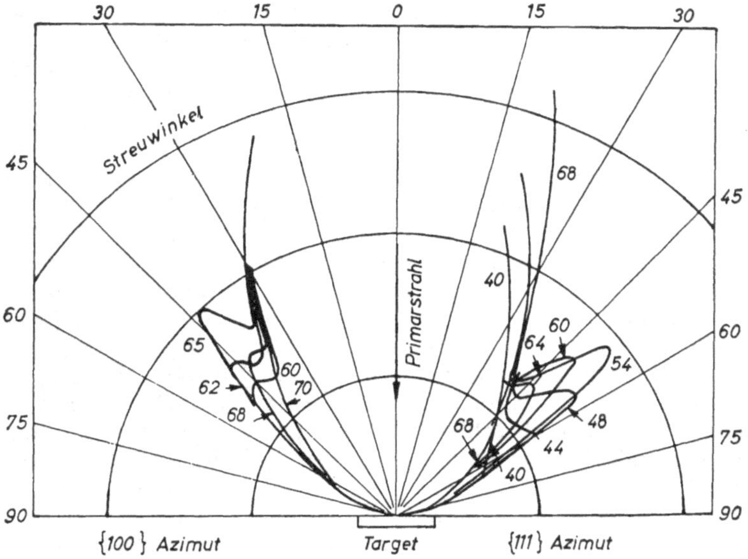

Abb. 10.7. Auftreten von zwei ausgeprägten Maxima in den Streukurven. Rechte Seite: {111}-Azimut; linke Seite: {100}-Azimut. Die Kurven wurden mit dem Einschußpotential (in Volt) numeriert [*Phys. Rev.* **30**, 716 (1927), Abb. 10]

[5]) Es erwies sich als nicht durchführbar, den Strahlstrom selbst zu messen und konstant zu halten. Konstant gehalten wurde der Strom auf eine Elektrode der Elektronenkanone, aber das erlaubte noch eine geringe Variation des Strahlstromes bei Änderung der gesamten Beschleunigungsspannung.

winkel von 44°. Ein vollständiger Satz von Streukurven für diesen Azimutwinkel ist in Abbildung 10.7 links wiedergegeben.

Dieses Verfahren wurde zur Untersuchung der Hauptazimutwinkel für Einschußpotentiale im Bereich von 15 bis 350 Volt benutzt. Sobald ein Verhalten der eben beschriebenen Art auftrat, wurden die Daten entweder zum Aufbau von Streukurven verwendet, oder sie dienten „als Anleitung für Spannungs-Streuwinkel-Bereiche, die besondere Untersuchung erfordern". Man erhielt dreißig Sätze solcher Peaks: elf im {111}-Azimut, zwölf im {100}-Azimut und sieben im {110}-Azimut.

Es gibt mehrere Effekte, die die Lage eines Peaks beeinflussen oder seine Intensität ändern. Einer davon beruht darauf, daß der Peak vermutlich „der einfachen Streukurve überlagert ist und die Lage des Maximums zu einem gewissen Grade durch die Winkelabhängigkeit des Untergrundes, von dem es sich abhebt, verfälscht wird". Dies ließ sich leicht korrigieren. Ein anderer Störeinfluß bestand darin, daß zwar jeder Peak im Azimutwinkel, wie es die Symmetrie erforderte, als eine Gruppe von drei Peaks auftrat, diese Symmetrie aber nicht perfekt war. Dies konnte man einer geringen Abweichung (um etwa ein Grad) zwischen der Drehachse des Targets und der Normalen zu den Kristallgitterebenen zuschreiben.

Eine dritte Störquelle ist das am Target absorbierte Gas. Dieser Effekt wurde untersucht, indem man das Target stark aufheizte, wieder abkühlte und die Messung anschließend wiederholte. Die meisten der Peaks wurden bei mehrfacher Wiederholung dieser Prozedur viel intensiver; andere wiederum verschwanden und tauchten wieder auf oder verschwanden vollständig; diese wurden der Streuung am absorbierten Gas zugeordnet.

Der eindrucksvollste Aspekt dieser Erscheinungen war die im ersten Zitat erwähnte Ähnlichkeit mit den LAUE-Strahlen beim Auftreffen von RÖNTGEN-Strahlung auf einen Kristall. DAVISSON und GERMER schreiben in ihrer Notiz in *Nature*: „Würde man den einfallenden Elektronenstrahl durch ein Bündel monochromatischer RÖNTGEN-Strahlung mit abstimmbarer Wellenlänge ersetzen, so würde man natürlich sehr ähnliche Erscheinungen beobachten. Bei bestimmten Werten der Wellenlänge würden von der Einfallsseite des Targets Gruppen von drei oder sechs Diffraktionsstrahlen ausgehen." Sie ordneten ferner zehn der damals gefundenen dreizehn Strahlen RÖNTGEN-Wellenlängen zu. Weiter schreiben sie:

Diese Ergebnisse sprechen außerordentlich für die der Theorie der Wellenmechanik zugrunde liegenden Ideen, und wir fragen natürlich, ob die Wellenlänge des RÖNTGEN-Strahls, den wir einem Elektronenstrahl zuordnen, tatsächlich der Beziehung h/mv nach L. DE BROGLIE entspricht. Wie sich zeigt, läßt sich dieser Vergleich anstellen, ohne eine spezielle Korrespondenz zwischen den RÖNTGEN- und Elektronenstrahlen anzunehmen. ... Die Wellenlängen aller möglichen RÖNTGEN-Strahlen genügen der optischen Gitterformel $n\lambda = d \sin \theta$, wobei d der Abstand zwischen den Linien oder Reihen von Kristallatomen ist; diese Linien sind senkrecht zur Azimutalebene des betrachteten Strahls.

Sie wendeten die Beugungsgitterformel auf die Elektronenstrahlen an und erhielten dabei Wellenlängen, die im allgemeinen gut mit den Werten nach DE BROGLIES Beziehung übereinstimmten.

Es besteht kein Grund, die Analyse für alle dreißig Sätze der im Experiment gefundenen Peaks zu wiederholen oder auch nur die erhaltene Korrelation zu tabulieren; es ist jedoch aufschlußreich, einen oder zwei Fälle zu betrachten.

Der erste Schritt besteht in der Berechnung des Gitterabstandes d zwischen den Atomreihen in der Kristalloberfläche. Wie aus Abbildung 10.5 ersichtlich, ist dieser Abstand für verschiedene Azimutwinkel unterschiedlich groß: Er ist für die $\{111\}$- und $\{100\}$-Azimute gleich der Höhe des Elementardreiecks, für den $\{110\}$-Azimutwinkel dagegen gleich der halben Seitenlänge dieses Dreiecks. Wir betrachten nur den erstgenannten Fall. Da das Dreieck gleichseitig ist, ist seine Höhe d gleich dem $\sqrt{3}/2$-fachen der Seitenlänge s. Abbildung 10.4 zeigt, daß s seinerseits gleich der Hälfte der Flächendiagonale des Einheitswürfels mit der Kantenlänge a ist, somit ist $s = a/\sqrt{2}$ und $d = a\sqrt{3}/(2\sqrt{2})$. Einsetzen des Wertes $a = 3{,}51$ Å ergibt $d = 2{,}15$ Å.

Wir verwenden nun diesen Wert zur Diskussion der beiden in Abbildung 10.7 hervorgehobenen Kurven. Der Strahl rechts ist bei 50° und 54 Volt maximal entwickelt. Nimmt man an, daß es sich um einen Strahl erster Ordnung handelt, dann ist $n = 1$, und die Gitterformel liefert eine Wellenlänge $\lambda = d \sin \theta = 2{,}15$ Å $\cdot \sin 50° = 1{,}65$ Å. Diese ist mit dem nach DE BROGLIES Formel $\lambda = h/mv$ erhaltenen Wert zu vergleichen, wobei m die Masse des Elektrons und v seine Geschwindigkeit ist. Die Geschwindigkeit ist durch das Beschleunigungspotential V bestimmt: $\frac{1}{2} mv^2 = Ve$, mit e als der Elektronenladung. Daraus folgt $mv = (2mVe)^{1/2}$, und DE BROGLIES Formel lautet somit $\lambda = h/(2mVe)^{1/2}$. PLANCKS Konstante hat den Wert $h = 6{,}62 \cdot 10^{-27}$ erg · s, die Elektronenmasse beträgt $m = 9{,}11 \cdot 10^{-28}$ g, und seine Ladung $e = 4{,}80 \cdot 10^{-10}$ elektrostatische Einheiten. Bei Verwendung dieser Einheiten ist die Beschleunigungsspannung in elektrostatische Einheiten umzurechnen (1 Volt $= \frac{1}{300}$ elektrostatische Einheiten), die

Wellenlänge ergibt sich dann in Zentimetern. Somit ist $\lambda = \left[6{,}62 \cdot 10^{-27} \Big/ \left(2 \cdot 9{,}11 \cdot 10^{-28} \cdot 54 \cdot 4{,}80 \cdot 10^{-10} \cdot \frac{1}{300}\right)^{1/2}\right]$ cm $= 1{,}67 \cdot 10^{-8}$ cm $= 1{,}67$ Å. Die Übereinstimmung ist befriedigend. Ähnlich erhält man für den Strahl bei 65 Volt mit einem Maximum bei 44° nach der Gitterformel $\lambda = 1{,}49$ Å; de Broglies Beziehung liefert dagegen $\lambda = 1{,}52$ Å, wiederum in vernünftiger Übereinstimmung.

Eine vollständige Analyse ist natürlich viel komplizierter. Wäre die Gitterformel der einzige zu berücksichtigende Faktor, dann gäbe es keine Erklärung dafür, daß die Strahlen bei Variation der Beschleunigungsspannung nicht einfach verschoben werden, sondern an Intensität zunehmen oder gar verschwinden. Der Grund hierfür liegt darin, daß ein Kristall kein zweidimensionales Gitter, sondern eine dreidimensionale Anordnung ist; außerdem ist zu berücksichtigen, daß zwischen den an aufeinanderfolgenden Schichten reflektierten Wellen Interferenz auftreten kann. Dies wurde in der Arbeit auch getan. Die Autoren waren noch nicht imstande, sich von der Vorstellung zu lösen, jedem Maximum des Elektronenstrahls einen Laue-Strahl zuzuordnen; bei ihren Vergleichen im Rahmen dieser Vorstellung traten quantitative Fehler auf, aber die grundlegende Konzeption war zweifellos richtig.

Fast zur gleichen Zeit führte Sir George Thomson, der Sohn von Sir J. Thomson, dem Schöpfer des nach ihm benannten Atommodells, in England ein ähnliches Experiment durch; hier wurde anstelle der Reflexion niederenergetischer Elektronen an Einkristallen der Durchgang hochenergetischer Elektronen (einige Kilovolt) durch Metallfolien untersucht.[6]) Die Auswertung seines Experiments ist beträchtlich komplizierter als die des Davisson-Germer-Experiments; aber sein Ergebnis stellt eine unabhängige Bestätigung der von de Broglie vorgeschlagenen Beziehung zwischen Wellenlänge und Impuls von Elektronen dar.

Eine Frage blieb jedoch offen. Es war noch denkbar, daß das in diesen Experimenten gefundene wellenartige Verhalten für Elektronen spezifisch sei. Zeigte vielleicht andere Materie die gleichen Eigenschaften? Die Antwort darauf wurde 1930 gefunden, als Otto Stern und seine Mitarbeiter nachwiesen, daß Atome und Moleküle ebenfalls

---

[6]) Sir George hat einige interessante Erinnerungen an seine Arbeit veröffentlicht: G. P. Thomson, *American Journal of Physics* **29**, 821 (1961). Siehe auch G. P. Thomson, *Physics Today* **20**, No. 5, 55 (1967), wo seine Arbeit und die von Davisson und Germer im Rahmen einer Gesamtdarstellung der Geschichte des Begriffs des Elektrons diskutiert werden.

wellenartige Eigenschaften besaßen, wobei die Wellenlänge durch DE BROGLIES Beziehung gegeben war.

Im Gegensatz zu DAVISSON und GERMER waren STERN und seine Mitarbeiter vorsätzlich darauf ausgegangen, DE BROGLIES Hypothese zu testen. In einer 1926 veröffentlichten Arbeit, mit der er eine Reihe von „Untersuchungen zur Molekularstrahlmethode" einleitete, schrieb STERN:

Eine Frage von größter prinzipieller Bedeutung ist die nach der realen Existenz von DE-BROGLIE-Wellen, d. h. die Frage, ob an Molekularstrahlen, analog wie bei den Lichtstrahlen, Beugungs- bzw. Interferenzerscheinungen zu beobachten sind. Leider erreichen die nach DE BROGLIE errechneten Wellenlängen $\left(\lambda = \frac{h}{mv}\right)$ selbst unter den günstigsten Bedingungen (kleine Masse, tiefe Temperatur) kaum 1 Å. Trotzdem erscheint die Möglichkeit für das Experiment, derartige Erscheinungen an Molekularstrahlen nachzuweisen, nicht ausgeschlossen.

„Die wesentlichen Bestandteile ... eines Molekularstrahlenapparates sind der Ofen und die Ofenöffnung, die Abbildeöffnung und der Auffangschirm", schrieben KNAUER und STERN in der zweiten Arbeit der genannten Reihe von Veröffentlichungen zur Molekularstrahlenmethode. Bei den nachfolgend diskutierten Experimenten wurde der Ofen durch eine Gasquelle und der Schirm durch einen anderen Detektor ersetzt, aber die wesentlichen Elemente blieben die gleichen.

Aus der Ofenöffnung treten die Moleküle in einem weiten Büschel in das Vakuum ein, wo sie, falls keine Zusammenstöße stattfinden, geradlinige Bahnen beschreiben (abgesehen vom Einfluß der Schwerkraft, der bei unseren Versuchen zwar nicht störte, aber bei geeigneter Anordnung schon meßbar sein müßte). Die Abbildeöffnung blendet aus dem weiten Büschel ein enges, fast paralleles Bündel heraus. Auf der Auffangfläche werden die Moleküle des Strahls kondensiert. ...

Bei einwandfreier Strahlbildung breiten sich die Molekularstrahlen ebenso aus wie die Lichtstrahlen beim Schattenwurf.

Sie konnten auch wie Lichtstrahlen an einer glatten Oberfläche reflektiert werden.

Da die Teilchenmasse im Nenner von DE BROGLIES Ausdruck für die Wellenlänge auftritt, war es wünschenswert, zum Test dieser Beziehung die leichtestmöglichen Moleküle, Wasserstoff und Helium, zu verwenden. Diese ließen sich aber mit der Kondensationsmethode nicht nachweisen. Erst um 1929 war ein geeignetes Nachweisverfahren entwickelt und beschrieben worden, wiederum von KNAUER und STERN.

Das Prinzip der Methode besteht darin, daß der Molekularstrahl auf den Spalt eines im übrigen geschlossenen Gefäßes fällt. Dadurch steigt der Druck in dem Gefäß so lange, bis ebensoviel Gas durch den Spalt [in das umgebende Vakuum] ausströmt, wie der Molekularstrahl hineinbringt.

Bei vorgegebenen Abmessungen der Kammer und des Spaltes ist der Gasstrom nach außen dem Druck in der Kammer proportional. Der Gleichgewichtsdruck ist daher ein direktes Maß der einfallenden Intensität. KNAUER und STERN maßen diesen Druck mit einem PIRANI-Hitzdrahtmanometer[7]). Es gelang ihnen, die Empfindlichkeit dieses Manometertyps so weit zu steigern, daß sie damit Drücke der Größenordnung 10^{-5} mm Quecksilbersäule mit einer Genauigkeit von 1 Promille messen konnten.

Selbst damit waren nur schrittweise bessere Ergebnisse zu erhalten. Bei den ersten Versuchen wollte man, wie KNAUER und STERN 1929 beschrieben, den in der optischen Spektroskopie gut bekannten und auch bei RÖNTGEN-Strahlen verwendeten Umstand ausnutzen, daß die effektive Gitterkonstante beim Einfall von Licht unter dem Winkel θ zur Gitternormalen um einen Faktor $\cos\theta$ kleiner als der tatsächliche Strichabstand ist. Bei streifendem Einfall (θ nahe 90°) kann man mit einem gewöhnlichen, mechanisch hergestellten Gitter einen effektiven Gitterabstand der Größenordnung 1 Å erhalten. Ein solcher effektiver Gitterabstand sollte nachweisbare Interferenzmaxima analog den Interferenzstreifen im optischen Fall liefern. Das Experiment verlief aber negativ: „Wiewohl wir mehrmals Andeutungen eines Maximums gefunden zu haben glaubten, gelang es uns nicht, sein Vorhandensein sicherzustellen. Die Schwierigkeit liegt darin, daß, falls man das Beugungsmaximum zu nahe an den reflektierten Strahl legt, die zwar geringe, aber vorhandene Unschärfe desselben die Messung unsicher macht, während, wenn man das Beugungsmaximum zu weit weg vom reflektierten Strahl legt, seine Intensität zu klein wird.“ Die Ergebnisse waren dennoch ermutigend: Man fand nicht nur die oben erwähnte Andeutung eines Beugungsmaximums, sondern auch der Reflexionskoeffizient (es wurden Reflexionsgitter verwendet) hing vom Einfallswinkel und von der Gastemperatur (und somit von der Geschwindigkeit und der Wellenlänge) in solcher Weise ab, wie es für eine Wellenerscheinung zu erwarten war.

Folglich begann man mit Untersuchungen, wobei ein Kristallgitter als Beugungsgitter verwendet wurde. „Da die Gitterkonstante hier-

---

[7]) Das Hitzdrahtmanometer von PIRANI beruht darauf, daß die Gleichgewichtstemperatur eines elektrisch geheizten Drahtes zum großen Teil von der Geschwindigkeit des Wärmeabtransports durch das umgebende Gas und daher von der Gasdichte bzw. dem Gasdruck abhängt.

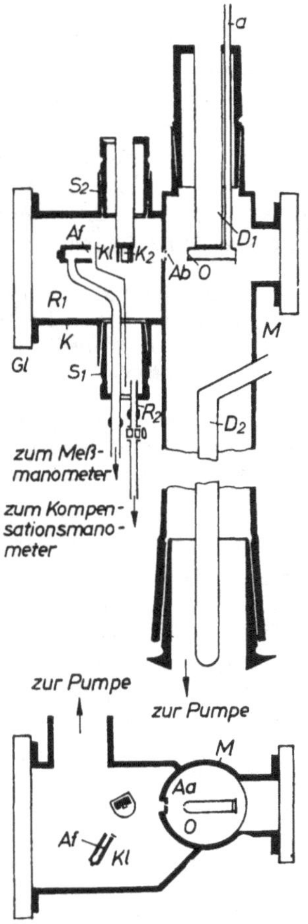

Abb. 10.8. Erste Version der von KNAUER und STERN verwendeten Apparatur zur Untersuchung der Streuung von Molekularstrahlen an einem Kristall [*Z. Physik* **53**, 783 (1929), Abb. 2]

bei von der Größenordnung einige 10^{-8} cm ist, konnten wir mit größeren Einfallswinkeln (5° bis 45°) arbeiten,[8]) was in experimenteller Hinsicht eine Erleichterung bedeutet.“ Abbildung 10.8 zeigt eine schematische Darstellung der Apparatur: *O* ist der „Ofen“-Spalt, dem über das Röhrchen *a* Gas zugeführt wird; D_1 kann entweder ein DEWAR-Gefäß zur Kühlung des Gases auf die Temperatur flüssiger

---

[8]) Man beachte, daß hier, wie bei Untersuchungen mit RÖNTGEN-Strahlen, der Einfallswinkel üblicherweise von der Kristalloberfläche aus gemessen wird anstatt, wie in der Optik üblich, von der Flächennormalen aus.

Luft oder eine Heizvorrichtung sein. Der Abbildungsspalt ist in der Aufsicht mit *Aa*, in der Seitenansicht mit *Ab* bezeichnet. K_2 ist der Kristall, *Af* der Auffängerspalt und R_1 ein Rohr, das die Detektorkammer mit dem Manometer verbindet. Die Lage des Detektors und des Kristalls läßt sich mit Hilfe der Messingschliffe S_1 und S_2 justieren. Sie sind genau koaxial, und ihre gemeinsame Achse geht durch die Kristalloberfläche.

Die Ergebnisse waren ziemlich enttäuschend; insbesondere konnten die erhofften Beugungsmuster nicht definitiv nachgewiesen werden.

Doch zeigte sich bei allen Messungen das merkwürdige Resultat, daß bei kleinen Winkeln die Reflexion um so besser wird, je höher die Temperatur des Strahles, je kleiner also die zugehörige DE-BROGLIE-Wellenlänge wird. Bei größerem Einfallswinkel (30°) ist das Umgekehrte der Fall ....

Abgesehen davon, daß das Vorhandensein einer derartig scharfen Reflexion auf Grund der klassischen Theorie nicht zu verstehen ist und nur unter Zuhilfenahme der Wellennatur der Molekularstrahlen gedeutet werden kann, wird auch das oben geschilderte Verhalten des Reflexionsvermögens nur auf Grund der Wellentheorie zu verstehen sein.

Aber STERN ließ sich durch das Ausbleiben eines vollständigen Erfolges nicht abschrecken. Er führte die Untersuchungen zunächst allein und später zusammen mit I. ESTERMANN weiter, mit dem er 1930 schlüssige Ergebnisse veröffentlichte. Offenbar hatte er in der Zwischenzeit die Theorie der Beugung an einem zweidimensionalen Gitter, wie es z. B. durch eine Kristalloberfläche realisiert ist (im Gegensatz zum eindimensionalen Strichgitter), weit gründlicher studiert; als erster Hauptpunkt wird in der Veröffentlichung von 1930 nämlich die Frage diskutiert, inwieweit die Eigenschaften der Beugung am Kristallgitter für die unklaren früheren Befunde verantwortlich sind.

Die Theorie ... zeigt, daß [bei der von KNAUER und STERN benutzten Anordnung] Beugungsspektren auftreten sollten, die für die zu erwartenden DE-BROGLIE-Wellenlängen einen Winkel von etwa 8° bis 9° mit dem reflektierten Strahl bilden und nahezu (bis auf 1° bis 2°) in der Strahlebene liegen. Dabei verstehen wir unter der „Strahlebene" diejenige Ebene, die durch die Strahlrichtung und die lange Kante des Rechtecks, das den Querschnitt des Strahls ... bildet, bestimmt ist. Der Strahl fiel bei diesen Versuchen so auf die Kristalloberfläche, daß die lange Seite dieses Rechtecks zur Kristalloberfläche parallel war. ... Solche Maxima mußten bei den benutzten Apparatdimensionen noch mit in den Auffänger hineingelangen. Die Theorie ergibt weiter, daß bei einer geringen Drehung des Kristalls die erwähnten Beugungsspektren teilweise aus der Strahlebene herausrücken. ... Ferner ergibt die Theorie, daß bei größeren Einfallswinkeln dieser Effekt schwächer wird. ... Diese Annahme erklärt zugleich das merkwürdige Resultat von KNAUER und STERN. ... Um diese Beugungsspektren direkt untersuchen zu können, wurde der Apparat so umgebaut, daß der Strahl „hochkant“ auf den Kristall auffiel, so daß jetzt die Strahlebene mit der Einfallsebene zusammenfiel.

Abbildung 10.9 zeigt ein Diagramm der veränderten Apparatur. Die wesentlichen Unterschiede zur früheren Apparatur bestanden darin,

... daß der Kristall jetzt horizontal am Kristallhalter befestigt wurde, während er früher vertikal angebracht war ... und der Strahl entsprechend um den Einfallswinkel $11^1/_2°$ geneigt wurde. ... Der Auffänger wurde um den gleichen Winkel geneigt, behielt aber sonst seine Lage bei, so daß seine Drehachse jetzt senkrecht auf der Kristalloberfläche stand, während sie früher in der Kristalloberfläche lag.

Das Wesentliche der Ergebnisse ist in Abbildung 10.10 dargestellt; Kurve III ist die erste mit der neuen Anordnung gewonnene Kurve. „Sie zeigt tatsächlich die erwarteten Beugungsmaxima.“ Das Fehlen von Maxima in Kurve IV stimmte ebenfalls mit der Theorie überein.

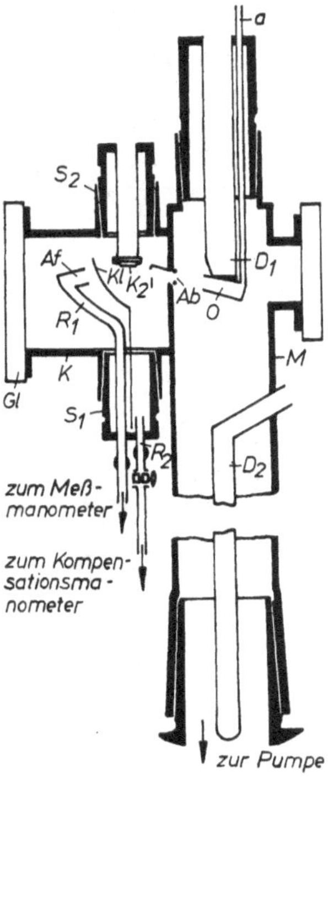

Abb. 10.9. Spätere Version der Apparatur zur Untersuchung der Streuung von Molekularstrahlen [*Z. Physik* **61**, 98 (1930), Abb. 7]

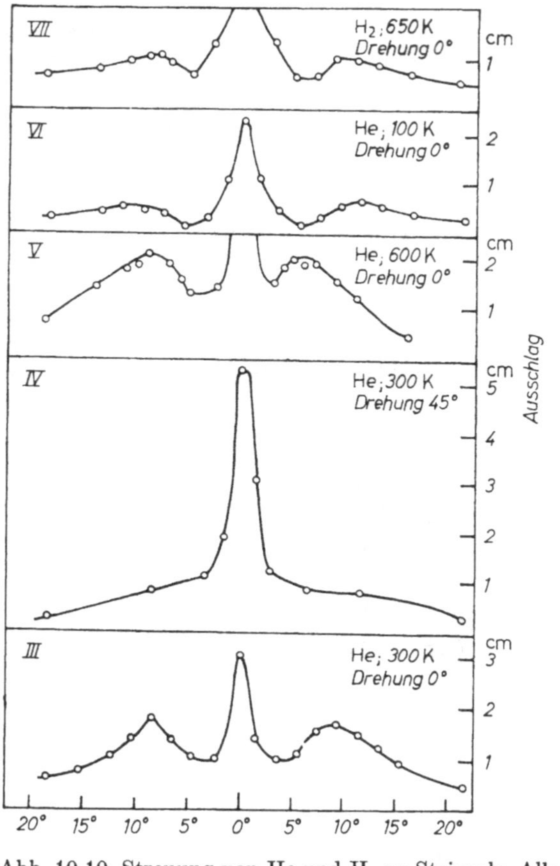

Abb. 10.10. Streuung von He und H_2 an Steinsalz. Alle Kurven mit Ausnahme von IV wurden bei solcher Kristallorientierung aufgenommen, daß die Einfallsebene oder eine dazu senkrechte Ebene nur gleichartige Atome enthält. Kurve IV wurde mit einem in seiner eigenen Ebene um 45° gedrehten Kristall aufgenommen, so daß in der Einfallsebene abwechselnd Natrium- und Chloratome liegen [*Z. Physik* **61**, 99 (1930), Abb. 8]

Jedoch war „die nach der DE BROGLIEschen Formel[9]) $\lambda = \frac{h}{mv}$ zu erwartende Verschiebung der Beugungsmaxima mit der Temperatur ... der Richtung nach vorhanden, aber wesentlich zu klein".

Dieser Mangel wurde wiederum auf eine unzureichende Justierbarkeit der Apparatur zurückgeführt. Zum ersten änderten sich die Abmessungen der Ofenhalterung mit der Temperatur. Als wichtiger erwies sich jedoch der Umstand, daß die Kristalloberfläche mitunter nicht genau senkrecht zur Achse stand, so daß die tatsächlichen Einfalls- und Streurichtungen nicht mit den gemessenen Werten übereinstimmten. Um die Korrektur der letztgenannten Abweichung zu ermöglichen, wurde die Kristallhalterung nochmals verändert. Außerdem konnte damit der Einfallswinkel leicht um mehrere Grad variiert werden, dies erlaubte eine viel ausführlichere Untersuchung. Tatsächlich: „Bei jeder Stellung des Auffängers suchten wir die günstigste Kippung, d. h. diejenige Kippung, bei der die Intensität des gebeugten Strahles ihr Maximum erreicht..."

ESTERMANN und STERN führten ihre Arbeit mit Steinsalz gerade so weit, um sich davon zu überzeugen, daß die verbesserte Apparatur echte und genaue Messungen der Beugung an einem zweidimensionalen Gitter erlaubte. Sie schreiben: „Wir hatten inzwischen herausgefunden, daß die Versuche an LiF-Gittern ein viel einfacheres und klareres Bild ergeben. ... Wesentlich bessere Reflexion, schärfere Strahlen und intensivere Beugungsmaxima erhielten wir bei Versuchen mit LiF." Die verbleibenden Untersuchungen wurden daher mit Lithiumfluorid durchgeführt.

Typische Ergebnisse sind in Abbildung 10.11 wiedergegeben; in Tabelle 10.1 sind mehrere Gruppen von Daten zusammengestellt. Die Übereinstimmung ist im allgemeinen gut; interessant ist der Umstand, daß das Maximum für Helium bei der Temperatur 290 K an derselben Stelle liegt wie für Wasserstoff (mit der Hälfte der Heliummasse) bei 580 K.[10]) Bei großen Winkeln (großen Wellenlängen) blieb jedoch eine systematische Abweichung. Ein Teil davon ließ sich der experimentellen Anordnung zuschreiben: „Bei größeren Winkeln kann vom Auffänger aus nicht mehr die ganze vom Mole-

---

[9]) In der DE-BROGLIE-Beziehung $\lambda = h/mv$ kann der Nenner wie folgt geschrieben werden: $(m^2v^2)^{1/2} = (2mE)^{1/2}$. Für eine MAXWELL-Verteilung ist die wahrscheinlichste Energie proportional zu kT, so daß $\lambda_{\max} = h/(CmT)^{1/2}$ gilt, wobei C eine Konstante ist. Daher sollte eine Zunahme der Temperatur (des Ofens) eine Abnahme der Wellenlänge zur Folge haben.

[10]) Siehe die in Fußnote 9 abgeleitete Formel, nach der eine gleichzeitige Verdopplung der Temperatur und Halbierung der Masse die Wellenlänge unverändert lassen sollte.

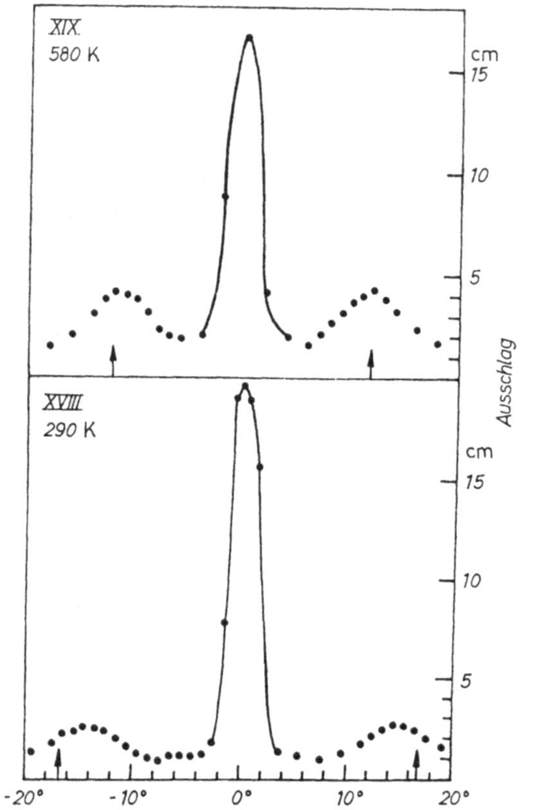

Abb. 10.11. Streuung von H_2 an Lithiumfluorid. Die Pfeile zeigen die Lagen der Maxima, die bei Annahme einer einheitlichen Molekülgeschwindigkeit (derjenigen, bei der die MAXWELL-Verteilung zur gegebenen Temperatur ihr Maximum hat) berechnet wurden [*Z. Physik* **61**, 107 (1930), Abb. 16]

kularstrahl ‚beleuchtete' Fläche des Kristalls gesehen werden." Ein anderer Teil der Abweichung war durch Dispersion bedingt: Die Wellenlängen in einem gegebenen Intervall $d\lambda$ sind über einen Bereich $d\beta$ von Streuwinkeln verteilt, der mit wachsendem β zunimmt, so daß bei größeren Winkeln ein kleinerer Bruchteil des gestreuten Strahls vom Detektor erfaßt wird. Beide Effekte zusammen schienen aber noch nicht auszureichen, um die Diskrepanz zu erklären. ESTERMANN und STERN vermuteten daher, daß hier ein realer, von der Wellen-

Tabelle 10.1

Vergleich von beobachteten und berechneten Positionen der Maxima bei der Streuung von H_2 und He an LiF [Übernommen aus: I. ESTERMANN und O. STERN, *Z. Physik* **61**, 95 (1930), Tab. 4]

Gas	Strahltemperaturen (K)	Ort des Maximums (Grad)	
		berechnet	gefunden
He	100	21	$15^1/_2$
	180	$15^1/_2$	$14^1/_2$
	290	12	$11^1/_2$
	590	$8^3/_4$	9
H_2	290	17	17
	580	12	11

länge der Moleküle abhängiger Effekt vorliegen könnte, und sie orientierten auf Experimente mit Molekülstrahlen einer einzigen Geschwindigkeit oder zumindest eines schmalen Geschwindigkeitsbereichs anstelle von Strahlen mit der vollen MAXWELL-Verteilung.

Solche Experimente sind in einem 1931 veröffentlichten Bericht von ESTERMANN, STERN und R. FRISCH beschrieben. Zur Erzeugung eines monochromatischen Strahls wurden zwei Methoden verwendet. Eine davon beruht auf einem Doppelstreuprozeß, wobei die erste Streuung eine Strahldispersion nach Geschwindigkeiten bewirkte und ein Spalt einen schmalen Ausschnitt des aufgefächerten Strahls zur Streuung an einem zweiten Kristall auswählte. Die Apparatur sowie die Analyse waren notwendigerweise etwas komplizierter als früher. Diese Methode wird hier nicht weiter diskutiert; die Ergebnisse entsprachen vollständig den Erwartungen.

Die zweite Methode war viel direkter; sie verwendete eine mechanische Monochromatisierung.

Zur mechanischen Monochromatisierung wurde der Heliumstrahl durch ein System von zwei auf derselben Achse sitzenden rasch rotierenden Zahnrädern hindurchgesandt. Die Zahnräder hatten einen Durchmesser von 19 cm und saßen in einem Abstand von 3,1 cm voneinander. Jedes von ihnen hatte am Rande 408 äquidistante Sägeschnitte von 0,4 mm Breite und $5^1/_2$ mm Tiefe. Die Zahnräder waren nicht gegeneinander versetzt, so daß stets zwei entsprechende Schlitze gleichzeitig den (zur Rotationsachse parallel liegenden) Strahlweg passierten. Wenn also die Räder ganz langsam rotierten, so konnten Moleküle aller Geschwindigkeiten hindurchtreten und der Strahl wurde nur im Verhältnis Schlitzbreite:Schlitzabstand geschwächt. Bei etwas schnellerer Rotation der Zahnräder konnten die langsamen Moleküle, die durch eine Lücke des ersten Zahnrades gegangen waren, nicht mehr die entsprechende

Lücke des zweiten Zahnrades erreichen. Bei noch schnellerer Rotation war dies auch für die rascheren Moleküle der Fall, dagegen konnten jetzt die langsameren Moleküle durch den nächstfolgenden Schlitz des zweiten Zahnrades hindurch. Je rascher die Räder rotierten, um so größer war auch die Geschwindigkeit der Moleküle, die auf diesem Wege ausgesiebt wurden. Bezeichnen wir mit ν die Tourenzahl, mit z die Zahl der Schlitze, so ist $1/\nu z$ die Zeit, in der sich ein Zahnrad um einen Schlitz weiterdreht. Vernachlässigen wir die Schlitzbreite, so können nur Moleküle mit der Geschwindigkeit v durch den nächstfolgenden Schlitz passieren, die gerade diese Zeit zum Durchlaufen des Abstandes l der beiden Zahnräder benötigen. v wird also bestimmt durch die Gleichung $l/v = 1/\nu z$, $v = lz\nu$. In unserem Falle war $l = 3{,}1$ cm (innerer Abstand 3,0 cm plus eine Scheibendicke 0,1 cm), $z = 408$, somit $v = 1265\,\nu$ cm/s.

Der resultierende monochromatische Strahl wurde durch Streuung an einem Lithiumfluoridkristall, im wesentlichen so wie in der früheren Arbeit, analysiert.

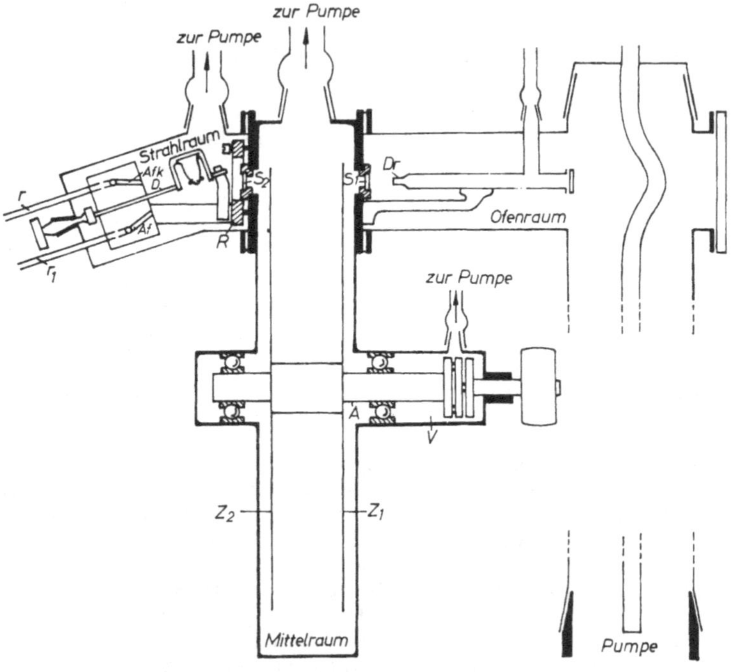

Abb. 10.12. Schematische Darstellung des „mechanischen Monochromators“ (Geschwindigkeitsfilters), des zugehörigen Kristalls und des Spektrometers von ESTERMANN, FRISCH und STERN [*Z. Physik* **73**, S. 358 (1931), Abb. 11]

Abbildung 10.12 zeigt eine schematische Darstellung der Apparatur. Die Ofenöffnung befindet sich bei *Or*; der Strahl wird durch einen kanalförmigen Spalt S_1 definiert. Die Zahnräder in Seitenansicht befinden sich bei Z_1 und Z_2, die Achse ist kugelgelagert und über eine biegsame Kupplung mit einer zweiten Welle verbunden, die über eine Öldichtung in die Vakuumkammer führt und die Antriebsscheibe trägt. Die Detektoren *Af* und *Afk* wurden durch Einfräsen rechteckiger Schlitze in eine plangeschliffene Messingplatte und Abdecken der Öffnungen mit Glasplatten hergestellt. Die Lagerung für die Achse, um die der Kristall gedreht wurde, war ebenfalls in die Platte eingefräst worden, wodurch die Koplanarität der Achse und der Detektoren garantiert war. Eine Vorrichtung erlaubte es, den Kristall aus dem Strahl herauszuschwenken; dieser fiel dann direkt auf den Kompensationsdetektor *Afk*.

Zuerst wurde die Wirkungsweise des Geschwindigkeitsfilters getestet, indem die Intensität des direkten Strahls in Abhängigkeit von der Rotationsgeschwindigkeit der Räder gemessen wurde. Nach der kinetischen Gastheorie sollte die in Abbildung 10.13a) dargestellte Kurve beobachtet werden. Statt dessen erhielt man zu Beginn einen Anstieg und danach einen Abfall der Kurve wie in Abbildung 10.13b). Dies war durch eine falsche Justierung der Schlitze S_1 und S_2 bedingt, so daß der Strahl nicht genau parallel zur Achse lief. Diese Abweichung ließ sich teilweise korrigieren, aber eine exakte Justierung war nicht möglich. „Wir begnügten uns mit diesem Genauigkeitsgrade der Justierung und berücksichtigten diesen Fehler bei der Berechnung

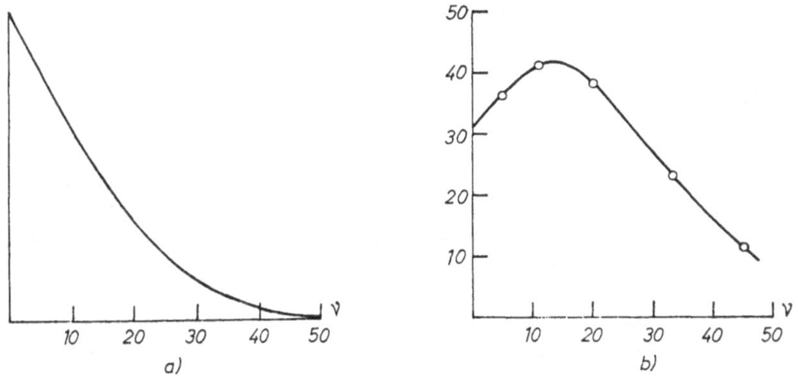

Abb. 10.13. a) Ideale Intensitätskurve des durch das Geschwindigkeitsfilter gegangenen direkten Strahls in Abhängigkeit von der Rotationsgeschwindigkeit ν. b) Tatsächlich gemessene Intensität des direkten Strahls als Funktion der Selektorgeschwindigkeit [*Z. Physik* **73**, S. 359 (1931), Abb. 12 und 13]

der Geschwindigkeit v der Moleküle durch die Formel $v = lz\nu \cdot 0{,}969 = 1226\nu$ cm/s"; der Faktor 0,969 wurde aus der verbleibenden Fehljustierung und den Radabmessungen berechnet.

Nunmehr war alles bereit für die eigentlichen Messungen: die Bestimmung der Streuintensität in Abhängigkeit vom Winkel bei verschiedenen Werten der Rotationsgeschwindigkeit. Die erhaltenen Rohdaten sind in Abbildung 10.14 wiedergegeben. Die obere Kurve entspricht drei Umdrehungen pro Sekunde, langsam genug, daß praktisch alle Moleküle die Schlitze passieren konnten; sie zeigt genau die nach der kinetischen Theorie erwartete MAXWELL-Geschwindigkeitsverteilung. Bei der nächsten Kurve sind einige der langsameren Moleküle ausgeschlossen; die Verteilung ist dementsprechend zu höheren Geschwindigkeiten, kleineren DE-BROGLIE-Wellenlängen und kleineren Streuwinkeln verschoben. Die übrigen Kurven zeigen die

... mit höherer Tourenzahl, also mit Monochromatisierung, aufgenommenen Beugungskurven. ... Wie man sieht, rückt das Beugungsmaximum bei zunehmender Tourenzahl immer näher an den reflektierten Strahl heran, die DE-BROGLIE-Wellenlänge wird um so kürzer, je raschere Atome man nimmt.

Aus der Tourenzahl ν wurde die Geschwindigkeit nach der Formel $v = 1226\,\nu$ cm/s berechnet, daraus nach der DE BROGLIEschen Beziehung die zugehörige Wellenlänge $\lambda = h/mv = \frac{80{,}5}{\nu} \cdot 10^{-8}$ cm. Der aus dieser Wellenlänge berechnete Beugungswinkel ... ist durch einen Pfeil gekennzeichnet. Die gemessenen Maxima liegen alle bei etwas zu kurzen Wellen. Das ist zu erwarten, weil wir uns bei den benutzten Tourenzahlen auf dem abfallenden Ast der MAXWELL-Kurve [links vom Maximum, d. Hrsg.] befinden, d. h., in dem ausgeblendeten Geschwindigkeitsintervall die raschen Atome (kurzen Wellenlängen) stark überwiegen.

Das wird in Abbildung 10.15 noch ausführlicher dargestellt. Die durchgezogene Kurve zeigt die gesamte MAXWELL-Verteilung, aus der das Geschwindigkeitsfilter nur den von den vertikalen Linien begrenzten Geschwindigkeitsbereich durchläßt. Aus der Bedeutung der Verteilungskurve folgt, daß ein solcher Ausschnitt viel mehr Moleküle mit Geschwindigkeiten in der Nähe der oberen Grenze als solche nahe der unteren Grenze enthält.

Wir haben daher [die untersten vier Kurven in Abbildung 10.14] in der Weise korrigiert, daß wir jeden Ordinatenwert durch den zur gleichen Abszisse gehörigen Ordinatenwert der nichtmonochromatisierten Kurve [die oberste Kurve in Abbildung 10.14] dividierten, also gewissermaßen auf gleiche einfallende Intensität aller Wellenlängen reduzierten. ... Bei den so gewonnenen Kurven [Abbildung 10.16] liegen die Maxima innerhalb der Meßgenauigkeit an den berechneten Orten. ...

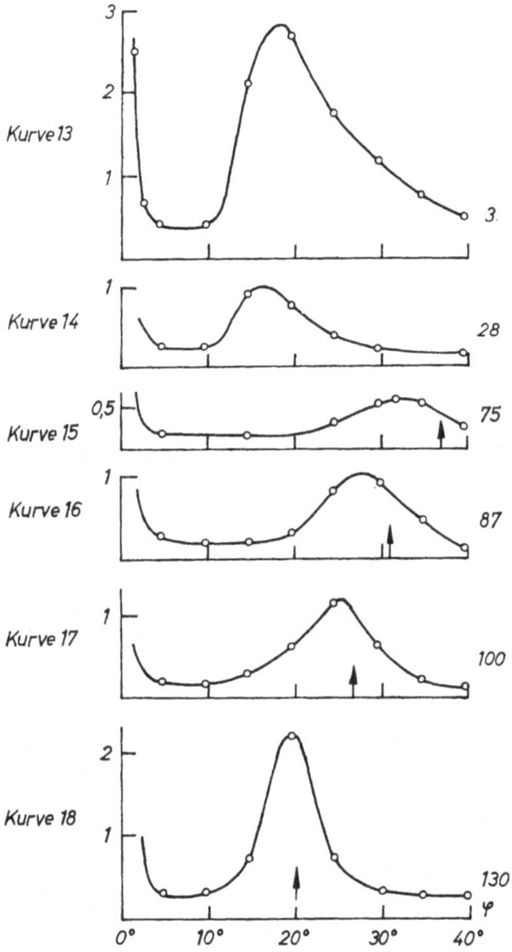

Abb. 10.14. Rohkurven der Streuintensität in Abhängigkeit vom Streuwinkel bei verschiedenen Rotationsgeschwindigkeiten des Geschwindigkeitsfilters (Umdrehungen pro Sekunde — Zahl rechts) [*Z. Physik* **73**, S. 362 (1931), Abb. 15]

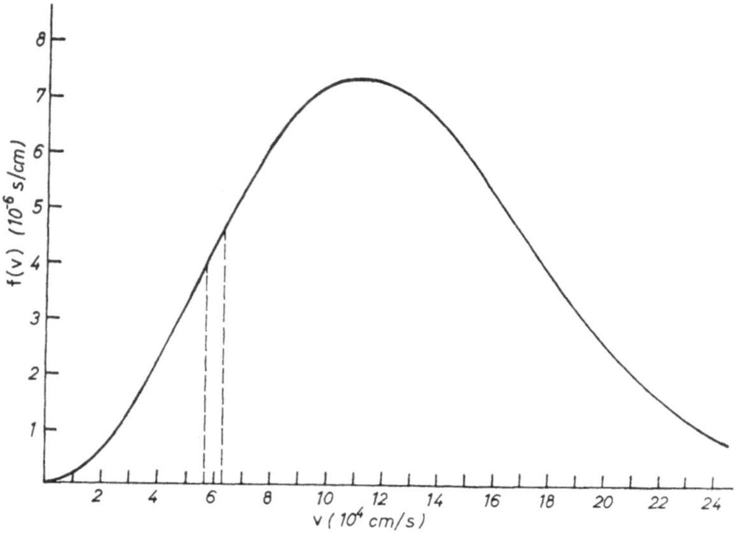

Abb. 10.15. Ausschnitt aus einer MAXWELL-Verteilung, der durch ein mechanisches Geschwindigkeitsfilter ausgewählt wird. Die durchgezogene Kurve stellt die Verteilungsfunktion $f(v)$ dar; $f(v)\,dv$ ist der Anteil der Moleküle im Strahl mit Geschwindigkeiten zwischen v und $v + dv$. Die vertikalen gestrichelten Linien deuten den vom Geschwindigkeitsfilter herausgeschnittenen Bereich der Verteilung an

Die Form der Kurven zeigt, daß die Lage der Maxima bei hohen Rotationsgeschwindigkeiten ziemlich genau bestimmt werden kann. Bei diesen Geschwindigkeiten kommt das ausgewählte Geschwindigkeitsintervall außerdem in die Nähe des Maximums der MAXWELL-Verteilung. „Da in dieser Gegend auch die oben besprochene Korrektur klein wird, wurden bei 133,3 Touren einige Messungen mit besonderer Sorgfalt ausgeführt, um die DE BROGLIEsche Beziehung $\lambda = h/mv$ auch zahlenmäßig so genau wie möglich zu prüfen.“ Die Messungen wurden an zwei verschiedenen Tagen mit unterschiedlichen Kristallen vorgenommen; in jedem Fall wurden der reflektierte Strahl und die Maxima beiderseits davon gemessen. Die Maxima erwiesen sich in bezug auf den reflektierten Strahl bis auf 0,1° symmetrisch angeordnet; das unkorrigierte Maximum lag für eine Meßreihe bei 18,9°, für die andere bei 19,0°, der Mittelwert betrug 18,95°. Die Umrechnung auf konstante einfallende Intensität ergab eine Verschiebung um 0,5° auf 18,45°, das entsprach einer Wellenlänge von $0{,}600 \cdot 10^{-8}$ cm. Die Rotationsgeschwindigkeit von 133,3 Umdrehungen pro Sekunde führte auf

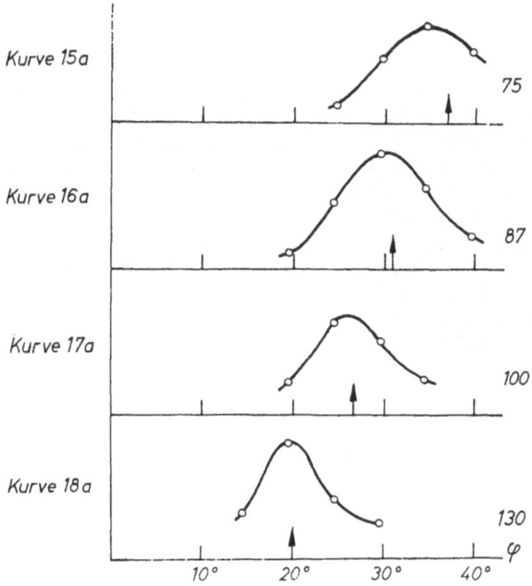

Abb. 10.16. Die untersten vier Kurven aus Abbildung 10.14, normiert auf gleiche einfallende Intensitäten [*Z. Physik* **73**, S. 363 (1931), Abb. 16]

eine Geschwindigkeit von $1{,}635 \cdot 10^5$ cm/s, entsprechend einer Wellenlänge von $0{,}604 \cdot 10^{-8}$ cm. Die Abweichung von 2/3% lag deutlich innerhalb der experimentellen Fehlergrenzen von 1 bis 2%. De Broglies Hypothese war somit quantitativ bestätigt. Der erfolgreiche Ausgang des Experiments bestätigte natürlich die qualitativen Aussagen.

Die Materie hat demnach offensichtlich wellenartige Eigenschaften, die bei geeigneter Wahl der Parameter beobachtbar sind. Eine Zeitlang wurde dieses Verhalten und das analoge Verhalten von Licht daher verständlicherweise als paradox angesehen. Allmählich setzte sich dann aber folgende Interpretation durch: Weder der klassische Begriff des „Teilchens“ noch der einer „Welle“ lassen sich auf den Bereich sehr kleiner Dimensionen korrekt übertragen. Statt dessen gibt es eine dritte Qualität, für die wir keine eindeutige Benennung haben: Sie verhält sich unter manchen Umständen wie ein klassisches Teilchen und in mancher Hinsicht wie eine klassische Welle. Dies ist der „Stoff“, aus dem das Universum besteht.

Literatur zu Kapitel 10

Über das DAVISSON-GERMER-Experiment wird berichtet bei: C. J. DAVISSON und L. H. GERMER, *The Physical Review* **30**, 705–740 (1927). Siehe auch *The World of the Atom*, Band 2, S. 1137–1142 und 1144–1165.

THOMSONS Arbeit ist dargestellt bei G. P. THOMSON, *Proceedings of the Royal Society of London, Series* **A117**, 600–609. Siehe auch *The World of the Atom*, Band 2, S. 1137–1144.

Die wesentlichen Arbeiten aus STERNS Gruppe sind: F. KNAUER und O. STERN, *Zeitschrift für Physik* **53**, 766 und 779 (1929); I. ESTERMANN und O. STERN, *a.a.O.* **61**, 95–125 (1930); I. ESTERMANN, R. FRISCH und O. STERN, *a.a.O.* **73**, 348–365 (1931). Dies sind die Arbeiten Nr. 10, 11, 15 und 18 der auf S. 107 erwähnten Reihe.

Anhang A

Ein Elektrometer ist ein Instrument zur Messung von Potentialdifferenzen ohne merkliche Stromentnahme. Das Quadrantenelektrometer besteht aus einer metallischen „Pillendose", die durch radiale Schnitte in vier Quadranten zerlegt wurde (s. Abb. A.1). Eine (in der Abbildung als N bezeichnete) leichte metallische Nadel ist an einem Torsionsfaden, der einen leichten Spiegel trägt, innerhalb der Dose in einer horizontalen Ebene aufgehängt. Die Nadel kann sich frei um eine vertikale Achse drehen; ihre Winkelposition kann über einen am Spiegel reflektierten Lichtstrahl gemessen werden.

Die Quadranten sind paarweise elektrisch verbunden; Paar A besteht aus den Quadranten 1 und 3, Paar B aus den Quadranten 2 und 4. Bei der Anwendung des Instruments wird die Nadel auf ein gewähltes Potential aufgeladen, und die zu messende Potentialdiffe-

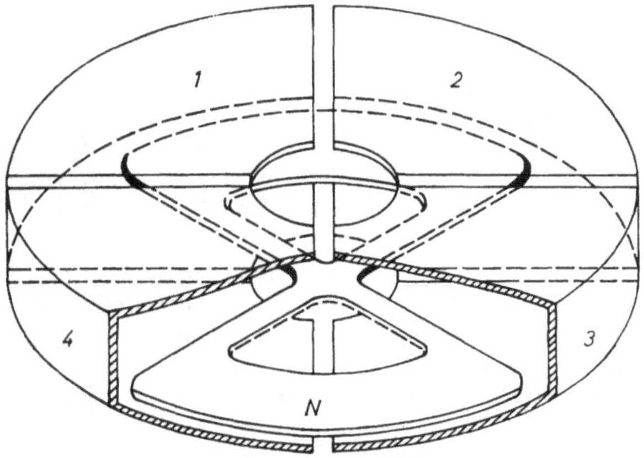

Abb. A.1. Schematische Darstellung der Elektroden eines Quadrantenelektrometers renz wird zwischen den Quadrantenpaaren angelegt. Die Nadel nimmt danach eine Winkelstellung ein, die durch die angelegten Potentiale und durch die Steifheit des Aufhängefadens bestimmt ist.

Das Instrument kann auch zur Messung sehr kleiner Ströme verwendet werden, indem man den Umstand ausnutzt, daß das Auf- oder Entladen eines Kondensators die darüberliegende Potentialdifferenz ändert. Solche Anwendungen des Gerätes erfolgten früher auf vielen Gebieten. Die Kapazität ist im wesentlichen gleich der Kapazität der Quadranten selbst. Die Quadrantenpaare werden anfangs miteinander verbunden; ein Paar liegt ständig auf Erdpotential, das andere Paar wird mit der Kollektorelektrode verbunden. Dann wird die Verbindung zwischen den Quadrantenpaaren geöffnet; der Strom lädt den Kondensator auf, wobei sich die Potentialdifferenz zwischen den Quadrantenpaaren ändert und die Nadel sich mit einer zum Strom annähernd proportionalen Geschwindigkeit dreht.

Heutzutage wird das Quadrantenelektrometer selten verwendet, da inzwischen elektronische Geräte entwickelt wurden, die bei geringerem Aufwand ebenso gut oder besser funktionieren.

Anhang B

Numerische Bezeichnung für Kristalle

Zum Verständnis der numerischen Bezeichnungen, die bei der Kennzeichnung von Ebenen und Richtungen in einem Kristall verwendet werden,[1]) stelle man sich ein Koordinatensystem vor, dessen Ursprung in einer Ecke der Elementarzelle liegt und dessen Achsen längs der Zellkanten orientiert sind. (Bei einigen Kristalltypen sind die Achsen nicht orthogonal zueinander. Für einige Kristalltypen ist auch die Wahl wichtig, welche Achse parallel zu welcher Zellkante liegt, und eine bestimmte Wahl wird zum Standard erhoben. Bei kubischen Kristallen treten keine solchen Besonderheiten auf.) Eine beliebige Atomebene im Kristall schneidet jede Achse im Abstand einer ganzen Zahl von Zellkantenlängen vom Ursprung, und jede dieser Ebenen wäre durch die Angabe der drei Zahlen der Kantenlängen für die drei Schnittpunkte vollständig festgelegt. Alle zuein-

---

1) Weitere Einzelheiten und zusätzliche Literatur sind bei ELIZABETH A. WOOD, *Crystals and Light, Momentum Book* No. 5 (VAN NOSTRAND, 1964), Kapitel 3, zu finden.

ander parallelen Ebenen sind jedoch äquivalent, und es ist daher günstiger, einen Satz von Zahlen zu verwenden, der für alle Glieder einer Schar paralleler Ebenen der gleiche ist. Ein solcher Satz entsteht, wenn man die reziproken Werte des oben beschriebenen Satzes nimmt und mit dem kleinsten Faktor multipliziert, der drei ganze Zahlen liefert. Zum Beispiel würde eine Ebene, die die x-Achse zwei Längeneinheiten, die y-Achse drei Einheiten und die z-Achse eine Einheit vom Koordinatenursprung entfernt schneidet, den Satz reziproker Werte $\left\{\frac{1}{2}, \frac{1}{3}, 1\right\}$ liefern; Multiplikation mit dem Faktor 6 ergibt die Indizes $\{326\}$. Ist einer der Indizes gleich Null, dann sind die Ebenen dieser Schar parallel zur entsprechenden Achse; die $\{110\}$-Ebenen sind parallel zur z-Achse und die $\{010\}$-Ebenen parallel zur xz-Ebene. Eine Linie wird charakterisiert durch die Indizes der zu ihr senkrechten Ebenenschar.

Sachverzeichnis

Eintragungen mit nachfolgendem „F" beziehen sich auf Fußnoten, solche mit „L" auf Literaturangaben.

Atombegriff, Atomhypothese 2, 20, 33, 34, 50 (s. auch Molekülhypothese)
—, Opposition dagegen 33, 49F
AVOGADRO-Zahl 19, 33, 36, 38, 46, 48

BECQUEREL, HENRI 21
BOHR, NIELS 68, 79, 79F
BOLTZMANN, LUDWIG 8, 18
BROWNsche Bewegung 33ff., 47, 48

COMPTON, ARTHUR H. 72, 75, 88ff.
CURIE, MARIE und PIERRE 22

DAVISSON, C. J. 95ff.
DE BROGLIE, LOUIS 94, 104
DE-BROGLIE-Wellen 94, 96, 105, 106, 107, 110ff., 118
Dichte von Emulsionskörnern 39
Diffraktion elektromagnetischer Wellen 87, 90, 96
Dispersion 114
Drehimpuls des Atoms 80ff.
Dynamid 50

EINSTEIN, ALBERT 48F
—, Brownsche Bewegung 47
—, Fotoeffekt 69ff., 78, 79
—, Relativitätstheorie 4, 4F

Elektron, Bestandteil von Atomen 3F, 21, 50, 51, 62, 64
— in Metallen (Fotoeffekt) 70
—, Ladung 76
—, Streuung elektromagnetischer Strahlung 87ff.
Emanation 24ff., 57, 61
Energiewerte des Atoms, diskrete Natur 68
ESTERMANN, I. 110ff.
Extrapolation 2
—, Versagen der 2, 68, 69, 80, 88

Fotoeffekt 68, 69ff.
—, kritische Frequenz 69, 71, 76
fraktioniertes Zentrifugieren 39
FRANCK, JAMES 62ff., 79F
FRISCH, R. 115ff.

Gasgesetz 36
GEIGER, HANS 51ff.
GERLACH, WALTHER 85ff.
GERMER, L. H. 95ff.
Gitter, Beugung am 90, 95, 104, 108ff.
—, mehrdimensionales 106, 110ff.

HERTZ, GUSTAV 62ff.
Hohlraumstrahlung, absoluter Charakter 6
—, Äquivalenz mit Strahlung schwarzer Körper 6
—, RAYLEIGHsches Gesetz 11, 19
—, Temperaturabhängigkeit, klassisch 9

Hohlraumstrahlung, WIENsche Spektralfunktion 9, 14, 19
HUGHES, ARTHUR L. 72

Interferenz von Wellen 93, 96, 105, 107
Ionisation (s. Radioaktivität)
Ionisationsenergie 64
Ionisationspotential 62ff. (s. auch Ionisationsenergie)

KELVIN, Lord 1F, 50
kinetische Theorie 3, 117 (s. auch Molekültheorie)
KIRCHHOFF, G. R. 6, 20L
klassische Physik, Dynamik 1
—, Elektromagnetismus 1, 70, 87
—, Kontinuumsnatur 2, 33
—, Thermodynamik 1
KNAUER, F. 107ff.
Kontaktkraft, Kontaktpotential 71, 71F, 74
Kristallgitter 96, 108, 124, 125
— von Nickel 98ff.

LAUE, MAX VON 87
LAUE-Strahlen in der Röntgenstreuung 96, 104, 106
LENARD, PHILIPP 50
LUMMER, O. 7ff.

magnetische Momente von Atomen 80
MARSDEN, ERNEST 54ff.
MAXWELL, JAMES C. 11F, 51
MAXWELL-Verteilung von Molekülgeschwindigkeiten 115, 118ff.
MAXWELLsche Theorie (Elektromagnetismus) 87
MICHELSON, A. A. 1F, 4
MILLIKAN, ROBERT A. 44F, 70ff.
Molekülhypothese 49
Molekülstrahlen 107ff.
Molekültheorie 35, 38

NAGAOKA, H. 51, 56F, 62L

optische Spektren 50, 63
osmotischer Druck 36, 37

PASCHEN, F. 7
PERRIN, JEAN 33ff.
Photon (s. Strahlungsquant)
PLANCKsche Konstante 19, 65, 70, 76, 77, 79, 80, 89, 96, 105 (s. auch Wirkungsquantum)
Präzession atomarer Drehimpulse 81
PRINGSHEIM, E. 7ff.

Quantisierung
—, Drehimpuls 80, 80F
—, Energie 19, 68, 70, 79, 80

Radioaktivität, Absorptionsmessung 23
—, induzierte 25, 26, 31, 32
—, Ionisationsmessung 23, 27
—, Szintillationsmethode 52
—, Transmutation (Umwandlung von Elementen) 28, 31, 32, 50
—, Zerfall 25, 29, 58, 61
Radius, Atome 50, 63
—, Emulsionskörner 43
RAYLEIGH, Lord 10, 49
REGENER, ERICH 53
RICHARDSON, O. W. 72, 75
RUTHERFORD, ERNEST, Baron 21ff., 50, 51ff.

Sättigungsphotostrom 78
schwarzer Körper, Definition 4
SODDY, FREDERICK 21ff., 49L
SOMMERFELD, ARNOLD 80
STEFAN-BOLTZMANN-Gesetz 8, 12, 13, 14
STERN, OTTO 81ff., 106ff.
Stoß, elastischer 64ff.
—, ionisierender 63
—, unelastischer 64ff.
Strahlung schwarzer Körper (siehe Hohlraumstrahlung)
Strahlungsanregung durch Stöße 67ff.

Strahlungsquant 69, 70, 71, 79, 88, 89, 89F
Streuung, elektromagnetische Strahlung 87ff.
— Elektronen an Festkörpern 95ff.
—, α-Teilchen 51ff.

THOMSON, Sir GEORGE 106, 106F, 122L
THOMSON, Sir J. J. 50, 88, 106
THOMSONsches Atommodell 50, 56 57, 62L
Transmutation (s. Radioaktivität),

Ultraviolettkatastrophe 11

WIEN, WILLY 8, 20L
WIENS Verschiebungsgesetze 9, 14, 19, 20L (s. auch Hohlraumstrahlung)
Wirkungsquantum 4

Der Autor

- **beschreibt grundlegende Experimente der Physik des ausgehenden 19. und des beginnenden 20. Jahrhunderts**

- **analysiert den oft widersprüchlichen Weg der Erkenntnis von der Existenz atomarer Bausteine und der Struktur der Materie**

- **stellt die Entwicklung grundlegender physikalischer Ideen bis zur Herausbildung des Begriffs des Welle-Korpuskel-Dualismus dar**

- **führt den Leser an Erkenntnisse heran, die in der Ausarbeitung der Quantenmechanik kulminieren**

WISSENSCHAFTLICHE TASCHENBÜCHER

Kolibri 360 GmbH
Ferdinand-Jühlke-Straße 7
99095 Erfurt, Deutschland
produktsicherheit@kolibri360.de

Alfred Leonhardt · Gerhard Speer

Umweltreproduktion im staatsmonopolistischen Kapitalismus

ZUR KRITIK DER BÜRGERLICHEN IDEOLOGIE

79

HERAUSGEGEBEN VON MANFRED BUHR

unter Mitwirkung von

GUY BESSE (Paris) · ANDRÁS GEDŐ (Budapest)
TADEUSZ M. JAROSZEWSKI (Warschau)
M. T. JOWTSCHUK (Moskau) · TODOR PAWLOW (Sofia)
VLADIMIR RUML (Prag)
ROBERT STEIGERWALD (Frankfurt/Main)

ALFRED LEONHARDT · GERHARD SPEER

Umweltreproduktion im staatsmonopolistischen Kapitalismus

Zur Kritik bürgerlicher Konzeptionen einer marktwirtschaftlichen Lösung des Umweltproblems

AKADEMIE-VERLAG
BERLIN
1977

„... bürgerliche oder sozialistische Ideologie. Ein Mittelding gibt es hier nicht (denn eine ‚dritte‘ Ideologie hat die Menschheit nicht geschaffen, wie es überhaupt ... niemals eine außerhalb der Klassen und über den Klassen stehende Ideologie geben kann). Darum bedeutet *jede* Herabminderung der sozialistischen Ideologie, jedes *Abschwenken* von ihr zugleich eine Stärkung der bürgerlichen Ideologie.“

Lenin

Vorbemerkung des Herausgebers

Der revolutionäre Charakter des Marxismus-Leninismus als einer Wissenschaft des Kampfes, *des Klassenkampfes,* impliziert die kontinuierlich geführte prinzipielle Auseinandersetzung mit allen Erscheinungsformen der bürgerlichen und revisionistischen Ideologie. So gesehen ist der *ideologische Klassenkampf* ein unabdingbarer Bestandteil der im *Kommunistischen Manifest* wissenschaftlich begründeten welthistorischen Mission des Proletariats. Der Kampf der Arbeiterklasse unter Führung ihrer marxistisch-leninistischen Partei verlangt dergestalt zur Durchführung der sozialistischen Revolution, zur Errichtung ihrer politischen Herrschaft, der Diktatur des Proletariats, und zur erfolgreichen Gestaltung der sozialistischen und kommunistischen Gesellschaft nicht nur die politische und ökonomische, sondern ebensosehr die konsequente ideologische und theoretische Entmachtung der Bourgeoisie.

Anliegen der Reihe *Zur Kritik der bürgerlichen Ideologie* ist es deshalb, die verschiedenen Erscheinungsformen der bürgerlichen und revisionistischen Ideologie der kritischen, das heißt der marxistisch-leninistischen Analyse zu unterziehen und in diesem Prozeß die prinzipiellen Positionen des Marxismus-Leninismus zu festigen. In sie wurde die kritische, die historischen Grenzen markierende Behandlung des humanistischen ideologischen Erbes der progressiven Bourgeoisie einbezogen, um die Tendenz seiner Verwirklichung, seiner Weiter- und Höherentwicklung im Prozeß der Gestaltung der sozialistischen Gesellschaft aufzuweisen und es gegen seine falschen Nachkommen, die Ideologen der imperialistischen Bourgeoisie, zu verteidigen.

Bei der Durchführung des Anliegens der Reihe sind sich Autoren und Herausgeber der optimistischen Mahnung von *Marx* bewußt:

„Die Arbeiterklasse verlangt keine Wunder ... Sie hat keine fix und fertigen Utopien ... Sie weiß, daß, um ihre eigne Befreiung und mit ihr jene höhre Lebensform hervorzuarbeiten ..., daß sie, die Arbeiterklasse, lange Kämpfe, eine ganze Reihe geschichtlicher Prozesse durchzumachen hat, durch welche die Menschen wie die Umstände gänzlich umgewandelt werden. Sie hat keine Ideale zu verwirklichen."

Und: „Im vollen Bewußtsein ihrer geschichtlichen Tendenz und mit dem Heldenentschluß, ihrer würdig zu handeln, kann die Arbeiterklasse sich begnügen, zu lächeln gegenüber den plumpen Schimpfereien der Lakaien von der Presse wie gegenüber der lehrhaften Protektion wohlmeinender Bourgeoisiedoktrinäre, die ihre unwissenden Gemeinplätze und Sektierermarotten im Orakelton wissenschaftlicher Unfehlbarkeit abpredigen."

Manfred Buhr

Inhalt

Vorbemerkung des Herausgebers 5

1. Das kapitalistische Umweltproblem 9

2. Die natürliche Umwelt als politökonomische Kategorie 17
2.1. Die Umwelt als Naturkraft der Arbeit 17
2.2. Erfordernisse der Reproduktion der Umwelt 19
2.3. Wert und Preis der Umwelt 25
2.4. Der Kapitalcharakter und die Monopolisierung der Umwelt 29

3. Der Widerspruch zwischen der Konzeption einer „marktwirtschaftlichen Lösung" des kapitalistischen Umweltproblems und den Realitäten staatsmonopolistischer Umweltpolitik und -praxis 38
3.1. Das Umweltproblem in der bürgerlichen Ökonomie 38
3.2. Der Klasseninhalt des Verursacherprinzips 50
3.3. Möglichkeiten, Grenzen und selbstverstärkende Effekte einer „marktwirtschaftlich orientierten" staatsmonopolistischen Umweltpolitik 60
3.4. Die Verschärfung der Widersprüche des Reproduktionsprozesses 76

4. Der Kampf der demokratischen Kräfte gegen die staatsmonopolistische Umweltpolitik 82

4.1. Der Platz demokratischer Umweltinitiativen im antimonopolistischen Kampf 82

4.2. Die prinzipielle Lösung des Umweltproblems 94

Anlagen 98

Anmerkungen 99

Namenverzeichnis 109

1. Das kapitalistische Umweltproblem

Produktion und Realisierung von Profit ist oberstes Ziel und spezifische Form der Entwicklung der Produktivkräfte im Kapitalismus. Die Verwirklichung dieses Ziels verläuft widersprüchlich: einerseits ruft das von einer sinkenden Tendenz der Verwertungsmöglichkeiten begleitete Profitstreben einen Trieb zur schrankenlosen Entwicklung der Produktivkräfte als Voraussetzung und Mittel der Profitproduktion hervor, andererseits verstärkt die damit verbundene Überakkumulation von Kapital nicht nur die sinkende Tendenz der Profitrate, sondern zugleich die rücksichtslose Belastung der natürlichen Umwelt. Das verleiht den Produktivkräften den tendenziellen Charakter von Destruktivkräften.

Wie Marx betont, ist der absolute Bereicherungstrieb keinesfalls individuelle Manie des einzelnen Kapitalisten, sondern „Wirkung des gesellschaftlichen Mechanismus, worin er nur ein Triebrad ist . . . und die Konkurrenz herrscht jedem individuellen Kapitalisten die immanenten Gesetze der kapitalistischen Produktionsweise als äußere Zwangsgesetze auf. Sie zwingt ihn, sein Kapital fortwährend auszudehnen, um es zu erhalten, und ausdehnen kann er es nur vermittelst progressiver Akkumulation."[1]

Dabei schmälert der Verzicht auf zerstörerische Aneignung produktivitätssteigernder Naturbedingungen die Profitmasse und senkt die Profitrate ebenso wie die Verwendung eines Kapitalteils für die Wiederherstellung und Erhaltung der natürlichen Umwelt. Der kapitalistischen Produktionsweise ist jeglicher Anreiz zur Reproduktion der natürlichen Umwelt wesensfremd; mehr noch: die Entfaltung der inneren Widersprüche des Gesetzes vom tendenziellen Fall der Profitrate führt im Zusammenhang mit den vom Kapital organisierten Gegenfaktoren gesetzmäßig zur Umweltzerstörung. Eine ausschlaggebende Rolle kommt dabei der spezifisch kapitalistischen Ökonomisierung des konstanten Kapitals zu. Sie erhält qualitativ neue umweltzerstörende Elemente durch die monopolkapitalistische Beherrschung der modernen Produktivkräfte.

Der kapitalistische Raubbau an der natürlichen Umwelt war lange Zeit selbst ein dem Sinken der Profitrate entgegenwirkender Faktor, er begann jedoch in dem Moment in das Gegenteil umzuschlagen, als die monopolkapitalistisch genutzten modernen Produktivkräfte qualitativ neue, intensivere und umfassendere Belastungen der Natur hervorriefen und die Selbstheilungskräfte der Natur nicht mehr in der Lage waren, die ihr zugefügten Schäden zu paralysieren. Die gesellschaftlichen Auswirkungen dieser Zerstörung der Natur sind vielfältig. Für das Kapital haben sie jedoch unterschiedliche Bedeutung. Das zentrale Problem und der wesentliche Ausgangspunkt umweltpolitischer Aktivitäten kapitalistischer Staaten ist die Tatsache, daß die äußeren Naturbedingungen sich heute immer mehr aus einem produktivitätsfördernden zu einem kostensteigernden Faktor für das Kapital entwickeln. Dieser qualitative Umschlag des Wechselverhältnisses zwischen Kapitalverwertung und natürlicher Umwelt ist der Ausgangspunkt des eigentlichen Inhalts des kapitalistischen Umweltproblems, das von der bürgerlichen Ökonomie meist auf eine system- und klassenindifferente Kollision der Mensch-Umwelt-Beziehungen reduziert wird. Also nicht das Profitstreben schlechthin, sondern der dem Kapitalismus inhärente Ziel-Mittel-Konflikt ist die Ursache der Entstehung, der ständigen Verschärfung und der Unmöglichkeit einer prinzipiellen Lösung dieses Problems. Damit wird deutlich, daß das kapitalistische Umweltproblem nur oberflächlich die Beziehungen zwischen Natur und Gesellschaft verkörpert. Seinem Wesen nach ist es ein gesellschaftliches Problem, der umweltbezogene Reflex des Widerspruchs zwischen dem gesellschaftlichen Charakter der Produktivkräfte und den kapitalistischen Produktionsverhältnissen.

Aus dieser Charakteristik des Wesens des Umweltproblems im Kapitalismus folgt, daß die daraus resultierenden Wirkungen nicht auf einen partiellen Bereich beschränkt sind, sondern in komplexer Weise mehr oder weniger alle wesentlichen Seiten, Verhältnisse und Beziehungen der heutigen kapitalistischen

Gesellschaft durchdringen. Von grundlegender Bedeutung ist vor allem auch die Tatsache, daß die Umweltkrise tiefgreifende Konsequenzen für alle wesentlichen Widersprüche des gegenwärtigen Kapitalismus hat.

Ausgangspunkt dafür ist die Tatsache, daß die zerstörerische Wirkung der kapitalistischen Produktion auf die natürliche Umwelt als einer ihrer elementaren Produktivitäts- und Verwertungsfaktoren auch auf diesem zusätzlichen Feld Ausdruck für das Bestreben der kapitalistischen Produktion ist, die ihr immanenten *Schranken* zu überwinden, „aber sie überwindet sie nur durch Mittel, die ihr diese Schranken aufs neue und auf gewaltigerm Maßstab entgegenstellen".[2]

Die wesentlichsten der daraus resultierenden Wirkungen äußern sich in dem Versuch der Monopole und ihres Staates, die Kosten unumgänglicher Umweltschutzmaßnahmen den Werktätigen aufzubürden, die ohnehin am meisten unter der verminderten Umweltqualität zu leiden haben. Die umfassenden Anstrengungen unter der demagogischen Losung von der Verbesserung der Qualität des Lebens, neue Lasten auf die Werktätigen abzuwälzen, sind ein unübersehbarer Beleg dieser Auswirkungen. Hierin drückt sich die spezifische Einflußnahme der kapitalistischen Umweltkrise auf die aktuelle Bewegung des Grundwiderspruchs des Kapitalismus aus. Sie führt unmittelbar und unwiderruflich zur Verschärfung des antagonistischen Widerspruchs zwischen Kapital und Arbeit bzw. zwischen Monopolen und werktätigen Massen.

Wesentliche Bedeutung haben auch die monopolistischen Aktivitäten, die Umweltkrise dadurch zu mildern, indem bestimmte, besonders umweltbelastende Produktionen in die Entwicklungsländer verlagert werden, um damit die Umweltzerstörung zu exportieren. Mit diesen ebenfalls als Entwicklungshilfe deklarierten Maßnahmen werden zusätzliche Konfliktpotentiale in das System der Widersprüche zwischen den hochentwickelten imperialistischen Staaten einerseits und der nationalen Befreiungsbewegung andererseits hineingetragen, die wesentlich zur Verschärfung der hier bestehenden Widersprüche beitragen müssen.

Die umweltbelastenden Effekte von Produktionsverfahren und Produkten machen nicht an Ländergrenzen halt. Die Folge ist, daß neben nationalen immer stärker auch internationale umweltpolitische Maßnahmen erforderlich werden. Diese an und für sich positiv zu bewertende Entwicklung hat jedoch zur Folge, daß die Umweltpolitik zu einem neuen Feld des imperialistischen Konkurrenzkampfes wird. Die mit Umweltschutzargumenten begründete Verweigerung der Landeerlaubnis für das englisch-französische Überschallpassagierflugzeug „Concorde“ sei hierfür als Beispiel angeführt.

Erhebliche und ständig wachsende Bedeutung gewinnt die Umweltproblematik auch für den Grundwiderspruch unserer Epoche, den Widerspruch zwischen dem sozialistischen und dem imperialistischen System. Zum einen, weil die prinzipielle Überlegenheit der sozialistischen Gesellschaft bei der Bewältigung der Umweltgefahren immer deutlicher hervortritt und so die spezifisch gesellschaftlichen Ursachen der Umweltkrise in den hochentwickelten kapitalistischen Ländern immer tiefer in das Bewußtsein der Massen dringen, was zu einem verstärkten Kampf um eine reale gesellschaftliche Alternative führt. Zum anderen bewirkt der globale Charakter der Umweltproblematik einen wachsenden Zwang zu internationalen, ja globalen Regelungen. Damit stellt sich die Einschränkung bzw. Vermeidung von Umweltschäden als ein neues wichtiges Feld internationaler Zusammenarbeit von Staaten unterschiedlicher Gesellschaftsordnung dar. Auf der Grundlage objektiver Interessen bieten sich hier große Möglichkeiten zur Vertiefung der friedlichen Koexistenz, ergeben sich neue Möglichkeiten, die dieser Politik zugrunde liegenden Prinzipien in den internationalen Beziehungen durchzusetzen.

Das kapitalistische Umweltproblem hat folglich tiefgreifende und nachhaltige Konsequenzen für das gesamte System der Widersprüche der kapitalistischen Gesellschaft. Es besteht also auch und vor allem darin, daß der fortschreitenden Umweltzerstörung und dem kapitalistisch organisierten Umweltschutz systemgefährdende Impulse erwachsen.

Diese äußern sich unter anderem in folgendem:

– die mit der „Wohlstandsideologie“ geborenen Methoden der sozialen Befriedung verlieren an Wirkung, da sie zum einen selbst umweltbelastende Tendenzen hervorrufen oder verstärken und zum anderen angesichts der auch empirisch wahrzunehmenden Umweltgefahren für Leben und Gesundheit ihre Einseitigkeit und demagogische Zielstellung offenbaren;

- nachlassende soziale Befriedung und Abwälzung der wegen verminderter Umweltqualität erhöhten Produktionskosten auf die Werktätigen tragen dazu bei, daß viele der künstlich verhüllten sozialen Gegensätze aufbrechen, Enthüllungen der demokratischen und sozialistischen Kräfte über das Wesen des Imperialismus Bestätigung und breite Anerkennung finden und zu ökonomischer und politischer Aktion führen;
- diese Tendenz wird verstärkt, weil die durch fortwährend vernachlässigten Umweltschutz potenzierten Umweltschäden die Produktionskosten exponentiell wachsen lassen und das Kapital Schadenersatz in erhöhter Ausbeutung sucht;
- vernachlässigter bzw. durch kapitalistische Organisation uneffektiver Umweltschutz der imperialistischen Länder verschiebt angesichts zunehmender Bewältigung von Umweltgefahren in den sozialistischen Ländern internationale Werturteile weiter zugunsten des Sozialismus;
- schließlich drohen den imperialistischen Ländern ökonomische und politische Sanktionen durch Weltorganisationen, wenn unzureichender Umweltschutz im Inland grenzüberschreitende, das heißt globale Auswirkungen hat. Die wachsende Präsenz und Entscheidungsgewalt der sozialistischen Länder in diesen Weltorganisationen, Ausdruck des sich verändernden Kräfteverhältnisses, sind nicht zuletzt von den Erfolgen dieser Länder bei der Lösung von Umweltfragen bestimmt.

Betrachtet man die bedrohlichen ökologischen Daten aus dieser Sicht, das heißt als Ausdruck und Bestandteil der allgemeinen Krise des Kapitalismus, so ist der in der Literatur vielfach falsch, weil systemneutral verwendete Begriff der Umweltkrise gerechtfertigt. Er bezeichnet dann die Tatsache, daß die mit fortschreitender Industrialisierung verbundene Belastung der natürlichen Umwelt *zwar allgemeinen Charakter trägt,* aber unter kapitalistischen Produktionsverhältnissen um *spezifische gesellschaftliche Ursachen* erweitert wird, einer gesetzmäßigen Verstärkung unterliegt und gemeinsam mit weiteren Faktoren schließlich die Beseitigung dieser Produktionsverhältnisse erfordert.

Das Kapital unterliegt innerhalb des erwähnten Ziel-Mittel-Konflikts dem ständigen Zwang, die objektiv notwendigen Bedingungen der Profitproduktion aufrechtzuerhalten bzw. sie den jeweils veränderten Situationen anzupassen. Die hierdurch zwangsläufig verstärkte Umweltkrise führt zu einer zusätzlichen Schwierigkeit: sie senkt nicht nur die Profitrate des gesellschaftlichen Gesamtkapitals, sondern vermittelt über ihre widerspruchsverschärfenden Wirkungen trägt sie maßgeblich dazu bei, den Fortbestand der kapitalistischen Produktionsweise überhaupt in Frage zu stellen.

Das ökonomische Grundgesetz des Kapitalismus schließt heute den Widerspruch ein zwischen *dem objektiven Interesse des Gesamtkapitals nach einer umweltgerechten und damit systemstabilisierenden Profitoptimierung* einerseits und dem unverändert als äußeres Zwangsgesetz wirkenden Trieb der Einzelkapitale nach Profitmaximierung andererseits.

Wie akut dieser Widerspruch geworden ist, verrät unter anderem der Appell des Staatssekretärs im BRD-Innenministerium, Dr. G. Hartkopf, an die Vertreter der Umweltausschüsse des Bundesverbandes der Deutschen Industrie (BDI): Jeder Unternehmer müsse überdenken, „ob er es sich überhaupt leisten kann, gegen sinnvolle Umweltschutzmaßnahmen zu opponieren. Gelingt die systemimmanente Lösung nicht oder nicht in absehbarer Zeit durch unseren überzeugenden Konsens, dann wird eine Regelung gegen unseren Willen unweigerlich im systemüberwindenden Rahmen stattfinden, in welchem für den freien Unternehmer kein Platz vorgesehen ist“.[3]

Diese richtige Erkenntnis zeichnet sich zwar in der vorgegebenen Zielstellung der staatsmonopolistischen Umweltpolitik ab, ihre Realisierung scheitert jedoch am Widerstreit der konkreten Umweltinteressen der Mächtegruppierungen innerhalb des Kapitals. Deshalb ist in diesem Zusammenhang auf den Umstand hinzuweisen, daß zwischen den Zielsetzungen staatsmonopolistischer Umweltpolitik und ihren Realisierungsbedingungen ein bedeutsamer Unterschied besteht. Bei der Festlegung der Ziele sind selbstverständlich die Interessen der herrschenden Klasse dominierend, allerdings ist dabei der Kampf der Arbeiterklasse und die Wirksamkeit anderer politischer Kräftegruppierungen von nicht zu unterschätzender Bedeutung. In diesem Sinne weisen die Zielsetzungen einen widersprüchlichen Charakter auf. Neben enggefaßten, vom Verwertungsinteresse geprägten Zielen enthalten sie auch Elemente, die reale Interessen werktätiger Schichten widerspiegeln.

Anders dagegen sieht es in der praktischen Umsetzung dieser Ziele aus. Hier sind die Einflußmöglichkeiten demokratischer Kräfte zwar ebenfalls gegeben, sie sind jedoch infolge der realen Machtstrukturen in Staat und Wirtschaft wesentlich geringer. Daraus folgt, daß wir unsere Aufmerksamkeit vor allem auf die Realisierungsbedingungen staatlicher Umweltpolitik konzentrieren müssen, denn hier vor allem werden die realen Machtverhältnisse wirksam, die für die tatsächlichen Effekte, die Möglichkeiten und Grenzen kapitalistischer Umweltpolitik bestimmend sind. Das verdient um so mehr hervorgehoben zu werden, als die gegenwärtig erkennbaren qualitativen und quantitativen Dimensionen des Monopolisierungsprozesses auch für die Umweltproblematik wesentliche Konsequenzen beinhalten. Wichtig ist dabei, daß die Macht der Monopole auf ihrer faktisch ausschließlichen Verfügungsgewalt der entscheidenden Produktionsmittel basiert, daß die Monopole praktisch ausschließlich über die umweltbelastenden gewaltigen modernen Produktivkräfte im Interesse ihres Profits gebieten und damit die Verursacher der Umweltkrise sind. Darüber hinaus sind es vor allem ihre, durch die verminderte Umweltqualität geprägten Verwertungsinteressen, die als gesamtgesellschaftliches Interesse artikuliert und über den Staat, selbst gegen den Widerstand auch zahlreicher kapitalistischer Einzelinteressen, durchgesetzt werden.

Schließlich sind es gerade die jeweils führenden Monopolgruppen, die kraft ihres Einflusses auf die staatliche Umweltpolitik Umweltschutzmaßnahmen umgehen bzw. durch unentgeltliche Aneignung der mit umverteiltem Lohn und Profit sanierten Umwelt monopolistische Profite realisieren. Dabei gewinnt die Tatsache wachsende Bedeutung, daß der immer stärker hervortretende transnationale Charakter der führenden Monopolgruppen diesen zusätzliche Möglichkeiten bietet, sich profitmindernden Umweltschutzmaßnahmen zu entziehen.

Vor allem aus diesen Gründen ist und bleibt das objektive Interesse des Gesamtkapitals am umweltgerechten Optimum der Profitproduktion eine abstrakte Größe und findet im Reproduktionsprozeß wenig Niederschlag. Das „gesellschaftliche Gesamtinteresse" ist im staatsmonopolistischen Kapitalismus keine mystische Institution im Sinne von A. Smith' „verborgener Hand", die aus der Vielfalt zwangsweiser Erfolgsinteressen der Einzelkapitale ein optimales und selbstregulierendes Gesamtsystem hervorzaubert; es ist schon gar nicht klassenlose Interessenharmonie, sondern wird auch hinsichtlich der Reproduktion der natürlichen Umwelt vom jeweiligen Interesse der jeweils führenden Monopolgruppen und von ihrem Zusammenwirken mit dem Staat repräsentiert.

Dieser harte Kern enthüllt das eigentliche Wesen der kapitalistischen Umweltproblematik wie auch allen bürgerlichen Umweltdenkens, dessen literarische Zeugnisse inzwischen Legion geworden sind. Aus diesem Grunde verzichten wir ganz bewußt auf eine Auseinandersetzung mit konzeptionell so wichtigen Arbeiten wie die des Clubs of Rome und andere konvergenztheoretisch angelegte Varianten dieser Problematik. Unser Anliegen konzentriert sich, ausgehend von der in der Gegenwart zu beobachtenden verstärkten Propagierung marktwirtschaftlicher Konzeptionen, auf diesen harten Kern staatsmonopolistischer Umweltrealität.

Die Verwertungsinteressen der führenden Gruppen des Finanzkapitals im engen Zusammenwirken mit ihrem Staat bestimmen die kapitalistische Umweltpolitik.

Diesen entscheidenden Tatbestand leugnet bzw. ignoriert die bürgerliche Ökonomie. Im wesentlichen versuchen die Vertreter aller ihrer Richtungen, die der kapitalistischen Marktwirtschaft angeblich inhärenten Optimalitätseigenschaften als auch für die Bewältigung des Umweltproblems ausreichend darzustellen. Unterschiedliche Auffassungen bestehen lediglich über Art und Umfang des umweltpolitischen Instrumentariums, mit dessen Hilfe das Preissystem als partiell gestörter Regulator korrigiert bzw. imitiert werden soll.

Annähernd allen in der Umweltdiskussion engagierten bürgerlichen Ökonomen ist eine mehr oder weniger ökonomistische Fragestellung gemeinsam, die meist Ausgangspunkt formaler, oberflächlicher Betrachtungsweise sowie bewußter oder unbewußter Demagogie und Apologie ist.

Auch aus diesem Grund ist es erforderlich, vor der weiteren Analyse der bürgerlichen Umweltökonomie die theoretische Position des Marxismus-Leninismus zur natürlichen Umwelt als politökonomischer Kategorie zu klären.

2. Die natürliche Umwelt als politökonomische Kategorie

2.1. *Die Umwelt als Naturkraft der Arbeit*

Marx bezeichnet als Kategorien der politischen Ökonomie „gesellschaftlich gültige, also objektive Gedankenformen für die Produktionsverhältnisse (einer) historisch bestimmten gesellschaftlichen Produktionsweise“.[4]

Entscheidend für die konkrete Form der Wechselbeziehungen zwischen Natur und Gesellschaft sowie für den Nutzen, den die Natur dem Individuum bei seiner Lebensreproduktion erbringt, sind die herrschenden Produktionsverhältnisse. Marx bezieht von vornherein die Natur in die Gesamtheit der gesellschaftlichen Beziehungen des Produktionsprozesses einer ökonomischen Gesellschaftsform, also in die Produktionsverhältnisse, ein: „Denn das Ganze dieser Beziehungen, worin sich die Träger dieser Produktion zur *Natur* und zueinander befinden, worin sie produzieren, dies Ganze ist eben die Gesellschaft, nach ihrer ökonomischen Struktur betrachtet.“[5]

Von den jeweiligen Produktionsverhältnissen hängen nicht nur die Art und Weise sowie der Grad der Herrschaft der Gesellschaft über die Natur, also deren Aneignung und Erhaltung ab, sondern auch der Anteil des einzelnen bei der Aneignung der Natur einerseits und an den Aufwendungen ihrer Erhaltung andererseits.

Die natürliche Umwelt ist vor allem deshalb eine Kategorie der politischen Ökonomie, weil die produktive Konsumtion äußerer Naturbedingungen stets an Produktionsmittel und damit an bestimmte Eigentumsverhältnisse gebunden ist. Der Mensch braucht ein „‚Gebild von Menschenhand‘, um Naturkräfte produktiv zu konsumieren. Ein Wasserrad ist nötig, um die Bewegungskraft des Wassers, eine Dampfmaschine, um die Elastizität des Dampfes auszubeuten“.[6]

Das Privateigentum monopolisiert nicht nur Grund und Boden mit den zugehörigen natürlichen Ressourcen, sondern auch die Elemente der natürlichen Umwelt, die auf Grund ihrer mechanischen, physikalischen, chemischen, biologischen usw. Eigenschaften als Naturkraft der Arbeit wirken und deren Produktivität erhöhen. Deshalb erscheinen unter kapitalistischen Produktionsverhältnissen „die naturbedingten Produktivkräfte der Arbeit als Produktivkräfte des Kapitals, dem sie einverleibt sind".[7] Ein volkseigener Betrieb der DDR wendet zum Beispiel genauso wie ein kapitalistischer in der BRD „Naturkräfte an, die ihm nichts kosten, die aber die Arbeit produktiver machen".[8]

Während jedoch die gesteigerte Arbeitsproduktivität im Sozialismus entsprechend dem Gesetz der Verteilung nach Arbeitsleistung in bestimmten Proportionen dem einzelnen Werktätigen und der ganzen Gesellschaft ein höheres materielles und kulturelles Lebensniveau erbringt, hilft sie im Kapitalismus „die Herstellung der für die Arbeiter erheischten Lebensmittel verwohlfeilern, den Mehrwert und daher den Profit erhöhen".[9]

Offenbar um die Mannigfaltigkeit der Umstände, die die Produktivkraft der Arbeit bestimmen, möglichst allseitig zu erfassen, verwendet Marx den Begriff der „Naturkraft der Arbeit" in zweifacher Hinsicht:
einerseits bezeichnet er damit die „gesellschaftlichen Naturkräfte der Arbeit, die aus Kooperation, Teilung etc. entspringen", also die Quelle der gesellschaftlichen Produktivkraft der Arbeit bilden[10];
andererseits spricht er von der „größren naturwüchsigen Produktivkraft der Arbeit, gebunden an die Benutzung einer Naturkraft . . ."[11]

Vermittels dieser naturwüchsigen Arbeitsproduktivität eignete sich das Kapital die entsprechenden Elemente der natürlichen Umwelt bzw. die von ihnen ausgehenden Naturkräfte als Teil des relativen Mehrwerts bisher weitestgehend unentgeltlich an. In der bürgerlichen Umweltökonomie wird die produktive Konsumtion natürlicher Umwelt im wesentlichen in zwei Formen erwähnt:

1. als Verbrauch natürlicher Ressourcen (Rohstoffe).

Dieser wirft angeblich keine besonderen sozialökonomischen Probleme auf, weil er entweder durch den Eigentümer des jeweiligen Naturstoffes selbst (Boden, Bergwerk, Gewässer usw.) oder durch Kauf von ihm realisiert wird, also kein Gemeingut berührt;

2. als Verbrauch der Umwelt im Sinne der Luft- und Wasserverschmutzung durch Abgabe von Abfällen.

Obwohl es sich dabei um „öffentliches" bzw. Gemeingut handelt, wird auch hier jegliche sozialökonomische Konsequenz umgangen, indem einmal diese Umweltelemente ausschließlich als Objekt individueller Konsumtion bzw. der „Wohlfahrt für die Gesellschaft als Ganzes"[12] aufgefaßt werden, zum anderen, indem die industrielle Produktion und die individuelle Konsumtion nahezu unterschiedslos als Quelle von Abfallprodukten definiert sind. So sieht zum Beispiel Frey im „Verzicht auf luftverschmutzende Produktion oder Autofahren" die für alle Individuen gleichermaßen zutreffende Alternative zur Umweltzerstörung.[13]

Wie später noch näher zu begründen ist, vernachlässigt bzw. unterschlägt die bürgerliche Ökonomie bewußt die klassenbedingten Unterschiede sowohl der Nutzung der natürlichen Umwelt als Produktions- oder Konsumtionsmittel als auch deren Belastung durch die Individuen, um Argumente für die Abwälzung der Kosten des Umweltschutzes auf die Werktätigen daraus abzuleiten.

2.2. *Erfordernisse der Reproduktion der Umwelt*

Unter natürlicher Umwelt (oder Biosphäre) verstehen wir die für das menschliche Leben im biologischen Sinn erforderliche Schicht aus Luft, Erde und Wasser, die unseren Planeten umgibt.

Damit wird abgegrenzt einerseits von der weiter gefaßten Definition dieses Begriffs in der Philosophie, die unter Umwelt alles außerhalb eines Individuums Befindliche versteht, andererseits von der Einengung dieses Begriffs im Sinne einer „bebauten Umwelt" oder seiner zum Beispiel im Marketing üblichen Verwendung für den Markt als „Umwelt des Unternehmens".

Die Elemente der natürlichen Umwelt können in der politischen Ökonomie, vom Standpunkt ihrer Rolle im gesellschaftlichen Reproduktionsprozeß betrachtet, nach drei Gruppen unterschieden werden:

a) Bodenschätze (oder natürliche Ressourcen)
Die Gewinnung dieser Arbeitsgegenstände erforderte schon immer gesellschaftlichen Arbeitsaufwand, der sich erhöht, wenn sich die Reserven dieser Naturgüter erschöpfen (Transportwege, Substitution, aufwendigerer Abbau usw.);

b) Luft, Wasser, Boden, Fauna und Flora
Diese Elemente sind sowohl Arbeitsgegenstand als auch Arbeitsmittel und wurden bis in die jüngste Vergangenheit für nahezu unerschöpflich gehalten. Gesellschaftliche Arbeit diente bestenfalls der erhöhten Fruchtbarkeit oder Produktivität einiger dieser Elemente, galt jedoch nicht der Erhaltung ihres Gebrauchswertes überhaupt;

c) Licht und Wärme der Sonne
Der Zustand der Biosphäre hat keinen unmittelbaren Einfluß auf die Sonne selbst. Jedoch ist die Atmosphäre tragendes Medium ihrer auf die Erde einwirkenden Energie und wirkt je nach Verschmutzungsgrad mehr oder weniger absorptiv. (Inversionsschichten, Smog usw.)

Die mit fortschreitender Industrialisierung einhergehende Belastung der natürlichen Umwelt überschritt vor allem seit Beginn der gegenwärtigen wissenschaftlich-technischen Revolution die qualitative Grenze der Selbstregenerierfähigkeit der Natur. Der zunehmend irreparable Charakter der verursachten Schäden an den verschiedenen Elementen der natürlichen Umwelt senkt die Produktivität und Effektivität der gesellschaftlichen Arbeit, gefährdet Leben und Gesundheit der Menschen und die Existenz von Leben auf der Erde überhaupt.

Hauptmerkmale der Umweltbelastung bzw. -zerstörung sind:

- Luftverschmutzung
- Verschmutzung und Aufheizung der Gewässer
- fortschreitende Urbanisierung
- Lärmentwicklung
- Müllbelastung der Städte
- radioaktive Strahlung
- Verseuchung der Atmosphäre und der Gewässer durch unsachgemäße Ablagerung von Giftmüll
- Erschöpfung der natürlichen Ressourcen.[14]

Aus diesem Grunde muß ein wachsender Teil der gesellschaftlichen Arbeit für die Reproduktion der natürlichen Umwelt eingesetzt werden.

Als Reproduktion der natürlichen Umwelt bezeichnen wir die Schaffung gesellschaftlicher, wissenschaftlicher und materiell-technischer Bedingungen für die bewußte Steuerung der Entwicklung der Biosphäre, also für die Vermeidung möglicher und die Beseitigung eingetretener Störungen des ökologischen Gleichgewichts.

Bei der Bestimmung der Erfordernisse der Umweltreproduktion unterscheiden wir

a) ökologische Erfordernisse:

Die Ökologie als Wissenschaft von den Wechselbeziehungen zwischen den Organismen und ihrer Umwelt (im Sinne von Milieu) untersucht den Kreislauf der Stoffe; sie erforscht die inneren Gesetzmäßigkeiten von Biogeozönosen, also Elementen, Systemen bzw. funktionellen Einheiten der Biosphäre, deren Lebensgesetze in der Einheit von lebenden und nichtlebenden Komponenten bestehen. Die Ökologie analysiert, welche Veränderungen der natürlichen Umwelt durch Anpassung ausgeglichen werden bzw. welche zu Schädigungen führen. Dabei liefert sie unter anderem Grenzwerte dafür, in welchem Umfang industrielle Schadstoffemissionen von der Natur selbst paralysiert werden können.

Da jeder Arbeitsprozeß eine gewisse Umweltbelastung verursacht, hängt von der exakten Ermittlung dieser Grenzwerte das objektive Maß der für die Umweltreproduktion erforderlichen gesellschaftlichen Arbeit ab. Wird die Selbstregenerierfähigkeit der Natur überbewertet, sind irreversible Schäden unausbleiblich; wird sie unterbewertet, ist Vergeudung gesellschaftlicher Arbeit die Folge.

Dieses enge Wechselverhältnis von Produktion und Umwelt wird häufig als „bioökonomisches System“ bezeichnet[15];

b) gesellschaftliche Erfordernisse:

Marx' Feststellung, daß die „Notwendigkeit, eine Naturkraft gesellschaftlich zu kontrollieren, damit hauszuhalten ..., die entscheidendste Rolle in der Geschichte der Industrie“ spielt, erfährt gegenwärtig eine dialektische Negation.[16] Mit der Entwicklung der Produktivkräfte und der damit einhergehenden stetigen Vergesellschaftung der Produktion trug die Aneignung von Naturkraft wesentlich zur Herausbildung der Industrie und mit ihr der kapitalistischen Produktionsweise bei. Die spezifisch gesellschaftliche Form dieser Aneignung von Naturkraft, die Unterwerfung unter das Profitprinzip, ließ von Anfang an einen Raubbau an der Natur wirksam werden. Bewegte er sich infolge des gegebenen Entwicklungsstandes kapitalistisch genutzter Produktivkräfte anfangs im wesentlichen noch innerhalb der Grenzen der Selbstregenerierbarkeit der Natur, so hat dieser Raubbau gegenwärtig Ausmaße angenommen, die auf eine Zerstörung der Umwelt hinauslaufen. Der kapitalistische Raubbau an der Umwelt, an den Naturkräften, führte zur heutigen Umweltkrise. Damit stellt sich die Frage des Haushaltens mit der Naturkraft und der gesellschaftlichen Kontrolle über sie in qualitativ neuer Weise. Aber heute geht es um die Erhaltung der natürlichen Umwelt gegen den Widerstand der gleichen Industrie und Produktionsweise, deren Herausbildung sie einst förderte.

Die Ablösung der historisch überlebten kapitalistischen Produktionsverhältnisse ist also oberstes gesellschaftliches Erfordernis der Umweltreproduktion überhaupt. Diese allgemeine Folgerung vom Standpunkt der Lebensinteressen der menschlichen Gesellschaft ist ein spezieller Ausdruck der Gesetzmäßigkeit des Übergangs vom Kapitalismus zum Sozialismus im Weltmaßstab. Gesellschaftliche Erfordernisse der Umweltreproduktion sind aber stets konkret und werden vom ökonomischen Grundgesetz der jeweiligen Produktionsweise bestimmt. Sie sind mit den allgemein-menschlichen Erfordernissen der Umweltreproduktion dann identisch, wenn Übereinstimmung der Produktionsverhältnisse mit dem Charakter der Produktivkräfte besteht, und sie widersprechen diesen Erfordernissen im Maße der Entfaltung des Widerspruchs zwischen dem Charakter der Produktivkräfte und den Produktionsverhältnissen. Während die Umweltreproduktion im Sozialismus immanenter Bestandteil der planmäßigen Entwicklung des materiellen und kulturellen Lebensniveaus des Volkes ist, dient sie im Kapitalismus in erster Linie der Aufrechterhaltung der objektiv notwendigen Bedingungen der Profitproduktion, einschließlich der Erhaltung des politischen Systems. Dabei stehen die konkreten Interessen des Kapitals nicht nur im vielseitigen Widerspruch zu den allgemein-menschlichen Erfordernissen der Umweltreproduktion, sondern oft auch zu jenen der kapitalistischen Produktionsweise selbst.

Aus dem unterschiedlichen Charakter der Erfordernisse der Umweltreproduktion in der sozialistischen und der kapitalistischen Gesellschaft folgt, daß es weder systemneutrale Mittel und Wege der Umweltreproduktion noch allgemeingültige Kriterien für einen gesellschaftlich-optimalen Entsorgungsgrad geben kann. Eine vollständige Beseitigung aller Umweltbelastungen dürfte nicht nur technisch unmöglich, sondern auch wirtschaftlich unvertretbar sein, da – wie erwähnt – die Biosphäre über eine bestimmte Selbstregenerierfähigkeit verfügt. Unter den Bedingungen einer auf gesellschaftlichem Eigentum an den Produktionsmitteln beruhenden Planwirtschaft ist es deshalb prinzipiell möglich und wird in den Ländern des realen Sozialismus auch zunehmend praktiziert, auf der Basis entsprechender ökologischer Parameter ein gesellschaftliches Optimum zwischen der Entwicklung des materiellen Lebensniveaus des Volkes und der Qualität der natürlichen Umwelt herzustellen. Dem stehen im Kapitalismus vor allem der Verwertungstrieb und Verwertungszwang der Einzelkapitale und die dem Kapitalismus eigenen antagonistischen Verteilungsverhältnisse zwischen Kapital und Arbeit entgegen.

Kennzeichnend für den formalen, die gesellschaftlichen Realitäten des Klassen- und Konkurrenzkampfes sowie der Monopolisierung ignorierenden Charakter der bürgerlichen Ökonomie sind die von ihren Vertretern verkündeten Auffassungen zur Ermittlung und Herstellung eines „gesamtwirtschaftlich-optimalen Entsorgungsgrades“. Folgt man der Vielfalt der Argumente, so geht es dabei im wesentlichen nur um geeignete Kosten-Nutzen-Vergleiche, die lediglich die Kenntnis der Vermeidungskosten einer Umweltbelastung und des von ihr ausgehenden volkswirtschaftlichen Schadens voraussetzten.[17] So wird die „gesellschaftlich wünschenswerte Quantität und Qualität der Umwelt“ zum Beispiel nach Frey von der „auf dem Markt geäußerten Wertschätzung der Umweltgüter seitens der Individuen“ (Präferenzen) abgeleitet. Indem nun zugrunde gelegt wird, daß eine Steigerung des „Sozialprodukts“ zu einer Verschlechterung und andererseits eine Erhöhung der Ausgaben für den Umweltschutz auf Kosten anderer Komponenten des „Sozialprodukts“

zu einer Verbesserung der Umweltqualität führt, gelangt er zu dem Schluß: „Die Aufwendungen für die Umwelt haben ihren optimalen Wert erreicht, wenn Grenzkosten und Grenznutzen einer Veränderung gleich sind. Die Grenzkosten des Umweltbudgets bestehen in der Verringerung desjenigen Teils des Sozialprodukts, der für Konsum und Investition übrigbleibt. Der Grenznutzen besteht in der Wirkung der durch das Umweltbudget finanzierten Maßnahmen zur Verbesserung der Umweltqualität."[18]

Solche, die bürgerliche Umweltökonomie charakterisierenden Modellkonstruktionen gehen an den bestehenden Realitäten völlig vorbei.

Das gilt einmal in dem Sinne, daß ein einfacher additiver Zusammenhang von Umweltschutzaufwand, Konsum und Investition unterstellt wird, der in dieser Form im Kapitalismus niemals existiert. Die Hervorhebung dieses Zusammenhangs läßt aber zugleich die Absicht, die damit verfolgt wird, deutlich hervortreten: Die Umweltaufwendungen sollen dazu herhalten, der Arbeiterklasse eine Zurückhaltung in den Lohnforderungen zu suggerieren.

Die dann folgende Charakterisierung der Grundkriterien marktwirtschaftlicher Umweltökonomie ist einmal insofern interessant, als damit bestätigt wird, daß das die Umweltkrise verursachende Profitprinzip als bestimmende Therapie verordnet wird. Zum anderen sind die hier angeführten Kategorien wie Preise, Kosten und Nutzen ihres sozialökonomischen Inhalts völlig entleert, weil die für ihre Funktion wesentlichen monopolistischen Machtstrukturen geleugnet werden und die entscheidende Frage, für wen Kosten entstehen und welcher Nutzen von wem realisiert wird, umgangen wird.

Schließlich ist darauf hinzuweisen, daß in der Gesamtaussage eine Wirtschaft unterstellt wird, die frei ist von Monopolen bzw. diese nur als Ausnahme anerkennt. Die tatsächlich herrschenden und hypertrophisch wachsenden monopolistischen Machtstrukturen lassen gerade auch für die Umweltpolitik ganz andere Bedingungen wirksam werden.

Was in der bürgerlichen Ökonomie als „gesamtwirtschaftlich-optimaler Entsorgungsgrad" bezeichnet wird, kann bestenfalls als ein dem mittleren Verwertungsbedürfnis entsprechender optimaler Entsorgungsgrad des Gesamtkapitals verstanden werden, der sich auf Grund der Interessendivergenz der Einzelkapitale über die verschiedenen Formen der monopolistischen Konkurrenz herausbildet. Da jedoch die Umweltreproduktion in erster Linie durch das Verwertungsinteresse des führenden Monopolkapitals bestimmt wird, handelt es sich in Wirklichkeit um einen monopolistisch-optimalen Entsorgungsgrad, der das mittlere Verwertungsbedürfnis des Gesamtkapitals und viel mehr noch die Umweltinteressen des Volkes in den Hintergrund treten läßt.[19]

Die imperialistischen Länder können durchaus beachtliche Teillösungen des Umweltschutzes erzielen, so zum Beispiel eine massenhafte Produktion von Umweltschutzmitteln. Diese Teillösungen sind jedoch stets Reflex der durch die antagonistischen Klassengegensätze beschränkten gesellschaftlichen Erfordernisse und bewirken in sich widersprüchliche Entsorgungseffekte.

Im Maße der Zunahme des politischen und ökonomischen Einflusses der demokratischen und sozialistischen Kräfte dieser Länder auf das gesellschaftliche Leben wandeln sich auch die gesellschaftlichen Erfordernisse der Umweltreproduktion in Richtung der prinzipiellen Lösung des kapitalistischen Umweltproblems.

2.3. *Wert und Preis der Umwelt*

Die exakte Bestimmung des Wertcharakters der natürlichen Umwelt ist einmal für das allseitige Erfassen der Umwelt als politökonomischer Kategorie bedeutsam und dient zugleich der Auseinandersetzung mit verfälschenden Interpretationen des Platzes der natürlichen Umwelt in der Marxschen Arbeitswerttheorie durch die bürgerliche Umweltökonomie.

Bei der Analyse der Ware nennt Marx unter anderem die Luft als Beispiel dafür, daß ein Ding Gebrauchswert sein kann, ohne Wert zu sein. Daraus schlußfolgern einige Vertreter der bürgerlichen Ökonomie, Marx habe der natürlichen Umwelt grundsätzlich keinen Wert zuerkannt. Deshalb sei die marxistische Auffassung vom Warenwert Ursache eines in der sozialistischen Planwirtschaft eingebauten Vorurteils gegen den Umweltschutz und veranlasse den Sozialismus, die natürliche Umwelt als wertloses oder „freies Gut“ zu behandeln.[20]

Der wie hier von Binswanger mehr oder weniger direkt durch die bürgerliche Ökonomie gegen Marx erhobene Vorwurf, die Rolle der natürlichen Umwelt nicht oder nicht genügend in der Reproduktionstheorie berücksichtigt zu haben, ist unbegründet. Die Belastung der natürlichen Umwelt war zu Marx' Lebzeiten niedrig und beeinträchtigte den Reproduktionsprozeß und den menschlichen Stoffwechsel so geringfügig, daß objektiv keine Notwendigkeit zur Ausarbeitung einer expliziten Theorie der Umweltreproduktion bestand. Jedoch bilden die ökonomischen Lehren von Marx im allgemeinen und Marx' sowie vor allem Engels' zahlreiche Untersuchungen über die Beziehungen zwischen Natur und Gesellschaft im besonderen ein sicheres Fundament für die Erklärung und Lösung gegenwärtiger und künftiger Umweltfragen.[21]

Ein Ding kann bekanntlich in zweierlei Hinsicht Gebrauchswert besitzen, ohne Wert zu sein: einmal, indem ein Produkt ein Bedürfnis seines Produzenten befriedigt, zum anderen in Gestalt der in der Natur frei vorkommenden Gebrauchswerte, wie saubere Luft, reines Wasser usw. – also immer dann, „wenn sein Nutzen für den Menschen nicht durch Arbeit vermittelt ist".[22]

Marx unterscheidet zwischen Produkt und Ding, da ein Gebrauchswert sowohl geschaffen als auch naturgegeben sein kann. Aber er unterstellt stets einen Gebrauchswert von bestimmter Qualität, der den seiner Bestimmung entsprechenden Nutzen auch tatsächlich verursacht. Verändert sich diese Qualität durch irgendwelche Umstände, so muß Ersatz erfolgen, um das Bedürfnis nach diesem Gebrauchswert befriedigen zu können. Solange beispielsweise die stoffliche Zusammensetzung der Luft aus Sauerstoff, Stickstoff und Edelgasen dem menschlichen Stoffwechselprozeß und den Anforderungen bestimmter Produktionsprozesse und -verfahren entspricht – ihr naturwüchsiger Gebrauchswert also innerhalb bestimmter Grenzen unverändert ist –, besitzt sie keinen Wert. (In schwachindustrialisierten Gebieten der Erde trifft dies durchaus auch gegenwärtig zu, verliert jedoch wegen des globalen Charakters der Biosphäre immer mehr an Gültigkeit.) Nimmt der Anteil an Schadstoffen wie Stäuben, giftigen Gasen usw. zu, so kann die Konsumtion des Gebrauchswertes der Luft in der erforderlichen Qualität nur noch durch Arbeit vermittelt werden. Gemäß dem damit entstandenen gesellschaftlichen Bedürfnis nach Erhaltung des Gebrauchswertes dieser Elemente der natürlichen Umwelt wird ein Teil der gesellschaftlichen Arbeit für deren Reproduktion aufgewandt. Das jeweilige Element als „Gebrauchswert oder Gut hat also nur einen Wert, weil abstrakt menschliche Arbeit in ihm vergegenständlicht oder materialisiert ist".[23]

Die Wertgröße der natürlichen Umwelt entspricht demzufolge dem gesellschaftlich-notwendigen Arbeitsaufwand für die Erhaltung bzw. Wiederherstellung ihres Gebrauchswertes. Gesellschaftlich-notwendiger Aufwand versteht sich hier: erstens im üblichen Sinn von „Arbeitszeit, erheischt, um irgendeinen Gebrauchswert mit den vorhandenen gesellschaftlich-normalen Produktionsbedingungen und dem gesellschaftlichen Durchschnittsgrad von Geschick und Intensität der Arbeit darzustellen".[24] Zweitens ist zu beachten, daß Marx stets von einem gesellschaftlichen Gebrauchswert mit historisch-spezifischem Charakter spricht.[25]

Obige Feststellung, daß die konkreten gesellschaftlichen Erfordernisse der Umweltreproduktion immer vom ökonomischen Grundgesetz der jeweiligen Produktionsweise bestimmt werden, gilt auch für den hierzu notwendigen Aufwand an gesellschaftlicher Arbeit. Wenn also die natürliche Umwelt durch den profitorientierten und anarchischen Charakter der kapitalistischen Produktion besonders stark belastet und geschädigt wird, so muß für die Erhaltung bzw. Wiederherstellung des Gebrauchswertes ihrer Elemente auch ein entsprechend großer Teil der gesellschaftlichen Arbeit aufgewandt werden und findet Anerkenntnis dieser historisch-spezifischen Gesellschaft.

Die Elemente der natürlichen Umwelt stellen für jede Nation einen Vorrat an produktiv und konsumtiv nutzbaren Gütern dar. Als spezifische Form des Nationalreichtums sind sie unter dem Begriff Metareichtum oder Metapotential in der marxistischen ökonomischen Literatur bekannt geworden. Die natürliche Umwelt wird dort als dritter Bestandteil neben den „reproduzierbaren wirtschaftlichen Gütern" und dem „akkumulierten Wissen" eingeordnet.[26]

Zur besseren Abgrenzung bezeichnen wir diesen Teil zunächst als das natürliche Metapotential.

Wie erwähnt, erfordert nicht nur die Gewinnung von Bodenschätzen, sondern in zunehmendem Maße auch die Erhaltung der als Naturkraft der Arbeit wirkenden Elemente der natürlichen Umwelt gesellschaftlichen Arbeitsaufwand. Während jedoch der Wert der Bodenschätze im Produktionsprozeß in die neuen Produkte und damit in den Produktwert eingeht, erhöhen die als Naturkraft der Arbeit wirkenden Elemente die Produktivität der Arbeit und vergrößern somit die Produktmasse.

Der potentielle Reichtum einer Nation an natürlicher Umwelt wird also erhalten bzw. erhöht

a) durch rationelle Verwendung der natürlichen Ressourcen, das heißt lückenlose Erkundung, rationelle Gewinnung und sparsamen Verbrauch an Primärrohstoffen sowie Gewinnung von Sekundärrohstoffen mittels Wiederverwendung der Produktions- und Konsumtionsabfälle („recycling");

b) durch Erhaltung der produktivitätssteigernden und den Stoffwechselprozeß des menschlichen Organismus gewährleistenden Eigenschaften der Elemente der natürlichen Umwelt, indem ein Teil der gesellschaftlichen Arbeit eingesetzt wird, um die Schadstoffemission, insbesondere der Industrie, innerhalb bestimmter Grenzen zu halten bzw. eingetretene Schädigungen zu beseitigen.

Beide Formen des natürlichen Metapotentials sind Bestandteil des Nationalreichtums. Es sollte jedoch auf Grund ihrer verschiedenartigen Rolle im Reproduktionsprozeß unterschieden werden zwischen

- Metapotential an natürlichen Ressourcen (Bodenschätze) und
- *ökologischem* Metapotential (Eigenschaften der Elemente der natürlichen Umwelt als Naturbasis der naturwüchsigen Produktivität der Arbeit).

Die vorliegende Analyse befaßt sich vorwiegend mit der Umweltreproduktion im Sinne der Erhaltung des *ökologischen* Metapotentials. Bezüge zum natürlichen Metapotential im umfassenden Sinn werden im Text expliziert. Zur Erhaltung des ökologischen Metapotentials sind entsprechende Entsorgungseinrichtungen wie Kläranlagen, Filter-, Kontroll- und Überwachungssysteme usw. erforderlich, die in ihrer Gesamtheit als *ökologische Infrastruktur* bezeichnet werden können. Entspricht diese den gesellschaftlichen Erfordernissen nach Umweltreproduktion in Gegenwart und Zukunft, so verkörpert die für die

Produktion und Reproduktion dieser ökologischen Infrastruktur aufgewandte Arbeitszeit die *Wertgröße* bzw. den „Erhaltungswert" des ökologischen Metapotentials.

Die *Preisbildung* für die Elemente der natürlichen Umwelt erfolgt auf zwei Wegen: Erstens ist wie bei jeder beliebigen Ware auch der Preis der Umwelt, sofern ihr Nutzen durch Arbeit vermittelt wird, *Geldausdruck* ihres Wertes und unterliegt bestimmten Modifikationen. Das trifft für die natürlichen Ressourcen ebenso zu wie für das ökologische Metapotential. Zweitens können die Elemente der natürlichen Umwelt im Kapitalismus einen Preis erhalten durch *Monopolisierung*.

Marx veranschaulicht am Beispiel des Wasserfalls die Allgemeingültigkeit seiner Darlegungen zur Differentialrente, wonach der Besitz einer der Erde anhaftenden Naturkraft als Bedingung hoher Produktivkraft dort angelegter Kapitale ein Monopol in der Hand ihres Besitzers bildet.[27] Der individuelle Produktionspreis der unter diesen monopolistischen Naturbedingungen produzierten Waren liegt *unter* dem gesellschaftlichen Produktionspreis, und der Grundeigentümer fängt die Differenz als Rente ab; „der so abgefangne Profit, der sich jährlich erneuert, kann kapitalisiert werden und erscheint dann als Preis der Naturkraft selbst".[28] Der Preis einer derart monopolisierbaren und monopolisierten Naturkraft ist ein „irrationeller Ausdruck, hinter dem sich ein reelles ökonomisches Verhältnis versteckt ... Dieser Preis ist nichts als die kapitalisierte Rente."[29]

Diese Wesensbestimmung des Preises einer Naturkraft versetzt uns in die Lage, die Realisierung von Monopolprofit aus unentgeltlicher Aneignung natürlicher Umwelt durch die führenden Monopole auch theoretisch zu begründen.

2.4. *Der Kapitalcharakter und die Monopolisierung der Umwelt*

Bevor Marx die Verwandlung von Surplusprofit in Grundrente behandelt, stellt er einleitend fest, daß die juristische Macht des Grundeigentums, über bestimmte Portionen des Erdkörpers als ausschließliche Sphäre ihres Privatwillens zu verfügen, nichts über den ökonomischen Effekt dieses Monopols aussagt. Es komme ihm deshalb darauf an, „den ökonomischen Wert, d. h. die Verwertung dieses Monopols auf Basis der kapitalistischen Produktion zu entwickeln“.[30]

Hier liegt der Ausgangspunkt einer weiteren *Analogie* zwischen der Marxschen Analyse der Grundrente, insbesondere der Differentialrente, und der Behandlung der natürlichen Umwelt als politökonomischer Kategorie. Auch hier kann zunächst von der Tatsache ausgegangen werden, daß die produktive Konsumtion der natürlichen Umwelt ausschließliches Monopol des Kapitals ist. Zu klären ist jedoch, worin der Kapitalcharakter der Umwelt konkret besteht und wie er sich ökonomisch verwertet.

Dabei wird vorerst einmal vom modernen kapitalistischen Monopol, von der Herrschaft des Finanzkapitals abgesehen, und ausschließlich davon ausgegangen, daß das Eigentum an den Produktionsmitteln das tragende und bestimmende Monopol der kapitalistischen Ausbeuterklasse als Ganzes ist. Unter diesem allgemeinen Blickwinkel stellt sich die Spezifik der kapitalistischen Verwertung der Umwelt folgendermaßen dar.

Einmal verwirklicht sie sich über das Monopol der kapitalistischen Bewirtschaftung des Grund und Bodens, inklusive der an diesen gebundenen natürlichen Ressourcen. Hier handelt es sich darum, daß dieser wesentliche Teil der Umwelt unmittelbar Arbeitsmittel und Arbeitsgegenstand wird und die an Grund und Boden gebundenen natürlichen Ressourcen als reale Elemente des jeweiligen Kapitals fungieren. Ihre Verwertung erfolgt in doppelter Weise, sie ist einerseits allgemeine Produktivitätsgrundlage aller dieser Kapitale und bildet andererseits, bei Vorhandensein günstigerer Bedingungen der genutzten natürlichen Ressourcen, die Basis von Extraprofiten, die die unter Ausnutzung dieser Bedingungen fungierenden Kapitale realisieren.

Die entscheidende Form kapitalistischer Verwertung der Umwelt ist jedoch darin zu sehen, daß jeder kapitalistische Produktionsprozeß über die Elemente des produktiven Kapitals zugleich ökologisches Metapotential konsumiert, das als Naturkraft der Arbeit deren Produktivität naturwüchsig erhöht: „Der Fabrikant zahlt die Kohlen, aber nicht die Fähigkeit des Wassers, seinen Aggregatzustand zu ändern, in Dampf überzugehn, nicht die Elastizität des Dampfs usw.“[31] Das Monopol an kapitalistischer Bewirtschaftung erscheint hier in Form des an das Privateigentum an Produktionsmitteln gebundenen Monopols der produktiven Konsumtion ökologischen Metapotentials.

Wie Marx betont, „können Naturkräfte, die nichts kosten, als Agenten dem Produktionsprozeß mit stärkrer oder schwächrer Wirksamkeit einverleibt werden".[32] In diesem Sinn wirkt das ökologische Metapotential als eines der dem Kapital einverleibten Produktionselemente, „deren Dehnung, innerhalb gewisser Grenzen, von der Größe des vorgeschoßnen Geldkapitals unabhängig ist".[33]

Diese an die spezifisch kapitalistische Nutzung der Produktionsmittel gebundene Verwertung des ökologischen Metapotentials schließt sowohl dessen Verwendung als notwendiges Element bestimmter Produktionsprozesse ein, wie auch seine Nutzung als Medium zur Aufnahme nicht verwertbarer Abfälle und Rückstände dieser Produktionsprozesse.

Die Art und Weise dieser kapitalistischen Verwertung der Umwelt läßt zugleich deutlich werden, daß sie mit der raschen Entwicklung der kapitalistisch genutzten Produktivkräfte zu einer quantitativ und qualitativ eskalierenden Belastung und schließlich zur Zerstörung der Umwelt führen muß.

Die objektiv bedingte Unterwerfung dieser Produktivkräfte unter den kapitalistischen Ziel-Mittel-Konflikt hat zur Folge, daß der kumulative Raubbau am ökologischen Metapotential zu einem charakteristischen Wesenszug des modernen Kapitalismus wird.

Schließlich wird die natürliche Umwelt in dem Sinne Verwertungsfeld des Kapitals, daß die Beseitigung bzw. Einschränkung der Umweltschäden infolge ihrer negativen Folgen für die Kapitalverwertung unabdingbar wird. Die natürliche Umwelt wird hier zur Anlagesphäre des Kapitals der Umweltindustrie.

Für diese Kapitale fungiert die Umwelt als Arbeitsgegenstand, das heißt als Element des konstanten Kapitals. Dieser spezifische Charakter der natürlichen Umwelt ist unmittelbar bei der Entsorgungsindustrie und mittelbar bei der Umweltgüterindustrie gegeben.

Der Kapitalcharakter der natürlichen Umwelt besteht also letztlich darin, daß unter kapitalistischen Produktionsverhältnissen die von den konkreten Formen unabhängige Universalität des Privateigentums an den Produktionsmitteln das Monopol an kapitalistischer Bewirtschaftung der Umwelt einschließt.

Die charakterisierten spezifischen Formen der kapitalistischen Verwertung der natürlichen Umwelt bestimmen die grundlegenden gesellschaftlichen Bedingungen der Umweltkrise im gegenwärtigen Kapitalismus. Sie äußern sich vor allem darin, daß sich der den Kapitalismus charakterisierende Grundwiderspruch immer stärker auch unmittelbar in den Mensch-Umwelt-Beziehungen entfaltet. Nicht der anthropozentrische Anspruch der Menschen, der mit den Naturgesetzen in Konflikt geraten ist,[34] sondern der Verwertungsmechanismus, dem der Stoffwechselprozeß Mensch – Natur unterworfen ist, hat also die Umweltkrise verursacht.

Zum Unterschied von den natürlichen Ressourcen, die von vornherein Attribut des Privateigentums an Grund und Boden sind, steht das ökologische Metapotential formal jedem Glied der Gesellschaft unabhängig von seiner Klassenzugehörigkeit zur Verfügung. Da seine produktive Konsumtion jedoch an die in Privateigentum befindlichen Produktionsmittel gebunden ist, erhöht es als Naturkraft zwar die Produktivität der von der Arbeiterklasse verausgabten Arbeit, aber die dadurch vergrößerte Produktmasse eignet sich das Kapital in Gestalt des relativen Mehrwerts unentgeltlich an. Diese Begründung führt die Anwendung des Begriffs der „öffentlichen Güter" auf die Umwelt ad absurdum.

Das Monopol an kapitalistischer Bewirtschaftung der Umwelt drückt also einmal die Klassengrenzen zwischen Bourgeoisie und Proletariat in den Mensch-Umwelt-Beziehungen aus.

Es beinhaltet aber gleichzeitig ein Moment der Konkurrenz innerhalb der Bourgeoisie – das Streben der Einzelkapitale nach Surplusprofit aus Naturkraft.

Die produktive Konsumtion von ökologischem Metapotential steigert zwar die Produktion relativen Mehrwerts und damit die allgemeine Profitrate, aber: „Diese Monopolisierung der Naturkräfte, d. h. der durch sie bewirkten Steigerung der Arbeitskraft, ist allem Kapital gemeinsam ... sie schafft keinen Surplusprofit, der eben im Überschuß des individuellen Profits über den Durchschnittsprofit besteht."[35] Im Zusammenhang damit, aber doch deutlich davon unterschieden, steht die monopolistische Nutzung besonderer, das heißt nicht allen Kapitalen zur Verfügung stehender Naturkräfte. Marx wählte den Wasserfall als Beispiel der „klassischen“ Form einer monopolisierbaren Naturkraft, die „nur denen zur Verfügung steht, die über besondre Stücke des Erdbodens und seine Appartenentien zu verfügen haben“.[36] Die dadurch bedingte Differenz zwischen dem individuellen Produktionspreis dieses Einzelkapitals und dem allgemeinen Produktionspreis der in diesem Zweig angelegten Kapitale bildet den Surplusprofit, der nicht dem Kapital selbst entspringt, sondern der monopolistischen Anwendung einer Naturkraft durch das Kapital.

Das ist insofern von prinzipieller Bedeutung, als hier erkennbar wird, daß der Kapitalismus die kapitalistische Verwertung der natürlichen Umwelt zugleich auch zu einem Feld des kapitalistischen Konkurrenzkampfes werden läßt. Unabhängig vom konkreten Ausgang dieses Kampfes für die jeweils beteiligten Kapitale dürfte daher regelmäßig die natürliche Umwelt zu den Verlierern zählen.

War die Möglichkeit der Realisierung von Surplusprofit durch Monopolisierung von Naturkraft im Kapitalismus der freien Konkurrenz ursprünglich hauptsächlich an das Grundeigentum gebunden, so mußte sich das zwangsläufig in dem Maße verändern, wie sich durch kapitalistische Anwendung des wissenschaftlich-technischen Fortschritts die zweckgerichtete Ausnutzung der Naturgesetze entwickelte.

Der damit verbundene Prozeß zunehmender quantitativer und qualitativer Eingriffe in die natürliche Umwelt und ihre Realisierung in Gestalt von Extraprofiten münden schließlich in die für die Gegenwart charakteristische Form monopolkapitalistischer Verwertung der natürlichen Umwelt.

Mit dem Eintritt des Kapitalismus in sein monopolistisches Stadium, besonders aber mit der Herausbildung des Staatsmonopols, erweiterten sich Rahmen und Grad der ökonomischen Verwertung des Monopols an natürlicher Umwelt. Diese Entwicklung zeugt vom historischen Wandel des „reellen ökonomischen Verhältnisses“, das Marx als gesellschaftliche Basis der Preisbildung einer monopolisierbaren Naturkraft erkannte – das Staatsmonopol ergänzt das Monopol an kapitalistischer Bewirtschaftung der Umwelt und wird immer mehr zur bestimmenden Form monopolistischer Aneignung von Naturkraft.

Das moderne kapitalistische Monopol basiert bekanntlich auf

der Verfügungsgewalt über die Masse der entscheidenden, hochkonzentrierten Produktionsmittel, zum Unterschied von der bloßen Monopolisierung exklusiver natürlicher Bedingungen im Rahmen der freien Konkurrenz. Allein dieser Tatbestand macht deutlich, daß die kapitalistische Form des Stoffwechselprozesses Mensch – Natur eine neue Stufe erreicht hat. Dazu kommt noch, daß die gewaltigen wirtschaftlichen und wissenschaftlich-technischen Potenzen der führenden Monopole eine ungleich intensivere Nutzung der natürlichen Ressourcen und des ökologischen Metapotentials ermöglichen. Hier sei nur darauf verwiesen, daß die Umweltbelastung durch die Monopolgiganten der Chemie, der Metallurgie usw. geradezu symbolisch für die Umweltkrise ist. Zugleich bringt die Verschmelzung dieser mächtigsten Monopolgruppen mit dem Staat eine neue Qualität des Monopols an produktiver Konsumtion ökologischen Metapotentials hervor. Die umweltrelevanten Formen dieser Verschmelzung sind vielgestaltig. Ohne Anspruch auf Vollständigkeit sei hier nur darauf verwiesen, daß die staatlich festgesetzten Grenzwerte für die Umweltbelastung maßgeblich von den Vertretern der entsprechenden Industriemonopole beeinflußt werden.[37] In der gleichen Richtung liegt der Einsatz staatlicher Mittel zur Reproduktion der natürlichen Umwelt. Sie ist ebenfalls Prioritäten unterworfen, die von den herrschenden Monopolen gesetzt werden. Galt das ökologische Metapotential früher als ein allem Kapital gemeinsames Monopol an Naturkräften, so verwandelt es sich heute immer mehr zum Monopol einiger führender Kapitalgruppen und erbringt ihnen Surplusprofit. Der Staat gewährleistet diesen Unternehmen bevorzugte Bedingungen der produktiven Konsumtion von Metapotential wie Standortvorteile, Subventionen ökologischer Infrastruktur, Steuervergünstigungen, Mitsprache bei der Umweltschutzgesetzgebung u. ä.

Der ökonomische Effekt dieses Staatsmonopols an ökologischem Metapotential besteht darin, daß die in die Umweltreproduktion investierte gesellschaftliche Arbeit vorwiegend durch direkte und indirekte Besteuerung der Werktätigen sowie durch Umweltschutzmaßnahmen oder an den Staat abgeführte Emmisionsgebühren der nichtmonopolisierten Unternehmen aufgebracht wird, während die führenden Monopole das gesellschaftlich reproduzierte ökologische Metapotential mit überdurchschnittlicher Intensität und weitestgehend unentgeltlich produktiv konsumieren.[36] Der aus dem Staatsmonopol an ökologischem Metapotential resultierende Surplusprofit ist demzufolge seinem Wesen nach umverteilter Lohn und Profit. Diese Umverteilung dient jedoch nicht nur nicht der Umweltreproduktion, sondern wird ihr in Form des Monopolprofits entzogen und verstärkt durch die Rückwandlung dieses Profits in Kapital die Umweltbelastung.

Kapitalcharakter und Monopolisierung der natürlichen Umwelt weisen unter Berücksichtigung aller bisherigen Ausführungen auf zwei grundlegende Schlußfolgerungen hin:

1. Der dem kapitalistischen Reproduktionsprozeß auf Grund des Profitzwangs zugrunde liegende Ziel-Mittel-Konflikt zwingt jedes Kapital dazu, die natürliche Umwelt ausschließlich unter Verwertungsgesichtspunkten zu betrachten und zu behandeln. Der Verwertungszwang als beherrschendes Prinzip, insbesondere in seiner spezifischen monopolkapitalistischen Ausprägung, pervertiert den Stoffwechselprozeß Mensch – Natur und bringt die kapitalistische Umweltkrise hervor. Die aus profit- und systemstabilisierenden Gründen eingeleiteten Umweltschutzaktivitäten sind dadurch charakterisiert und in ihrer Wirkung begrenzt, daß sie ebenfalls dem die Krise verursachenden Verwertungszwang unterworfen sind.

2. Das Monopol an kapitalistischer Bewirtschaftung der Umwelt ist ein wesentliches Moment der Profitproduktion. Die Naturkraft ist jedoch nicht Quelle von Profit und Surplusprofit, sondern nur deren Naturbasis, indem sie Naturbasis der erhöhten Produktivkraft der Arbeit darstellt.[39] Quelle des aus der produktiven Konsumtion von Naturkraft hervorgehenden Profits ist stets die Arbeit. Es handelt sich also nicht um eine „Gabe der Natur", sondern um die mittels Naturkraft produktivere Arbeit, die auf dem Weg der Monopolisierung der Umwelt vom Kapital unentgeltlich angeeignet wird:

Einmal erhöht die produktive Konsumtion ökologischen Metapotentials als Naturkraft der Arbeit deren naturwüchsige Produktivität. Das steigert bei jedem Kapital die Produktmasse und verwohlfeilert die Herstellung der für die Reproduktion der Arbeitskraft erforderlichen Existenzmittel, was zu vermehrter Produktion relativen Mehrwerts und größerer Profitmasse führt.

Zum anderen können die führenden Monopolgruppen das ökologische Metapotential nicht nur intensiver, sondern vor allem weitestgehend kostengünstiger produktiv konsumieren. Quelle ihres Profits ist nicht die allem Kapital gemeinsame naturwüchsige Produktivität der Arbeit schlechthin, sondern die als Einsparung von Umweltschutzkosten erscheinende Privatisierung der für die Reproduktion des von ihnen konsumierten ökologischen Metapotentials aufgewandten gesellschaftlichen Arbeit.

Den Kapitalcharakter der natürlichen Umwelt im Sinne der produktiven Konsumtion von Naturkraft versucht die bürgerliche Ökonomie zu verwässern. Die Umwelt wird in den meisten Fällen – ähnlich der materiellen Infrastruktur –, als *Volksvermögen* definiert, aus dem sich schlechthin „Erträge in Form produktiver und konsumtiver Nutzung ergeben“.[40]

Bei Frey ist die Umwelt zwar als „ökologischer Kapitalbestand“ aufgefaßt, allerdings in dem Sinne, daß ihre Belastung durch Abfälle und dergleichen einem *Kapitalverzehr* gleichzusetzen ist, wenn dem verursachenden Einzelkapital Kosten, etwa durch Abführen von Gebühren, Steuern, Strafen usw., entstehen.[41] Scheinbar extrem widersprüchlich sind die Auffassungen der bürgerlichen Ökonomie zur Existenz oder Nichtexistenz monopolistischer Verfügungsgewalt über die Umwelt. Während die eine Richtung die Umwelt als Allgemeingut proklamiert, fordert die andere, daß ausschließlich der *Staat* das Recht auf Nutzung der Umwelt für sich beansprucht. Näher betrachtet unterscheiden sich beide Richtungen insofern nicht, als erstere die These vom „öffentlichen Gut“ im Interesse der Verteidigung der Doktrin von der „freien Marktwirtschaft“ offenbar vorwiegend rhetorisch verstanden wissen will und letztere das staatliche Monopol nur als Ordnungsfaktor einer ebenfalls „marktwirtschaftlichen Lösung“ versteht.

Unter Berufung auf Dales[42] schlägt zum Beispiel Siebert vor, der Staat solle die Menge der für eine bestimmte Periode zulässigen Schadstoffe festlegen und in Höhe dieser Menge sogenannte „marktfähige Verschmutzungsrechte“ (Nutzungstitel für die Umwelt, Umweltzertifikate u. a. m.) auf dem offenen Markt, ähnlich einer Börse, gegen Höchstgebot abgeben. Der Besitzer eines solchen Zertifikates könnte dann in Höhe der erworbenen Verschmutzungsrechte Schadstoffe in die Umwelt emittieren.[43] Über den Handel mit Umweltzertifikaten regele sich somit automatisch die Schadstoffemission nach einem vom Staat „irgendwie bestimmten" Optimum.[44]

Da bisher keine dieser Empfehlungen in der Praxis erprobt worden ist, kann und braucht auf ihre Wirksamkeit nicht eingegangen werden. Aber bereits ihr Ansatz zeigt, daß die im Modell vorausgesetzten Bedingungen von den wirklichen Markt- und Machtverhältnissen der entwickelten kapitalistischen Länder weit entfernt sind. Sie ignorieren nicht nur den gesamtgesellschaftlichen Monopolisierungsprozeß und den Klassencharakter des imperialistischen Staates im allgemeinen, sondern die auch in der Umweltpolitik relevante Interessenverschmelzung zwischen Staat und führenden Monopolgruppen.

3. Der Widerspruch zwischen der Konzeption einer „marktwirtschaftlichen Lösung“ des kapitalistischen Umweltproblems und den Realitäten staatsmonopolistischer Umweltpolitik und -praxis

3.1. *Das Umweltproblem in der bürgerlichen Ökonomie*

Wir hatten eingangs erwähnt, daß die eigentliche Ursache des kapitalistischen Umweltproblems in dem dieser Produktionsweise immanenten Ziel-Mittel-Konflikt begründet liegt. Die Welle schnellen wirtschaftlichen Wachstums nahezu aller entwickelter kapitalistischer Länder vor allem in den vergangenen zwei Jahrzehnten war nichts anderes als eine überdurchschnittlich lange Periode verstärkter Kapitalakkumulation, um die sinkende Tendenz der Profitrate durch eine ständig wachsende Profitmasse zu kompensieren. Als begünstigende Faktoren wirkten neben den Nachkriegsbedingungen die verstärkte Ausplünderung der Entwicklungsländer, ihrer Rohstoff-, Arbeitskräfte- und Absatzmärkte und insbesondere die Konsumenten- bzw. Wohlstandsideologie. Die bürgerliche Ökonomie konnte in dieser Zeit nahezu risikolos das vermeintlich unüberwindliche und erfolgreiche „freie Spiel der Kräfte“, genannt „freie oder soziale Marktwirtschaft“, beliebig interpretieren und oft recht ideologiewirksam als Scheinalternative zum Sozialismus postulieren.

Aber bereits zu dieser Zeit widerlegte die marxistisch-leninistische politische Ökonomie die frohlockenden Behauptungen bürgerlicher Ökonomen, die langanhaltende Konjunktur sei der Beweis, daß die von Marx entdeckten Gesetze der Akkumulation, der Reproduktion und Wirtschaftskrisen ihre aktuelle Gültigkeit verloren hätten. So konnte beispielsweise schon damals in der marxistischen Literatur über das unveränderte Wirken des Widerspruchs zwischen der Ausdehnung der Produktion und der Kapitalverwertung nachgelesen werden. Jedoch gesellte sich zu den Faktoren der gesetzmäßig wachsenden organischen Zusammensetzung des Kapitals als gewissermaßen klassischer Ursache des Sinkens der Profitrate immer mehr ein neuer Faktor: die Zerstörung der natürlichen Umwelt.

Nicht nur die steigenden Kosten der unter anderem durch kapitalistischen Raubbau sich verteuernden Rohstoffe senken die Profitrate, sondern auch der schwindende Effekt unentgeltlicher Aneignung produktivitätssteigernder Naturbedingungen, die wir am Beispiel der „naturwüchsigen Produktivkraft der Arbeit“ als Funktion des ökologischen Metapotentials oben erläutert haben.

Im Interesse seiner höheren Verwertung mußte demzufolge bei jeder Investition ein Teil des akkumulierten Kapitals für den Umweltschutz verwendet werden, um zumindest den Grad der bereits erreichten Umweltschädigung nicht noch weiter zu erhöhen. Dies wäre jedoch mit einer für das gegebene Einzelkapital zunächst unproduktiven Vergrößerung des konstanten Kapitals verbunden und würde über die höhere organische Zusammensetzung dessen individuelle Profitrate mit allen Konsequenzen für den Konkurrenzkampf senken. Abgesehen vom Aspekt der angestrebten Systemstabilisierung trifft dies natürlich auch für das Gesamtkapital und dessen durchschnittliche Verwertung zu, was wiederum die internationale Konkurrenzfähigkeit des jeweiligen Landes negativ beeinflußt.

Dieser Ziel-Mittel-Konflikt hat jedoch noch weiterreichende Konsequenzen, wenn die Erfordernisse der Umweltreproduktion aus der Sicht des bestehenden Grundwiderspruchs zwischen Kapital und Arbeit betrachtet werden. Die Werktätigen, besonders die Arbeiterklasse, bezeichnet als „untere Einkommensschichten“, sind von der verminderten Umweltqualität besonders schwer betroffen. Die Erhaltung ihrer Gesundheit als Grundvoraussetzung des Verkaufs und der Funktion ihrer Arbeitskraft erfordert einen zunehmend größeren Aufwand. Die Reproduktionserfordernisse der Ware Arbeitskraft steigen und damit ihr Wert, was bei entsprechenden Bedingungen zum Sinken der Profitrate beitragen kann. Dieses Verschmelzen der Ökonomie des konstanten Kapitals mit der des variablen Kapitals bewirkt, daß die aus unterlassenem Umweltschutz eingesparten Kosten auf der anderen Seite zu höheren Kosten als Folge verminderter Umweltqualität führen. Es gibt bereits Beispiele, daß Lohnforderungen mit erhöhtem Aufwand für die Abwendung von gesundheitlichen Schäden aus der verschmutzten Umwelt begründet werden.

Hinzu kommt, daß die kapitalistischen Unternehmen in der

Regel erfolgreich bemüht sind, jegliche Kosten aus gesetzlich geforderten Umweltschutzmaßnahmen auf den Endverbraucherpreis, also vornehmlich auf die Masse der Werktätigen abzuwälzen; das aber ist nur eine andere Seite des gleichen Ziel-Mittel-Konflikts der kapitalistischen Produktionsweise, in der, wie Marx betont, die Konsumtionsbeschränkung der Massen auf Basis antagonistischer Distributionsverhältnisse die letztendliche Schranke der Produktion bildet.[45] Dieser Zusammenhang von Umwelt- und Überproduktionskrise macht zugleich einen Aspekt der inneren Verbindung des Komplexes der Krisenerscheinungen deutlich, die die gegenwärtige Entwicklung der allgemeinen Krise des Kapitalismus kennzeichnet. Natürlich wirkten alle diese inneren Widersprüche auch in den zurückliegenden zwei Jahrzehnten; die Schädigung der natürlichen Umwelt ist ebensowenig eine Erscheinung der letzten fünf Jahre wie ihre ökonomischen Auswirkungen auf den Reproduktionsprozeß und auf die soziale Lage der Arbeiterklasse und anderer Werktätiger. Aber die langwährende Expansion des Waren- und Kapitalexports, der billige Rohstoffimport, die durch Massenkonsum und Wohlstandsideologie bewirkte soziale Befriedung, gewisse Effekte der staatsmonopolistischen Regulierung und andere Ursachen ermöglichten die zeitweilige und teilweise Lösung dieser Widersprüche und Konflikte bzw. verhinderten ihre Zuspitzung. Heute liegt eine veränderte Situation vor, die auch die bürgerliche Ökonomie nach neuen Wegen der Anpassung suchen läßt. Vor allem wegen seines äußerst systemgefährenden Charakters gehört das Umweltproblem zu den vordringlichen Aufgaben, die ihr im Interesse der Sicherung der kurz- und langfristigen Kapitalverwertung gestellt sind.

In verstärktem Umfang werden ökologische Parameter in die bestehenden Theorien sowie bei Analysen und Kostenrechnungen einbezogen. Das Kreislaufmodell, die Input-Output-Analyse und andere Methoden zur Erfassung und Darstellung des gesamtwirtschaftlichen Reproduktionsprozesses werden intensiv auf ihre Eignung untersucht, zum ökonomisch-ökologischen Gesamtsystem weiterentwickelt zu werden.

Die historischen Wurzeln dieser umweltökonomischen Betrachtungen reichen bis Malthus, Sombart, Pigou und andere zurück, während als Begründer der heutigen Auffassungen im allgemeinen K. W. Kapp mit seiner Theorie der „Social costs" angesehen wird. Er versteht darunter „alle direkten und indirekten Verluste, die Drittpersonen oder die Gesamtheit als Folge der privaten Wirtschaftstätigkeit erleiden".[46] Kapp subsumiert neben den Kosten aus Umweltbelastung auch die gesundheitliche Beeinträchtigung der Arbeitskräfte, die Monopolpreisbildung, die „technologisch bedingte" Arbeitslosigkeit, den Effektivitätsverlust der Wissenschaft und andere Erscheinungen unter den Begriff der Sozialkosten und gelangt zu dem Schluß: „Der Kapitalismus muß in der Tat als eine Wirtschaft der unbezahlten Kosten bezeichnet werden; ‚unbezahlt', weil ein wesentlicher Teil der wirklichen Produktionskosten nicht in die Kalkulation der Unternehmungen eingeht; statt dessen werden die Kosten auf Drittpersonen oder die Gesellschaft als Ganzes abgewälzt."[47]

Obwohl Kapp in weiteren Arbeiten immer wieder betont, daß die Aufrechterhaltung lebensnotwendiger ökologischer Gleichgewichte dem Marktsystem nicht immanent ist, bleiben systemüberwindende Konsequenzen aus. Vielmehr verliert er sich in der unverfänglichen und auf Schönheitskorrektur abgestellten Forderung, diese Umweltziele müßten daher „von außen, d. h. von der Gesellschaft in das Wirtschaftssystem eingebaut werden".[48] Nachdem Kapp eine Reihe der hierfür relevanten Schritte aufgezählt hat, fordert er abschließend die „Entwicklung von wirksamen wirtschaftspolitischen Maßnahmen zur Verwirklichung dieser Ziele".[49] Damit wird deutlich, daß sich Kapp von den anderen Vertretern der Marktwirtschaft lediglich darin unterscheidet, daß er die Selbstregulierfähigkeit des Marktes in Umweltfragen *offen* ablehnt, an die die anderen sowieso nicht ernsthaft glauben!

Es kann nicht Aufgabe dieser Arbeit sein, die Vielfalt der dogmengeschichtlichen Quellen und gegenwärtigen Auffassungen der bürgerlichen Ökonomie zur Stellung der natürlichen Umwelt im gesellschaftlichen Reproduktionsprozeß zu systematisieren oder gar umfassend darzulegen.[50] Eine geschlossene, die Hauptrichtungen der bürgerlichen Ökonomie überspannende „Umweltökonomie" existiert nicht. Wenn dieser Begriff verwendet wird, dann als Synonym für alle umweltbezogenen Auffassungen, Theorien usw. der bürgerlichen Ökonomie. Außerdem spielen oft wahltaktische Interessen der meist parteigebundenen

Vertreter der bürgerlichen Ökonomie bei der jeweils konkreten Aussage umweltökonomischer Arbeiten eine nicht unwesentliche Rolle. So wendet sich Alfred Müller-Armack im Rahmen einer der sogenannten „Neuen sozialen Frage" gewidmeten Artikelserie gegen die vom SPD-Modell des „demokratischen Sozialismus" gekennzeichnete Wirtschaftspolitik der Bonner SPD/FDP-Koalition, weil sie „antimarktwirtschaftliche Elemente" beinhalte. Er meint damit den vom SPD-Reformprogramm ausgehenden sozialpolitischen Ordnungsrahmen, dessen Mittelpunkt die Konzeption von der neuen „Qualität des Lebens" bildet. Diese Wirtschaftspolitik sei Ursache der gegenwärtigen Wirtschaftskrise. Als Alternative zu den von der SPD versprochenen sozialpolitischen Zielen verweist er auf die von ihm seit längerem konzipierte „zweite Phase der Sozialen Marktwirtschaft", in der viele der von der SPD angestrebten Maßnahmen in einer „marktwirtschaftlich kompatiblen Form" verwirklicht werden könnten. Unter den acht genannten Zielen rangiert der Umweltschutz an erster Stelle.[51] Abgesehen von Unterschieden im Detail behandelt die CDU-Linie der „Neuen Sozialen Frage" im Rahmen einer „zweiten Phase der Sozialen Marktwirtschaft" das Umweltproblem ebenso wie die SPD-Linie von der „Neuen Qualität des Lebens" im Rahmen des „demokratischen Sozialismus" – nämlich kapitalistisch bzw. staatsmonopolistisch.

Neben rein pragmatischen, vorwiegend ökonomistischen Konzeptionen, die sich in erster Linie mit Modellen der Zurechnung bzw. Abwälzung umweltbedingter Kosten befassen, überwiegt die Tendenz, das Umweltproblem auf die Beschreibung von Oberflächenerscheinungen zu reduzieren. Selbst die erwähnte Forderung der bürgerlichen Ökonomie nach einer *politischen* Ökonomie der Umwelt erweist sich bei näherem Hinsehen als demagogisch; sie soll die Analyse der kapitalistischen Produktionsverhältnisse als der eigentlichen Ursache des Umweltproblems erschweren bzw. völlig unmöglich machen.

Am weitesten ausgereifte Gedanken hierzu legt Frey vor: Nachdem er die seit etwa 100 Jahren in der Nationalökonomie übliche Vernachlässigung politischer Prozesse kritisiert hat, rückt er in das Zentrum der Betrachtung einer „Politischen Ökonomie der Umwelt" die „Interessen verschiedener Gruppen an einer Umweltpolitik", als deren vier wichtigste er bezeichnet

- die *Wähler*,
- die *Regierung*,
- die (staatliche) *Bürokratie*,
- die *Produzenten*.[52]

Die solcherart vorgenommene Verwischung jeglicher Klassengrenzen und Verwässerung von Klasseninteressen wird noch verstärkt durch eine chronologische Einteilung der Auseinandersetzung mit dem Umweltproblem in „verschiedene charakteristische Abschnitte" (Phasen), in denen sich die Gruppeninteressen unterschiedlich manifestieren. Die von Frey gezogenen Schlußfolgerungen bestehen zusammengefaßt darin, daß die *Wähler* bei Spürbarwerden der Umweltschutzkosten mit verminderter Unterstützung einer umweltfreundlichen Regierung reagieren, daß die *Regierung* durch „Überbürdung der Kosten auf politisch Wehrlose oder apathische Gruppen" stimmenmaximierendes Verhalten in der Umweltpolitik dokumentiert, daß die Eigendynamik der *Bürokratie* und deren mangelndes Interesse an einheitlicher Konzeption tragender Faktor der Umweltpolitik sind und daß schließlich die durch den Umweltschutz gefährdeten *Produzenten* (Unternehmer) erfolgversprechende Möglichkeiten besitzen, die Auswirkungen der Umweltpolitik auf ihren Bereich zu neutralisieren, wenn sie sich ihrer institutionalisierten Interessenvertretungen bedienen.

Diese sogenannte „Politische Ökonomie der Umwelt" ist in Wirklichkeit theoretische Basis der Durchsetzung staatsmonopolistischer Umweltinteressen gegen die Alternativforderungen der Werktätigen; „die Kenntnis der ‚politischen Ökonomie der Umwelt' ermöglicht nämlich die Mobilisierung von Kräften, die die gesellschaftlichen Ziele unterstützen, und fördert die Sichtbarmachung und damit wirkungsvolle Bekämpfung von Partialinteressen".[53]

Jede Quantifizierung der ökonomisch-ökologischen Beziehungen setzt die Bewertung der Elemente der natürlichen Umwelt einerseits und der emittierten Schadstoffe andererseits voraus. Aber bereits im werttheoretischen Ansatz des Erfassens der natürlichen Umwelt als ökonomischer Kategorie wird deutlich, daß die Umweltökonomie mit all den Fehlern und Grenzen behaftet ist, die der bürgerlichen Ökonomie auf Grund ihrer Klassenschranken innewohnen.

Die revolutionäre Wirkung der Marxschen Arbeitswerttheorie bestätigt sich auch bei der wissenschaftlichen Analyse der Beziehungen zwischen Gesellschaft und Umwelt und ruft die verschiedenen Vertreter der Vulgärökonomie auf den Plan. Die einen führen den direkten und offenen Angriff auf die Arbeitswerttheorie, um durch verfälschende Interpretation die eigene antikommunistische Konzeption zu begründen.[54] Andere ersetzen bei der wertmäßigen Betrachtung der Umwelt die Arbeitswerttheorie durch subjektive Wertvorstellungen verschiedenster Genesis. Zweifellos ist die Wert- und Preisbestimmung eine der kompliziertesten Aufgaben der Umweltreproduktion und erfordert auch in den sozialistischen Ländern noch intensive Forschungsarbeit der politischen Ökonomie sowie der anderen ökonomischen Disziplinen. Der entscheidende Unterschied besteht jedoch darin, daß die bürgerliche Umweltökonomie die Umweltreproduktion – eine ausgesprochene Gegenwarts- und Zukunftsaufgabe – erstens mit dem Ziel der Erhaltung einer historisch überlebten Produktionsweise und zweitens auch mit deren anachronistischen Theorien und Methoden zu lösen versucht. Obwohl zum Beispiel hinreichend bekannt und bewiesen ist, daß sich die Preise längst nicht mehr als spontanes Resultat des Marktmechanismus herausbilden, wird ausnahmslos in allen analysierten Arbeiten (sofern sie überhaupt zur Wert- und Preisbildung der Umwelt Stellung beziehen) betont, daß die Schwierigkeit hierbei der im Gegensatz zu üblichen Gütern fehlende Marktmechanismus sei. Stellvertretend ein Zitat bei Siebert: „Die übliche Bewertung von Gütern durch Marktpreise scheidet bei Umweltdiensten und ihrer Beeinträchtigung durch Schadstoffe aus, da Umweltdienste öffentliche Konsumgüter (!) sind und nicht dem Ausschlußprinzip des *Marktmechanismus* unterliegen.“[55]

Wie hier beim Mannheimer Volkswirtschaftler Siebert ist es ähnlich beim US-Amerikaner Commoner[56], beim Schweizer Frey und anderen formuliert.

Den vermeintlichen Ausweg sollen die verschiedenen Varianten der Grenznutzentheorie, vor allem die subjektive Wertschätzung als deren gemeinsamer Kerngedanke, bieten. Wie bereits am Beispiel der Ermittlung eines gesamtwirtschaftlich-optimalen Entsorgungsgrades angedeutet wurde, geht es dabei um die Suche nach individuellen oder „gesellschaftlichen“ Nutzensvorstellungen von der Umwelt bzw. um die Möglichkeit, aus dem Verhalten der Individuen auf derartige Nutzensfunktionen als Bewertungsmaßstab zu schließen. Die Skala der vorgeschlagenen, aber eingestandenermaßen noch nie empirisch erprobten (Siebert) Ansätze reicht von der Ermittlung der Zahlungsbereitschaft der Konsumenten von Umweltdiensten über Abwanderungen aus umweltverschmutzten Gebieten bis zur Analyse der Bewegung von Grundstücks- und Gebäudepreisen.

Verbreitet ist der Versuch einer Bewertung der Umweltgüter vermittels Offenlegung von Konsumentenpräferenzen, also der von den Individuen irgendwie geäußerten „Vorliebe" für Umweltgüter bzw. für diese oder jene Maßnahme der Umweltpolitik. Die größten Schwierigkeiten bereitet dabei naturgemäß die Ermittlung der „wahren Präferenzen", da die beobachteten, erfragten oder sonstwie ermittelten Wertschätzungen für eine saubere Umwelt verständlicherweise unter anderem auch davon abhängen, welche Rolle die Umweltqualität für die jeweiligen Individuen spielt, wie sie selbst für die entstehenden Kosten des Umweltschutzes herangezogen werden oder auch in welcher Richtung die Meinungen durch Massenmedien und dergleichen manipuliert worden sind.[57] Nach Meinung von Frey dürfte die „wahre" Einschätzung der Umweltgüter „zwischen den auf dem Markt und den in der Politik geäußerten Präferenzen liegen".[58] Allerdings muß auch er schließlich einräumen, daß neben weiteren Mängeln dieses Verfahrens seine hauptsächliche Schwäche in der implizierten Annahme isolierten Verhaltens der Individuen liegt. Nicht zuletzt der gegenwärtige Grad der Organisiertheit sowohl der Werktätigen als auch der Bourgeoisie und die damit zusammenhängende Entwicklung und Durchsetzung von Klasseninteressen machen die Aussage dieser auf subjektiver Nutzensempfindung abgestellten Methoden der Wertbestimmung der Umwelt undiskutabel. Ein typisches Beispiel der Ersetzung der Arbeitswerttheorie durch Wertbestimmungsmethoden der Grenznutzenschule liefern auch die Autoren des 1971 von der BRD-Regierung zu ihrem Umweltprogramm bestellten wirtschaftswissenschaftlichen Gutachtens, das als relativ geschlossene Darstellung und als Trend der umwelttheoretischen Auffassungen zumindest für die bürgerliche Ökonomie in der BRD repräsentativ ist und einen gewissen offiziellen Charakter trägt.[59]

Es heißt dort: „Wenn die Nutzungsmöglichkeiten sich *verringern,* so ist damit offenbar das betroffene Element der natürlichen Umwelt (z. B. Gewässer, Luft) im Wert *gesunken,* während umgekehrt eine Erhöhung der *Nutzungsmöglichkeiten* eine *Wertsteigerung* bedeutet."[60]

Hier wird ebenfalls der objektive Wert, den die Elemente der natürlichen Umwelt durch die zu ihrer Reproduktion erforderliche und aufgewandte Arbeitszeit erst erhalten, gegen die Wertschätzung, die diesen Elementen in Abhängigkeit von ihrem subjektiv empfundenen Gebrauchswert beigemessen wird, vertauscht. Indem man auf diese Weise die Erklärung umgeht, woher dieser Wert eigentlich stammt, wird erstens verschleiert, daß die durch produktive Konsumtion von Naturkraft erhöhte Produktivität der Arbeit als Teil des relativen Mehrwerts vom Kapital bis in die jüngste Vergangenheit unentgeltlich, das heißt ohne äquivalente Gegenleistung für die Umweltreproduktion, angeeignet wurde; daß also der kapitalistische Raubbau an der natürlichen Umwelt deren Nutzungsmöglichkeiten erst verringerte. Zweitens stempelt die im Gutachten enthaltene Feststellung, daß die „Wertminderung" der Umwelt zum Sinken der Erträge aus ihrer produktiven Nutzung führt, das Kapital zum eigentlichen und dazu „unschuldigen" Opfer der Umweltzerstörung. Das schließt drittens die im Gutachten tatsächlich auch gezogene Konsequenz ein, daß letztlich der Endkonsument, also in erster Linie die werktätigen Massen, die Kosten der Umweltreproduktion zu tragen hätte.[61]

Ohne der ausführlichen Widerlegung dieser These vorgreifen zu wollen, sei hier erwähnt, daß der Versuch, die „zunehmende Erschwerung des Daseins der Arbeiter damit zu erklären, daß die Natur ihre Gaben einschränkt", bekanntlich bereits von Lenin im Zusammenhang mit dem „Gesetz vom abnehmenden Bodenertrag" ad absurdum geführt wurde.[62]

Die Folgen dieser unwissenschaftlichen Handhabung der natürlichen Umwelt als ökonomischer Kategorie sind durchaus nicht nur akademischer Art bzw. im Bereich der Apologetik und Demagogie angesiedelt. Neben weiteren fehlerhaften Auffassungen, wie Leugnung der monopolistischen Machtstruktur, unterstellte Neutralität des Staates, Überbetonung der Zirkulation usw., setzt die subjektive Wertvorstellung auch entscheidend die praktische Wirksamkeit der Umweltökonomie herab:

Ein umweltgerechter Reproduktionsprozeß erfordert umweltgerechte Distribution der gesellschaftlichen Arbeit. Das heißt insbesondere, die Mittel für die Umweltreproduktion müssen dort entnommen werden, wo Schaden aus produktiver Konsumtion natürlichen Metapotentials entsteht bzw. die Umweltbelastung verursacht wird, also in erster Linie beim Monopolkapital.

Hierfür müßte die Umweltökonomie allerdings die natürliche Umwelt als *polit*-ökonomische Kategorie definieren, deren Reproduktionsbedingungen stets von den herrschenden Produktionsverhältnissen bestimmt werden. Sie würde dann zu dem Schluß gelangen, daß umweltgerechte Distributionsverhältnisse als Grundvoraussetzung einer prinzipiellen Lösung des kapitalistischen Umweltproblems die Beseitigung des Kapitalismus überhaupt erfordern, weil „die Verteilungsverhältnisse wesentlich identisch mit diesen Produkitonsverhältnissen, eine Kehrseite derselben sind, so daß beide denselben historisch vorübergehenden Charakter teilen".[63]

Weil sie dies nicht tut, trifft die bürgerliche Umweltökonomie ungeachtet möglicher Teillösungen voll der Marxsche Vorwurf der *Vulgärökonomie*, die sich nur innerhalb des scheinbaren Zusammenhangs herumtreibt und darauf beschränkt, „die banalen und selbstgefälligen Vorstellungen der bürgerlichen Produktionsagenten von ihrer eignen besten Welt zu systematisieren, pedantisieren und als ewige Wahrheiten zu proklamieren".[64]

Trotzdem muß die marxistisch-leninistische Analyse der bürgerlichen Umweltökonomie stets unterscheiden zwischen deren realem Inhalt und ihrer politisch-ideologischen Funktion. Sie muß davon ausgehen, daß Umweltpolitik *Klassenkampf* ist!

So ringt beispielsweise der antimonopolistische Kampf der demokratischen Kräfte dem Imperialismus soziale Zugeständnisse auch in Umweltfragen ab. Die Umweltökonomie ist hierbei einerseits zur konstruktiven Mitarbeit gezwungen, andererseits versucht sie demagogisch, die von den Werktätigen erzwungenen Zugeständnisse in gewollte Wohlfahrtshandlungen bzw. als Ausdruck der „Umweltfreundlichkeit des Kapitals" umzudeuten.

Immerhin ergab eine repräsentative Umfrage eines Westberliner Instituts für Zukunftsforschung nach den gegenwärtigen und für das Jahr 2000 zu erwartenden Schwerpunktaufgaben der Menschheit, daß von 16 vorgegebenen Kriterien einer neuen „Qualität des Lebens“ die mit Abstand meisten Stimmen auf die Verminderung der Umweltbelastung entfielen.[65] Es verwundert deshalb nicht, wenn die BRD-Regierung immer nachdrücklicher von den Soziologen, Ökonomen und anderen auf dem Gebiet der Sozialwissenschaften tätigen Theoretikern fordert, ihre Forschungsergebnisse operational nutzbar und „strategiefähig“ dem Staat anzubieten. Auf einer Tagung der Sozialpolitischen Forschergruppe der J.W. Goethe-Universität Frankfurt/Main zum Thema „Konsum und Qualität des Lebens“, in deren Mittelpunkt die Suche nach den „sozialen Indikatoren“ der Lebensqualität als Bestandteil eines „Sozialpolitischen Entscheidungs- und Indikatorensystems“ (SPES-Projekt) stand, kritisierte ein Teilnehmer aus dem Bundesministerium für Arbeit und Sozialordnung die mangelnde Verwertbarkeit der verallgemeinerten empirischen Ermittlungen der Sozialökonomie: Die Bundesregierung benötige soziale Indikatoren vor allem als „Frühwarnsystem über Dysfunktionalitäten, die sich in der Gesellschaft auftun und die eine politische Antwort erheischen“.[66]

Der Beitrag der Umweltökonomie zur System-Erhaltung dient objektiv auch der Umwelt-Erhaltung. Das hat für den Sozialismus insofern Bedeutung, als Umweltzerstörungen über Ländergrenzen hinaus wirken. Also verringern Umweltschutzmaßnahmen kapitalistischer Länder auch die grenzüberschreitenden Auswirkungen der Umweltbelastung auf die sozialistischen Nachbarländer.

Darüber hinaus ist angesichts der sozialistischen Perspektive der heutigen kapitalistischen Staaten die Arbeiterklasse dieser Länder objektiv an der Erhaltung ihrer natürlichen Umwelt aus zwei Gründen interessiert:

- als Bestandteil ihres *gegenwärtigen* Lebensniveaus und
- als Bestandteil des *künftig* in ihre Herrschaft zu übernehmenden Nationalreichtums.[67]

Und schließlich schließt die Entspannungsoffensive der UdSSR und der anderen sozialistischen Länder auch verstärkte Zusammenarbeit auf dem Gebiet des Umweltschutzes ein. Das erfordert einmal genaue Kenntnis des fachlich-theoretischen Potentials dieser Länder, aber auch von deren ideologischer Haltung zum Umweltproblem überhaupt.

Zusammenfassend lassen sich in Verallgemeinerung der jeweils konkreten Vorschläge der führenden umweltökonomischen Richtungen und ihrer Vertreter zwei übergreifende Zielstellungen erkennen:

a) Die erste schließt sich an die Einschätzung von Kapp an, welche trotz oder besser vielleicht gerade wegen seiner bereits erwähnten Inkonsequenz bzw. bewußten Demagogie das Wesen der Sache recht gut erfaßt: Die Umweltökonomie gehe davon aus, „alles zu vermeiden, um durch die Umweltgefährdung zu einer Wirtschaftspolitik getrieben zu werden, die nicht ‚marktkonform' sein könnte".[68] Hier geht es folglich darum, über Beschränkungen des kapitalistischen Kräftespiels den Kapitalismus zu retten.

Das Konzentrat der wichtigsten bürgerlichen Argumente für eine „marktwirtschaftliche Lösung" des Umweltproblems finden wir bei Karsten. Danach läßt sich durch entsprechende politische Entscheidungen „das Allgemeininteresse an sauberer Umwelt grundsätzlich in jedem gewünschten Ausmaß durchsetzen, ohne daß in die Entscheidungsfreiheit der Wirtschaftseinheiten mehr als unbedingt nötig eingegriffen wird".[69] Karsten ist nicht nur Mitautor des „Ackermann-Gutachtens", sondern offenbar auch an der Fassung des BRD-Umweltprogramms beteiligt gewesen, wo es dann heißt: „Die Aufgaben der Umweltpolitik geben keinen Anlaß, von dem bewährten Prinzip der Selbstverantwortlichkeit jedes Unternehmens innerhalb der sozialen Marktwirtschaft abzuweichen. Es bleibt auch weiterhin grundsätzliche Sache der Unternehmen, neue, umweltfreundliche Produkte und Verfahren zu entwickeln und das Risiko dafür selbst zu tragen."[70]

b) Um jegliche Änderung der bestehenden Verteilungsverhältnisse, eine wesentliche Seite der Produktionsverhältnisse überhaupt, zu verhindern, werden verteilungspolitische Aspekte des Umweltproblems

– gänzlich gemieden,[71]
– aus der Sicht der üblichen bürgerlichen Schemata der „Ein-

kommens- und Vermögensverteilung“ als gegeben aufgefaßt und beiläufig erwähnt[72],
- oder aber es wird, wie am Beispiel des „Ackermann-Gutachtens“ gezeigt, in Ableitung subjektiver Wertbestimmung der Umwelt eine umweltspezifische Begründung der antagonistischen Distributionsverhältnisse konstruiert.

Da sich letzteres vor allem in der bürgerlichen Interpretation des *Verursacherprinzips* niederschlägt, machen sich einige prinzipielle Ausführungen hierzu erforderlich.

3.2. *Der Klasseninhalt des Verursacherprinzips*

Während im Kapitalismus der freien Konkurrenz die Verteilung der gesellschaftlichen Arbeit ausschließlich dem spontanen Wirken des Wertgesetzes bzw. des Gesetzes vom Durchschnittsprofit unterlag, also dem „zufälligen, sich wechselseitig aufhebenden Treiben der einzelnen kapitalistischen Produzenten“ überlassen war,[73] hat das *Monopol* diese ökonomische Freiheit des Kapitals eingeschränkt und um ökonomischen und außerökonomischen *Zwang* ergänzt und ersetzt. Vom Standpunkt der Umweltreproduktion erfaßt diese Modifikation der Distributionsverhältnisse sowohl die umweltrelevante Verteilung der gesellschaftlichen Arbeit und des Neuwerts im allgemeinen (Strukturpolitik) als auch die Verteilung der für die Umweltreproduktion *explizit* aufzuwendenden Arbeit nach staatsmonopolistisch fixierten gesellschaftlichen Prioritäten (Umweltpolitik). Als Form der *Vergesellschaftung* von Produktion und Distribution ist diese Modifikation von der eingangs skizzierten Widersprüchlichkeit des Monopolisierungsprozesses überhaupt gekennzeichnet: einerseits werden neue Potenzen der Produktivkraftentwicklung und der Systemerhaltung freigesetzt, andererseits aber auch neue Möglichkeiten der Realisierung von Profiten für die führenden Monopolgruppen, wodurch die Wirkung des ersteren gemindert, aufgehoben und in ihr Gegenteil verkehrt werden kann.

Die unmittelbaren Auswirkungen des kapitalistischen Umweltproblems auf die Werktätigen, insbesondere auf die Arbeiterklasse, sind ein spezifischer Ausdruck der vom allgemeinen Gesetz der kapitalistischen Akkumulation verursachten *Verschlechterung* ihrer sozialen Lage.

Selbst im „Ackermann-Gutachten“ wird eingestanden, daß „die sozial Schwachen auch überdurchschnittlich unter Umweltschäden zu leiden haben, da ihnen weniger Möglichkeiten zur Vermeidung der Belastung offenstehen und da sie vielfach nicht in der Lage sind, ihre Interessen zu artikulieren und durchzusetzen“.[74] Diese Feststellung führt in der Umweltökonomie keineswegs zu Überlegungen oder Empfehlungen, wie etwa durch Veränderung der Verteilungseffekte der Umweltpolitik *zugunsten* der „sozial Schwachen“ diese sozialen Auswirkungen nivelliert werden könnten. Das Gegenteil ist der Fall:

In einer bereits im Jahre 1972 geschriebenen Arbeit begründete zum Beispiel der gegenwärtige BRD-Finanzminister, H. Apel, diese negativen Verteilungseffekte damit, daß ja die Werktätigen als Ersatz für den sinkenden Reallohn „frische Luft, reines Trinkwasser und gesundheitsförderndes Milieu“ konsumieren können.[75] In gleicher Weise argumentiert Karsten: „Dem Nachteil für den Konsumenten steht die Möglichkeit von Preissenkungen bei Gütern, deren Produktion als Folge verbesserter Umweltqualität billiger wird (z. B. Trinkwasser) (!), und die höhere Qualität der Umwelt als unmittelbarer Wert gegenüber.“[76]

Im „Umweltgutachten '74“ werden *konstruktive* Empfehlungen zu Verteilungsaspekten nur im Zusammenhang mit der Profitumverteilung zwischen den Einzelkapitalen gegeben; um beispielsweise negativen Verteilungswirkungen vorzubeugen, wird auf die Möglichkeit der Abgabendifferenzierung, der Sonderabschreibung und der Subventionierung hingewiesen. Sofern es sich jedoch um die negativen Verteilungseffekte für die „unteren Einkommensschichten“ handelt, findet sich auch hier der Hinweis auf die bessere Umweltqualität als „Gegenleistung“.

Da diese Argumentation offenbar Grundlinie sozialer Demagogie in der staatsmonopolistischen Umweltpolitik ist, erscheint ein etwas längeres Zitat gerechtfertigt: „Die Inzidenz von Emissionsabgaben ist noch nicht ausreichend bekannt; es kann jedoch vereinfachend angenommen werden, daß ihre Entzugswirkungen den Verteilungseffekten von Verbrauchssteuern ähneln. Damit steht fest, daß infolge der Abgabenerhebung tendenziell Verteilungswirkungen zu Lasten unterer Einkommensschichten (regressive Effekte) eintreten, die sich gegen eine gleichmäßigere Einkommens- und Vermögensverteilung richten. Eine Beurteilung der Verteilungseffekte von Emissionsabgaben setzt jedoch voraus, daß diesen Entzugswirkungen die Verteilungswirkungen der Abgabenverwendung gegenübergestellt werden. Diese kommen in einer erhöhten Umweltqualität zum Ausdruck. Hieraus ist nun insofern eine positive (!) Verteilungswirkung zu erwarten, als die auf solche Weise geförderte Umwelt vor allem den einkommensschwachen Schichten zugute kommt – weil die höheren Einkommensschichten der vorgefundenen Umweltbelastung durch Wohnungswechsel usw. bereits in höherem Maße ausgewichen sind."[77]

Damit werden zugleich an einem konkreten Beispiel die beiden Seiten der marxistisch-leninistischen Beurteilung der Lage der Arbeiterklasse im Kapitalismus bestätigt:

erstens ihre politische Rechtlosigkeit, gekennzeichnet durch die Unfähigkeit, im Rahmen des gesetzlich Möglichen die von der kapitalistischen Industrie verursachte, lebens- und gesundheitsbedrohende Gefahr der Umweltzerstörung abzuwenden. Das Umweltproblem offenbart damit ein neues Moment der sich *absolut* verschlechternden Lage der Arbeiterklasse;

zweitens ist die von der Umweltzerstörung ausgehende Belastung für die Arbeiterklasse ungleich größer, da diese im Arbeitsprozeß unmittelbar den schädlichen Wirkungen von Staub, Gift, Lärm usw. ausgesetzt ist, in den industriellen Ballungszentren unter extrem geschädigten Umweltbedingungen wohnt und auf Grund ihrer materiellen Lage keine oder nur geringe Möglichkeiten besitzt, die Folgen dieser Belastung zu mildern.

Indem die antagonistischen Distributionsverhältnisse die Arbeiterklasse zum primär Leidtragenden des kapitalistischen Umweltproblems verurteilen und durch dieses weiter vertieft werden, verleihen sie auch der *relativen* Verschlechterung der Lage der Arbeiterklasse neue Akzente.

Die Abwälzung der Lasten der Umweltreproduktion auf die Werktätigen erfolgt in dreifacher Hinsicht:

a) ein Teil der von den Werktätigen gezahlten Steuern dient der Mitfinanzierung der von den kapitalistischen Unternehmen zwar primär *verursachten,* aber von ihnen auf den Staatshaushalt abgewälzten Aufwendungen für den Umweltschutz;

b) durch die verminderte Umweltqualität erhöhen sich die *normalen* Reproduktionserfordernisse und damit der Wert der Arbeitskraft, was bei gleichbleibendem Reallohn einer wachsenden Unterwertbezahlung der Arbeitskraft gleichzusetzen ist;

c) der Reallohn sinkt auch absolut, weil sich angesichts der von den kapitalistischen Unternehmen auf die Preise abgewälzten Umweltschutzkosten das allgemeine *Preisniveau* erhöht.

Einerseits um diese Tatsachen zu rechtfertigen und das wirtschaftspolitische Instrumentarium theoretisch zu begründen, andererseits um sie demagogisch zu verschleiern, wurde von der bürgerlichen Umweltökonomie der Begriff des *Verursacherprinzips* geschaffen und in die staatliche Umweltpolitik eingeführt. Nach bürgerlicher Interpretation soll es als Prinzip der Wirtschaftspolitik der distributiven Zurechnung der für die Umweltreproduktion erforderlichen gesellschaftlichen Arbeit auf den einzelnen Verursacher von Umweltbelastungen dienen. Folgt man der Argumentation der Umweltökonomie, so ist im Falle der Umweltbelastung die Identität privater und volkswirtschaftlicher Kosten und Erträge durchbrochen, indem die „Wirtschaftseinheiten häufig zur Vermeidung eigener (privater) Kosten die Allgemeinheit durch Abfall belasten ... – man sagt auch, daß Unternehmen durch die Produktion verursachte Kosten auf die Allgemeinheit abwälzen“.[78]

Im Umweltprogramm der Bundesregierung heißt es hierzu unter dem Abschnitt „Finanzpolitik“, „daß diese Kosten grundsätzlich von jenen zu tragen sind, die die Umwelt belasten (Verursacherprinzip)“.[79]

Auf die Industrie als Hauptverursacher der Umweltbelastung bezogen, müßte demzufolge ein nach diesem Prinzip aufgebautes wirtschaftspolitisches Instrumentarium bewirken, daß ausnahmslos jeder umweltbelastende Abfall (Staub, Gas, Gift usw.) die Produktionskosten des jeweiligen Unternehmens erhöht. Und zwar entweder als Umweltschutzinvestition, also in Gestalt einer Anlage zur *Vermeidung* der Schadstoffemission, oder als an den Staatshaushalt abzuführende Gebühren für eine erfolgte Emission, wobei die Höhe der Gebühr den Kosten der nachträglichen *Beseitigung* der umweltbelastenden Auswirkungen dieser Emission entsprechen müßte.

Von Teilwirkungen abgesehen, ist ein solches Modell umweltrelevanter Distribution unter den Bedingungen des staatsmonopolistischen Kapitalismus *objektiv* nicht realisierbar[80], da einmal seine praktische Umsetzung mittels Gesetzen und Institutionen erfolgt, die dem Einfluß und damit den Verwertungsinteressen der führenden Monopole unterliegen. Statt zu einer Lösung des Umweltproblems zu führen, fördert so die vom Verursacherprinzip getragene Distribution die Umverteilung von Profit und verstärkt den *Differenzierungsprozeß* innerhalb der Bourgeoisie.

Zum anderen liegt das Grundmotiv des Verursacherprinzips offenbar nicht darin, die Abwälzung von Umweltkosten durch die Unternehmen prinzipiell zu unterbinden, was unter anderem den ihnen gesetzlich eingeräumten Möglichkeiten der völligen Umgehung dieser Kosten zu entnehmen ist,[81] sondern darin, deren Abwälzung über den *Preis* auf den *Endverbraucher,* also in erster Linie auf die werktätigen Massen umzulenken. Es geht hierbei um die Umverteilung von Arbeitslohn!

Wie noch näher gezeigt wird, leugnet die Umweltökonomie im allgemeinen nicht die Erhöhung des Preisniveaus infolge Umweltschutzmaßnahmen, sie verdreht vielmehr die Ursachen. Nicht die Abwälzung von Kosten sei für die Preisexplosion verantwortlich, sondern die durch ökologische Erfordernisse angeblich lohnintensivere Produktion. In Anwendung der reaktionären Theorie der „Lohn-Preis-Spirale“ wird behauptet, daß „eine Substitution der Produktionsprozesse zugunsten arbeitsintensiverer Verfahren zwangsläufig bei steigendem Arbeitskräftebedarf zu *höheren Lohnniveaus*“ führe.[82]

Die im Umweltprogramm angekündigten höheren Preise für Waren und Dienstleistungen werden im dazugehörigen Gutachten auch nach ihrer *sozialen* Zielrichtung definiert: „Gebühren für Schadstoffmengen (werden) beim Erzeuger und nicht beim Verbraucher, der letztlich die Umweltbelastung *verursacht, erhoben*; ... dies bedeutet jedoch nicht, daß der Konsument sie nicht zu *tragen* hätte.“[83] Hier wird deutlich, daß das an und für sich einleuchtende Prinzip, den Verursacher von Umweltschäden für deren Beseitigung zahlen zu lassen, unter kapitalistischen Verhältnissen einen zwiespältigen Charakter erhält und in diesem Sinne von der herrschenden Klasse auch ganz bewußt gehandhabt wird. Einerseits suggeriert es massenwirksam, daß diejenigen zur Kasse gebeten werden, die mit ihrem hemmungslosen Verwertungstrieb die Umwelt in eine Kloake verwandeln, andererseits wird, ausgehend von einer im Widerspruch zur kapitalistischen Realität stehenden Interpretation des Produktionsprozesses als Diener der Konsumtion, in Wahrheit der Konsument mit der Finanzierung der Umweltkosten belastet.

In dem Maße, wie es gelingt, die Abwälzung der Umweltkosten vom *Staatshaushalt* über die Endverbraucherpreise auf die *Werktätigen* umzulenken, wächst in gewissem Grad der Anreiz der Unternehmen, vorher ausschließlich dem Staat überlassene Umweltschutzmaßnahmen selbst zu realisieren. Und zwar immer dann, wenn durch Steuervorteile die Umweltschutzinvestition *billiger* ist als die andernfalls abzuführende Gebühr. Durch eine solche tendenzielle Entlastung des Staatshaushaltes erweitert sich der Umfang der staatlichen Investitionen in die ökologische Infrastruktur, die gezielt auf die Verwertungsbedürfnisse der führenden Monopole gerichtet sind.

Die bürgerliche Umweltökonomie setzt die ausschließliche Verantwortung der Werktätigen für die Umweltbelastung und deren Zuständigkeit für die Umweltschutzkosten meist stillschweigend voraus oder versucht, sie zu konstruieren. So verurteilt sie zum Beispiel die berechtigte Forderung des Werktätigen, daß er nicht „über die Preise herangezogen wird, sondern allgemeine Finanzmittel zur Finanzierung des Umweltschutzes eingesetzt werden", mit der demagogischen Begründung, dies sei kurzsichtig und für ihn gefährlich, denn: „Gerade die weniger verdienenden Schichten sind darauf angewiesen, daß ihnen ausreichend Gemeinschaftseinrichtungen zur Verfügung gestellt werden. Dies ist aber ausgeschlossen, wenn auch der hohe finanzielle Aufwand für den Umweltschutz aus allgemeinen Finanzmitteln bestritten werden soll."[84] Zum anderen leitet sie auf der Basis ihrer subjektiven Wertvorstellungen die „Opferrolle" des Kapitals in der erwähnten Weise ab. Und schließlich ist ihre *ahistorische* Betrachtung des Kapitalismus als naturgegebene und deshalb ewige Produktionsweise der ideologische Hintergrund der als Beispiel zitierten These des „Ackermann-Gutachtens", daß der *Verbraucher* die Umweltbelastung letztlich verursache. Danach ist die kapitalistische Produktion lediglich vermittelndes Glied zwischen den ständig steigenden Massen-Bedürfnissen und deren Befriedigung. Das Kapital wird zum *passiven* Objekt, dessen legitimes und theoretisch begründetes Recht bzw. dessen Funktionsbedingung es sei, alle entstehenden Umweltschutzkosten auf den Endverbraucher zu übertragen. In der Regel werden jedoch in der Umweltökonomie *explizite* Positionen zum Klasseninhalt des Verursacherprinzips umgangen bzw. sogar als für die Umweltreproduktion schädlich bezeichnet: „Die Frage, wer ‚Verursacher' innerhalb einer ökonomischen Kausalbeziehung ist, ist primär eine Frage der *ökonomischen Effizienz,* nicht dagegen der *sozial-ethischen* Verantwortung ... Weiterreichende sozial-ethische Interpretationen verkennen den instrumentalen Charakter des Verursacherprinzips und führen damit u. U. zu einer Gefährdung der Wirksamkeit umweltpolitischer Entscheidungen."[85]

Folgt man dem Trend der vom Kapital praktizierten Abwälzung von Umweltschutzkosten sowie den hierzu vertretenen Theorien der Umweltökonomie, so wäre für die Umweltreproduktion primär das notwendige Produkt zuständig; also der Teil des Gesamtprodukts, der zur Reproduktion der Arbeitskraft der unmittelbaren Produzenten dient.

Eine solche Auffassung widerspricht den von Marx erkannten allgemeinen Gesetzmäßigkeiten der Distribution und den objektiven Erfordernissen *umweltgerechter* Distribution der gesellschaftlichen Arbeit in mindestens zwei Punkten:

Erstens wurde nachgewiesen, daß sich das Kapital vermittels der *naturwüchsigen* Produktivkraft der Arbeit die zur Reproduktion der natürlichen Umwelt erforderliche gesellschaftliche Arbeit als relativen Mehrwert unentgeltlich aneignet.[86]

Zweitens ist die von äußeren Naturbedingungen ausgehende naturwüchsige Produktivität die historische Naturbasis des Mehrwerts *überhaupt.*

Die Fruchtbarkeit der Natur bezeichnet Marx als Basis der Entstehung des Mehrprodukts, des Mehrwerts und damit der kapitalistischen Produktion.[87] Objektive Bedingungen dafür, daß die unmittelbaren Produzenten über die Zeit hinaus, die für die Reproduktion ihrer eigenen Arbeitskraft erforderlich ist, Mehrarbeit verrichten konnten, war die naturwüchsige Produktivität der agrikolen Arbeit. Sie war nicht nur Voraussetzung für die Herausbildung der nichtagrikolen Arbeit, also der großen gesellschaftlichen Arbeitsteilung, sondern vor allem für die Entstehung eines Gesellschaftsteils, der sich das Mehrprodukt des anderen unentgeltlich aneignen konnte – der Ausbeuterklasse. Die *Urform* des Mehrprodukts war demzufolge jener Teil der auf niedrigster Entwicklungsstufe stehenden agrikolen Gesamtarbeit, der ihrer naturwüchsigen Produktivität, also der produktiven Konsumtion günstiger Naturfaktoren entsprang.

Von den Kulturanfängen bis zur heutigen Entwicklungsstufe der Produktivkräfte hat sich der Schwerpunkt ohne Zweifel von der naturwüchsigen auf die gesellschaftliche Produktivität der Arbeit verlagert.[88] Trotzdem bleibt ein bestimmter *Anteil* auch des gegenwärtig produzierten und realisierten Mehrwertes nach wie vor der unentgeltlichen Aneignung natürlicher Umwelt geschuldet: „Von der mehr oder minder entwickelten Gestalt der gesellschaftlichen Produktion abgesehn, bleibt die Produktivität der Arbeit an Naturbedingungen gebunden."[89]

Zusammenfassend läßt sich die Frage nach umweltgerechten Distributionsverhältnissen wie folgt beantworten:

Seit Bestehen der Ausbeuterordnungen beinhaltet das von ihnen unentgeltlich angeeignete Mehrprodukt einen Wertteil, der auf produktiver Konsumtion der verschiedenen Elemente der natürlichen Umwelt beruht; im Gegensatz hierzu dient das von den unmittelbaren Produzenten angeeignete *notwendige Produkt* ausschließlich der Reproduktion ihrer Arbeitskraft.

Im Verhältnis zu den vorkapitalistischen Produktionsweisen kennzeichnet den Kapitalismus ein ungleich höheres Niveau und Entwicklungstempo der Produktivkräfte. Der auf naturwüchsiger Produktivität der Arbeit beruhende Anteil am Wert *einer* Ware nimmt zugunsten jenes Teils ab, der der gesellschaftlichen Produktivität geschuldet ist.

Gleichzeitig wächst jedoch die *Warenmasse* in gewaltige Dimensionen und mit ihr die Umweltbelastung sowie der *absolute* Umfang des im Gesamtmehrwert enthaltenen Wertteils aus produktiver Konsumtion natürlicher Umwelt.

Dieser Wertteil ist das Äquivalent der von der Gesellschaft aufzuwendenden Arbeit zur Reproduktion der natürlichen Umwelt als *Befriedigung* eines allgemeinen *gesellschaftlichen* Bedürfnisses!

Den theoretischen Ansatz für die Bestimmung umweltgerechter Distributionsverhältnisse finden wir bereits im Hinweis von Marx, daß – gesellschaftliche Produktion irgendeiner Art vorausgesetzt – immer unterschieden werden muß zwischen „dem Teil der Arbeit, dessen Produkt unmittelbar von den Produzenten und ihren Angehörigen individuell konsumiert wird, und ... einem andern Teil der Arbeit, ... dessen Produkt stets zur Befriedigung allgemeiner gesellschaftlicher Bedürfnisse dient ..."[90]

Umweltgerechte Distribution ist demnach nur ein anderer Ausdruck für den arbeitsteiligen Prozeß, daß der unmittelbare Produzent über sein notwendiges Produkt hinaus ein *Mehrprodukt* schafft, wovon *so viel* Wert für die Reproduktion der natürlichen Umwelt abzuzweigen ist, daß die bei der Herstellung des *Gesamtprodukts* verursachte Umweltbelastung paralysiert werden kann.

Diesem Erfordernis widersprechen die antagonistischen Distributionsverhältnisse des Kapitalismus grundlegend. Die Bourgeoisie, insbesondere das Monopolkapital, eignet sich nicht nur den *objektiv* für die Umweltreproduktion als gesellschaftliches Bedürfnis bestimmten Teil des Mehrprodukts als Mehrwert an – sie realisiert darüber hinaus auch einen Teil des *notwendigen* Produkts als Surplusprofit, indem sie die mit Steuergeldern der Werktätigen sanierte Umwelt produktiv konsumiert.

Das *Verursacherprinzip* ist also erstens politischer Grundsatz dafür, daß ausschließlich der Endkonsument als Verursacher jeglicher Umweltbelastung anzusehen ist – zweitens Ausdruck des demagogischen Grundanliegens der bürgerlichen Ökonomie, indem der Anschein erweckt wird, als würden die kapitalistischen Industrieunternehmen auch tatsächlich die Kosten der von ihnen verursachten Umweltschäden tragen.

Diese Einschätzung hat nichts mit der allgemeinen Bedeutung des Begriffs „Verursacherprinzip" zu tun, der unter entsprechenden sozialökonomischen Bedingungen als Prinzip der Umweltpolitik durchaus relevant sein kann. So hat beispielsweise die Abgabe von Gebühren für Schadstoffemission durch einen volkseigenen Betrieb im Sozialismus volle Berechtigung, da unter den Bedingungen von Festpreisen diese Gebühren auch tatsächlich als ökonomischer Hebel des Umweltschutzes wirken. Es ist auch völlig dem Hinweis des Genossen Dr. Makljarskij (Institut für Weltwirtschaft und internationale Beziehungen, Moskau) auf unserem Kolloquium „Staatsmonopolistischer Reproduktionsprozeß und Umwelt" (Dresden 1974)[90a] zuzustimmen, daß die Arbeiterklasse der kapitalistischen Länder um konsequente Durchsetzung des Verursacherprinzips kämpfen müsse. Allerdings muß sich dabei, wie in der Diskussion auch bekräftigt wurde, dieser Kampf auf einen ganzen Komplex weiterer Voraussetzungen richten, die unter anderem die Abwälzung der internationalisierten Kosten auf die Endverbraucherpreise ausschließen.

Unter den gegenwärtigen Klassenverhältnissen der imperialistischen Länder sind alle unter der Flagge des Verursacherprinzips vom Staat ausgehenden umweltpolitischen Aktivitäten den Verwertungsinteressen des Monopolkapitals untergeordnet. Man kann das Verursacherprinzip eben nicht als ökonomisches Prinzip „an sich" auffassen, das es nur richtig durchzusetzen gilt, wie die bürgerliche Ökonomie glaubhaft machen will und wie es mitunter auch in unserer Literatur anklingt.

Es handelt sich hierbei um eine bürgerliche Wortschöpfung mit der sozialökonomisch eindeutigen Zielstellung, den Endverbraucher als Verursacher der Umweltbelastung zu deklarieren und in der Praxis auch als solchen zu behandeln. Wir hatten am Beispiel des „Ackermann-Gutachtens" gezeigt, daß man in der weniger populären Literatur selbst auf den demagogischen Schein verzichtet, als würde dieses Prinzip die industriellen Kapitalisten zur Kasse bitten. Genau auf den dort betonten Unterschied zwischen Erheben und Tragen der Gebühren für Schadstoffemissionen kommt es an, wenn man das Verursacherprinzip statt als simples Kostenzurechnungsprinzip in Wahrheit als antagonistisches Distributionsprinzip auf dem Gebiet der Umweltreproduktion begreift.

Wir haben uns bei der Analyse des Verursacherprinzips vorrangig auf die industrielle Umweltbelastung konzentriert, also auf die Kosten der bei der Produktion verursachten Umweltschäden. Für die Beseitigung der mit dem unmittelbaren Konsumtionsprozeß verbundenen Belastung der natürlichen Umwelt zahlt der Werktätige sowieso die verschiedensten Steuern und Abgaben. Man sollte sich auch hier vor formalen Vergleichen zwischen Sozialismus und Kapitalismus hüten. Bekanntlich besteht auch im Sozialismus eine Differenz zwischen dem notwendigen Produkt und dem Produkt für sich. Ein Teil des notwendigen Produkts bildet hier in Form der Steuern und SV-Beiträge zusammen mit dem Mehrprodukt das Produkt für die Gesellschaft. Der daraus gebildete gesellschaftliche Konsumtionsfonds dient unter anderem der Finanzierung der Umweltreproduktion. Aus dem zum Kapitalismus unterschiedlichen Klassenwesen des sozialistischen Staatshaushalts ergibt sich auch vom Standpunkt der Umweltreproduktion eine völlig andere, mit der Umverteilungsfunktion des imperialistischen Staatshaushalts nicht vergleichbare sozialökonomische Zweckbestimmung.

Es verwundert durchaus nicht, daß sich bei den Monopolen „kaum ein politischer Grundsatz derart reibungslos eingebürgert" hat wie das mit einem solchen Klasseninhalt versehene Verursacherprinzip. Diesem Ausspruch fügte Hansmeyer, Vorsitzender des „Rates von Sachverständigen für Umweltfragen", bei der Übergabe des „Umweltgutachtens 1974" allerdings hinzu, „die Probleme kommen jetzt, wo ein abstraktes Prinzip in konkrete Normen umgesetzt werden soll".[91]

Einige dieser Probleme werden in der nun folgenden Analyse der staatsmonopolistischen Umweltpolitik sichtbar, die sich unter anderem mit der *praktischen* Seite der bürgerlichen Definition des Verursacherprinzips – als „Anwendung marktwirtschaftlicher Grundsätze auf das Umweltproblem" – befassen wird.[92]

3.3. *Möglichkeiten, Grenzen und selbstverstärkende Effekte einer „marktwirtschaftlich orientierten" staatsmonopolistischen Umweltpolitik*

Die These von der „marktwirtschaftlichen Lösung des Umweltproblems" ist sowohl theoretischer *Reflex* objektiver Erscheinungen der kapitalistischen Produktionsweise als auch bewußte *Apologie* und *Demagogie.* Obwohl sich die Umweltökonomie häufig eines produktionstheoretischen Vokabulars bedient, laufen ihre Lösungsmodelle letztlich auf *systemkonforme* Reformen der Zirkulationssphäre hinaus.

Kurz ausgedrückt, mündet die Vielfalt der vorstehend an einigen Beispielen erläuterten Empfehlungen der Umweltökonomie in folgende Pauschalvorstellung einer „marktwirtschaftlich orientierten" Umweltpolitik: Ausgangspunkt ist die in der Umweltökonomie übliche Annahme, daß das für das Funktionieren des „marktwirtschaftlichen Steuerungsmechanismus" verantwortliche „Prinzip, daß grundsätzlich Identität privater und volkswirtschaftlicher Kosten und Erträge besteht, ... im Falle der Umweltbelastung vielfach *durchbrochen*" sei.[93] Die von den Produktionsprozessen der Einzelkapitale verursachte Umweltbelastung schlage sich nicht in deren Kosten nieder, sondern werde auf die Allgemeinheit abgewälzt. Dadurch lägen die Preise umweltbelastender Erzeugnisse so niedrig und deren Konsum zu hoch. Daraus wird dann geschlußfolgert: „Diese Möglichkeit der Kostenabwälzung ist die *eigentliche* Ursache des Problems, und nicht etwa das Gewinnstreben der einzelnen Wirtschaftseinheit."[94]

Eine solche Abwälzung von Umweltschutzkosten eines Unternehmens auf die Allgemeinheit wird nach bürgerlicher Wertbestimmung als „Wertminderung der natürlichen Umwelt" und in diesem Sinne als „Verringerung des Volksvermögens" bezeichnet. Jede umweltbelastende Produktion verursacht demzufolge eine Differenz zwischen privaten und volkswirtschaftlichen Kosten, in der Umweltökonomie und -politik als *„soziale Zusatzkosten"* bezeichnet.

Nach bürgerlicher Auffassung bestehe nun die Aufgabe der Umweltpolitik darin, diese „sozialen Zusatzkosten" dem jeweiligen Verursacher zuzurechnen, um entweder dessen künftiges umweltfreundliches Verhalten zu stimulieren oder aber von ihm einen der „Wertminderung" äquivalenten Betrag abzufordern, der den Kosten einer vom Staat vorgenommenen Umweltreproduktion entspricht. Diese optimistische Erwartung wird auch im BRD-Umweltprogramm ausgesprochen: „Wird der Ordnungsrahmen der Marktwirtschaft um umweltpolitische Ziele ergänzt und erweitert, so wird sich ein umweltfreundliches Verhalten der Wirtschaft im Regelfall über den Marktmechanismus einstellen."[95]

In der bürgerlichen Umweltökonomie gibt es unterschiedliche Meinungen über den Grad der „Unvollkommenheit des Marktes" in Umweltfragen, die jedoch primär ideologischer Natur sind und in erster Linie von der Mythos-Treue des jeweiligen Vertreters zur „sozialen Marktwirtschaft" abzuhängen scheinen.

Während zum Beispiel Frey unverhohlen empfiehlt, das „schlecht funktionierende Preissystem soll durch die Erhebung einer Umweltsteuer *imitiert* werden“,[96] handelt es sich bei Karsten nur um einen „Organisationsfehler“ des Marktmechanismus[97], und laut „Ackermann-Gutachten“ wäre es grundsätzlich falsch, „die Ursachen für das unbefriedigende Ergebnis dem Prinzip der Marktwirtschaft anzulasten und von Marktversagen zu sprechen“. Die Schuld am Umweltproblem treffe vielmehr den „Wirtschaftspolitiker, der nicht die notwendigen Bedingungen für das Funktionieren des Marktes geschaffen hat. Es geht hier also in erster Linie gar nicht um eine Ergänzung des Marktes durch staatliche Maßnahmen, sondern um die Herstellung der Funktionsfähigkeit des Marktes.“[98] Den offensichtlichen Widerspruch zwischen dem blinden Vertrauen in den Marktmechanismus einerseits und dem Ruf nach staatlicher Herstellung seiner Funktionsfähigkeit andererseits versucht die Umweltökonomie durch den Hinweis abzufangen, „daß der Markt in jedem Fall *instrumental* betrachtet werden muß und einer Rahmenordnung bedarf, wie es dem Hauptanliegen der neoliberalen Schule entspricht“.[99]

Neben weiteren Aufgaben wie Umweltforschung, -planung, -statistik, -propaganda, -justiz und dergleichen mehr, konzentriert sich tatsächlich die Umweltpolitik der entwickelten kapitalistischen Länder vornehmlich auf die Gestaltung eines solchen „marktwirtschaftlichen Ordnungsrahmens“. Dieses beispielsweise in der BRD als „ordnungspolitischer Datenkranz zur Erreichung umweltpolitischer Ziele“ bezeichnete System von Abgaben, Subventionen, Lizenzen, Steuern usw. soll nun bei strategischer Handhabung des Verursacherprinzips und auf der quantitativen Basis der „sozialen Zusatzkosten“ die Aufgaben der Umweltreproduktion lösen.

Zur Effektivität der sich hierbei abhebenden *drei* Schwerpunkte der Umweltpolitik können bereits heute einige Aussagen getroffen werden:

1. Schwerpunkt:

Wirtschaftspolitische Realisierung der ökologisch-ökonomischen Erkenntnis, „daß es auf die Dauer billiger ist, Umweltschäden von vornherein zu *vermeiden,* als künftig zu ihrer oft kostspieligeren *Beseitigung* herangezogen zu werden“.[100]

Umweltökonomische Berechnungen in den USA bestätigen, daß Maßnahmen zur *Vermeidung* von Umweltbelastungen erstens volkswirtschaftlich rationeller und zweitens auch weitaus wirksamer sind als solche zur nachträglichen Beseitigung bereits eingetretener Schäden bzw. oft irreversibler Umweltzerstörungen.

Mindestens vier Gründe wirken jedoch der Realisierung dieser elementaren umweltpolitischen Zielstellung nach marktwirtschaftlichem Konzept entgegen bzw. lösen selbstverstärkende Effekte der Umweltbelastung aus:

Erstens bleiben die Monopolunternehmen als Hauptverursacher von Umweltschäden vom umweltpolitischen Instrumentarium weitestgehend unberührt und/oder ordnen dieses ihren Verwertungserfordernissen unter. Sie gehören laut „Ackermann-Gutachten" zur Kategorie der Unternehmen, die „nach ihren *eigenen* Angaben (!) über die Menge und Zusammensetzung ihrer an die Umwelt weitergegebenen Abfälle zu Zahlungen herangezogen" werden.[101]

Zweitens sollen gemäß marktwirtschaftlichem Konzept die Unternehmen „selbst entscheiden, ob eine *Vermeidung* der Umweltbelastung oder die *Zahlung* der Gebühren vorzuziehen ist".[102]

Eine Umweltbelastung von vornherein zu vermeiden, erfordert in jedem Fall die Investition von Umweltschutzanlagen. Diese erhöhen jedoch den Grad der Fixität des Kapitals und damit die Umschlagszeit mit den bekannten Wirkungen auf die Profitrate. Sie sind außerdem meist verfahrensspezifisch und verringern damit die Disponibilität der Produktionskapazitäten eines Unternehmens zur Marktlage.

Angesichts dieser Konkurrenznachteile und der gegebenen Möglichkeiten, die Gebühren auf die Preise abzuwälzen, *fördert* die „marktwirtschaftlich orientierte" Umweltpolitik geradezu den Verzicht der Unternehmen auf Vermeidung von Schadstoffemissionen.

Drittens ist das umweltpolitische Instrumentarium offenbar bereits konzeptionell so angelegt, daß es von den größeren, vor allem jedoch von den monopolistischen Unternehmen mühelos unterlaufen werden kann. Sind beispielsweise die Kosten eines Unternehmens zur Vermeidung von Schadstoffemissionen *höher* als der gesellschaftliche Aufwand ihrer Beseitigung, so ist es nach marktwirtschaftlichem Konzept „im Interesse der volkswirtschaftlichen Effizienz, daß diese privaten Vermeidungskosten *eingespart* werden".[103]

Damit wird das Risiko der kapitalistischen Unternehmen, wegen Verschleierung verursachter Umweltschäden haftbar gemacht zu werden, erheblich verringert, wenn nicht sogar völlig ausgeschaltet. Einmal wird selbst in der offiziellen Umweltliteratur eingestanden, daß die Ermittlung und Festlegung des gesellschaftlichen Aufwandes für die nachträgliche Beseitigung von Umweltschäden („soziale Zusatzkosten") annähernd unmöglich ist.[104] Zum anderen braucht durch das betreffende Unternehmen durch entsprechende Rechnungsführung nur der Nachweis über genügend hohe Vermeidungskosten erbracht zu werden.

Das läßt natürlich jegliche Vermeidung zur Farce werden, zumal die erwähnten amerikanischen Berechnungen ergaben, daß die privaten Vermeidungskosten systematisch *überschätzt* sind, während die ermittelte Schadenshöhe zumeist nur die *Untergrenze* darstellt.[105] Es verwundert auch nicht, daß in der bürgerlichen Ökonomie seit einiger Zeit *erweiterte* Grenzkostenrechnungen eingeführt sind, die neben den gewöhnlichen Grenzkosten der Produktion auch die Grenzkosten der *Verheimlichung* der umweltbelastenden Eigenschaften eines Produkts ausweisen: „... aufgrund der herrschenden Zielsetzung der Unternehmung, z. B. Gewinnmaximierung, würde der Unternehmer wirtschaftlich bestraft werden, der die schädlichen Eigenschaften seines Gutes der Öffentlichkeit mitteilt. Dieses Verhalten wird dann ökonomisch sinnvoll für die Unternehmung, falls die Kosten der Verheimlichung geringer sind als die Schadenersatzforderungen der Kunden und/oder für die Beseitigung der Schäden."[106] „Da ferner sowohl die Produzenten öffentlicher als auch privater Unternehmen ein wirtschaftliches Interesse daran haben, die umweltverschmutzenden Eigenschaften ihrer Güter zu verheimlichen, ist es wahrscheinlich, daß der wahrgenommene Schaden unter dem tatsächlich *verursachten* Schaden liegt."[107]

Und viertens schließt die staatsmonopolistische Umweltpolitik und -praxis die objektive Tendenz ein, statt auf Veränderung des umweltschädigenden Einsatzes von Technik und Technologie auf die von der Umweltindustrie angebotenen *profita-*

blen Problemlösungen der nachträglichen Beseitigung entstandener Schäden zu orientieren.

2. *Schwerpunkt:*

Korrektur der durch Abwälzung von Umweltkosten verzerrten *Preisstruktur.*

Der *Preis* bzw. das Preissystem nimmt im Kategorienapparat der marktwirtschaftlichen Konzeption einen zentralen Platz ein. Hier setzt sich die *irreale* Annahme eines im wesentlichen funktionierenden und nur im Falle der Umweltbelastung durchbrochenen marktwirtschaftlichen Steuerungsmechanismus fort. Sie äußert sich in der anachronistischen Behauptung, daß „der Wirtschaftsprozeß in der Marktwirtschaft entscheidend durch die *Preisstruktur* gesteuert ist" und lediglich durch das Umweltproblem Abweichungen der Preisstruktur der Waren von der volkswirtschaftlichen Kostenstruktur ihrer Produktion auftreten würden.[108] Die von der Umweltökonomie gelieferten und in den Programmen der Umweltpolitik auch wiedergegebenen *Idealvorstellungen* der Wirkung des „umweltpolitischen Ordnungsrahmens" über das Preissystem auf das Umweltverhalten der Produzenten und Konsumenten prägen auch das „Umweltgutachten '74": „Indem es die Kosten- und Preisstrukturen in der erwünschten Weise verschiebt, führt das Verursacherprinzip zu einer Umlenkung der Kaufkraft von teurer werdenden ‚umweltbeanspruchenden' Endprodukten auf ‚umweltfreundliche' Konsumgüter. Steuerungsinstrument des Anpassungsprozesses bleibt dabei grundsätzlich der Markt, den jedoch die Umweltpolitik mit zusätzlichen Entscheidungskriterien versehen hat."[109]

Auch hier kann jedoch keine Antwort darauf gegeben werden, wie in der Praxis die äußerst vielgliedrigen externen Effekte der Umweltbelastung internalisiert – also unter den Bedingungen einer von den führenden Monopolen diktierten und den Differenzierungsprozeß forcierenden Umweltpolitik Kosten und Preis beim Umweltverschmutzer *belastet* und beim davon Benachteiligten *gestützt* werden.

Die Wirkungslosigkeit einer auf die Korrektur der Preisstruktur abgestellten Umweltpolitik liegt darin begründet, daß die Ursachen der verzerrten Preisstruktur nur *teilweise* erkannt bzw. anerkannt werden. Im wesentlichen reduzieren sich die von der Umweltökonomie akzeptierten Gründe darauf,

daß bei der Produktion verschiedener Güter unterschiedlich hohe *Umweltbelastungen* entstehen,
daß *den* Unternehmen, deren Produktionsprozeß überdurchschnittlich an die produktive Nutzung natürlicher Umwelt gebunden ist, aus der *verminderten* Umweltqualität *höhere* Kosten erwachsen und auf die Preise durchschlagen und
daß die nicht speziell entgoltenen Gemeinschaftsgüter der ökologischen *Infrastruktur* von den Einzelkapitalen unterschiedlich in Anspruch genommen werden und entsprechende Kostenvorteile erbringen können.

Die entscheidenden Ursachen der Unwirksamkeit des Preissystems für die Lösung des Umweltproblems sind jedoch vor allem folgende:

a) Die Identität von privater Preisstruktur und volkswirtschaftlicher Kostenstruktur ist nicht, wie von der Umweltökonomie vorausgesetzt und der Umweltpolitik zugrunde gelegt, *nur* im Falle der Umweltbelastung *durchbrochen*, sondern durch die *Monopolpreisbildung* völlig *aufgehoben*. Der Monopolisierungsprozeß ist ja eben die Hauptursache der *chronischen* Verzerrung der Preisstruktur!

b) Die mehr oder minder hohe Umweltbelastung einer Produktion bzw. die mit verminderter Umweltqualität steigenden Kosten der produktiven Konsumtion ökologischen Metapotentials berühren primär die Bewegung des *Wertes* der Waren, der sich mit zunehmender Monopolisierung immer weiter von der Bewegung ihres *Preises* entfernt. Daraus folgt, daß die im staatsmonopolistischen Kapitalismus erreichte neue Qualität des *Preisdiktats* nicht nur relativ losgelöst vom *Wert* der Waren, sondern auch vom *Markt* und dem dort einwirkenden Instrumentarium erfolgt. Das setzt die Wirksamkeit des gesamten „umweltpolitischen Ordnungsrahmens" gegenüber der Preisbildung der staats- bzw. privatmonopolistischen Unternehmen herab; das heißt, die Instrumente der Umweltpolitik berühren die Umweltfreundlichkeit oder -feindlichkeit deren Produkte und Verfahren so gut wie gar nicht. Gerade diese Unternehmen repräsentieren aber die *Masse* des Gesamtprodukts und damit der Umweltbelastung.

c) Nicht zuletzt ist die den führenden Monopolen gegebene Macht, über die staatliche Umweltpolitik *Surplusprofite* aus monopolistischer Aneignung natürlicher Umwelt zu realisieren, ein *neuer Faktor* der chronischen Verzerrung der Preisstruktur überhaupt.[110]

3. *Schwerpunkt:*

Entwicklung einer den Erfordernissen der Umweltreproduktion adäquaten Umweltindustrie durch Schaffung eines entsprechenden Marktes.[111]

Im April 1972, also kurz nach Verabschiedung des Umweltprogramms der Regierung der BRD, lenkte P. Menke-Glückert – heute Ministerialdirigent und Leiter der Unterabteilung Grundsatzangelegenheiten des Umweltschutzes im Bundesinnenministerium – die Aufmerksamkeit des Profiteinbußen befürchtenden Kapitals darauf, daß staatsmonopolistisch organisierte Lösung des Umweltproblems weniger als *Kostenerhöhung*, sondern als neues *Verwertungsfeld* aufzufassen sei. Deshalb schrieb er damals: „Kein Unternehmer sollte sich vom Umweltproblem bange machen lassen. Schon jetzt ist der Umweltschutzmarkt einer der am raschesten expandierenden Märkte. Umweltschutz ist zu einem neuen Markenartikel geworden."[112]

Hier, wie bei einer Reihe ähnlicher Argumentationen, dominiert das Motiv, in Gestalt eines neuen Marktes dem Kapital gewissermaßen eine *Entschädigung* für eventuelle Umweltschutzkosten zu leisten, um den zwar systemstabilisierenden, aber den kurzfristigen Verwertungsinteressen der Einzelkapitale zunächst widersprechenden Umweltschutz akzeptabel zu machen. Dieses Motiv reicht für die Begründung des Entstehens von Umweltmarkt und -industrie natürlich keineswegs aus. Ebenso kann man deren Entstehen nicht ausschließlich auf das uneingeschränkte Profitstreben des Kapitals zurückführen, dem – wie beispielsweise in der Rüstungsindustrie – bei ausreichend hoher Verwertung der produzierte Gebrauchswert absolut gleichgültig ist.

Man muß also unterscheiden zwischen der von den objektiven Erfordernissen der Umweltreproduktion ausgehenden *allgemeinen* Notwendigkeit der Produktion von Umweltschutzgütern und deren *kapitalistischer* Form. Demzufolge gilt es auch bei der Beurteilung der von der staatsmonopolistischen Umweltpolitik stimulierten Entwicklung von Umweltmarkt und -industrie zu unterscheiden zwischen den damit bewirkten *realen*

Entsorgungseffekten einerseits und den durch verschiedene Ursachen ausgelösten Entsorgungsverlusten oder gar selbstverstärkenden Effekten der Umweltbelastung andererseits. Wie bereits festgestellt, erwächst der kapitalistischen Produktionsweise keinerlei *wesenseigener* Anreiz zum Umweltschutz. Aber das Kapital ist objektiv an der Reproduktion der natürlichen Umwelt interessiert, da die Umweltzerstörung die Profitproduktion prinzipiell gefährdet: *Stofflich*, indem sie die naturwüchsige Produktivkraft der Arbeit senkt, *gesellschaftlich*, indem sie die systemgefährdenden sozialen Konflikte verschärft.

An diesen Widerspruch knüpft die marktwirtschaftliche Konzeption und die darauf beruhende Umweltpolitik an, indem

- der *Anreiz* zu Umweltschutzinvestitionen durch das umweltpolitische Instrumentarium geschaffen und damit
- die *Nachfrage* nach Umweltschutzgütern stimuliert wird.

Dem auf diese Weise geschaffenen „Super-Markt der Zukunft mit weltweiten Absatzchancen“[113] wohnt die Tendenz der *Verselbständigung* gegenüber den realen Erfordernissen der Umweltreproduktion inne: Der in der marktwirtschaftlichen Konzeption angenommene Steuerungsmechanismus von Angebot und Nachfrage ist durch die Monopolisierung unwirksam geworden. Die führenden Monopolgruppen haben sich in der Umweltindustrie etabliert; sie steuern über das von ihnen beherrschte umweltpolitische Instrumentarium den Umweltmarkt nach ihren Verwertungsbedürfnissen und schließen damit eine gesamtwirtschaftlich rationelle Umweltreproduktion aus. Selbst die bürgerliche Ökonomie spricht von einem „Zwangsmarkt“, dessen Umsätze von staatlichen Gesetzen bestimmt und im wesentlichen von knapp 40 Monopolunternehmen realisiert werden.[114]

Zu den führenden Unternehmen der Umweltindustrie, die gänzlich bzw. mit einem Bereich, einer Hauptabteilung oder einer Produktlinie die erzeugte Marktnische ausfüllen und beherrschen, gehören in der BRD unter anderem die Klöckner-Werke AG, die Rheinstahl AG, Kraus-Maffei, Messerschmitt-Bölkow-Blohm, Dornier, Farbwerke Hoechst, Krupp, die Deutsche Babcock & Wilcox AG, die der Metallgesellschaft AG angehörenden „Lurgi-Ingenieurunternehmen“, die von der Mannesmann AG und der Gelsenberg AG gemeinsam gegründete Mannesmann Umweltschutz AG (GMU), Siemens und Philips. Führend in der Beteiligung an Projekten der Umweltindustrie sind die Commerzbank, die Deutsche Bank und die Dresdner Bank.[115]

Eine der tragenden staatsmonopolistischen Körperschaften zur Vermarktung der Umwelt ist die seit 1971 bestehende „Arbeitsgemeinschaft für Umweltfragen e. V.", der 60 Verbände, 30 Monopolgruppen und 70 Einzelpersonen aus Institutionen von Bund und Ländern angehören.[116] Diese sich als „Clearing-Stelle der in der Umwelt-Diskussion stehenden Kreise" umschreibende staatsmonopolistische Organisation betrachtet die BRD-Regierung als *Modell* dafür, „wie in einer freiheitlichen Gesellschaft ein so schwieriges Problem wie der Umweltschutz im Dialog und in der konstruktiven Mitarbeit gelöst werden kann".[117] Geschäftsführer der „Arbeitsgemeinschaft" wurde bezeichnenderweise auf Vorschlag des Bundesinnenministeriums A. Schmülling, einflußreicher Lobbyist der BRD-Banken![118] Ohne einer formalen Parallele etwa zum „Militär-Industrie-Komplex" das Wort reden zu wollen, hat meines Erachtens der hierfür geprägte Begriff eines „ökologisch-industriellen Komplexes" durchaus eine gewisse Berechtigung.[119]

Der vorwiegend *irrationelle* Zusammenhang zwischen den objektiven Erfordernissen der Umweltreproduktion und der in erster Linie durch die Interessen der rasch expandierenden Umweltindustrie bestimmten staatsmonopolistischen Umweltpolitik provoziert geradezu ein *Mißverhältnis* zwischen

– dem statistisch ausgewiesenen gesamtwirtschaftlichen *Aufwand* für den Umweltschutz, dem eine bestimmte Masse produzierter und realisierter Umweltschutzgüter entspricht,

– und dem hiermit erreichten gesellschaftlichen *Entsorgungseffekt.*

Geschätzte Angaben über die Aufwendungen der BRD für den Umweltschutz reichen von 1,8 Prozent („Ackermann-Gutachten") bis 4 Prozent (Deutscher Industrie- und Handelstag) des Bruttosozialprodukts (BSP). Bei einem für das Jahr 1974 geschätzten BSP von 1000 Mrd. DM handelte es sich also um einen Aufwand von 40 Mrd. DM. Da man bei Umweltschutzaufwendungen üblicherweise mit 60 Prozent für Investitionen und 40 Prozent für Betriebskosten rechnet, würde der Jahresumsatz 1974 des Umweltschutzgütermarktes der BRD ca. 24 Mrd. DM betragen.[120] Man kann davon ausgehen, daß die realen Aktivitäten niedriger liegen. Neben der durch die Definition begründeten Erhöhung des Bruttosozialprodukts ist darauf hinzuweisen, daß die geschätzten Werte auf Angaben der Unternehmen beruhen, die aus verschiedenen Erwägungen heraus bestrebt sind, möglichst hohe Angaben zu machen.

Ohne Anspruch auf Vollständigkeit zu erheben, soll nachfolgend auf einige *Ursachen* des Widerspruchs zwischen Aufwand und Effekt staatsmonopolistisch organisierten Umweltschutzes hingewiesen werden:

Da wäre zunächst die anarchische und vor allem durch Monopolinteressen von den realen Erfordernissen der Umweltreproduktion relativ losgelöste Produktion von Umweltschutzgütern zu nennen. Das Gesamtvolumen dieser Güter ist deshalb *quantitativ* zu trennen in solche Güter, die einer *realen,* den objektiven Erfordernissen der Umweltreproduktion adäquaten Nachfrage entsprechen. Daneben stehen Güter, deren Produktion auf eine durch verschiedene Komponenten *hochmanipulierte* Nachfrage zurückzuführen ist (z. B. durch monopolistische Beeinflussung der dem umweltpolitischen Instrumentarium zugrunde liegenden Toleranzen für Schadstoffemissionen). Diese Güter werden zwar von der Umweltindustrie abgesetzt – ihr Gebrauchswert löst jedoch keine realen Entsorgungseffekte aus. Und schließlich ist auf die Güter hinzuweisen, die nicht absetzbar sind.

Vom Standpunkt des gesellschaftlichen Entsorgungseffektes ist unbedingt auch *qualitativ* zu trennen in Güter, die durch Verhinderung von Schadstoffemissionen oder Beseitigung ihrer Folgen für die Umwelt einen *realen* Entsorgungseffekt bewirken. Davon zu unterscheiden sind Güter, die lediglich der Aufbereitung der von den unmittelbaren Produktionsprozessen der Einzelkapitale konsumierten Elemente der natürlichen Umwelt dienen, jedoch keinerlei Einfluß auf den *gesellschaftlichen* Entsorgungsgrad nehmen.[121] Wichtig sind auch Güter zur Linderung der auf den menschlichen Organismus bzw. das Allgemeinbefinden einwirkenden *Sekundärfolgen* der Umweltzerstörung (Klimaanlagen, lärmdämmende Fenster usw.). Diese Güter lösen nicht nur keine gesellschaftlichen Entsorgungseffekte aus, sondern sind Ausdruck vernachlässigten Umweltschutzes.

Schließlich sind Güter zu nennen, die zwar schon immer produziert worden sind, aber seit Aufkommen der Umweltdiskussion zum Umweltschutzmittel *deklariert* werden.

Hierzu gehören neben Müllwagen, Shredderanlagen, verfahrensspezifischen Anlagen zur Wasseraufbereitung usw. auch Geräte der Meteorologie. So enthüllte sich beispielsweise ein mit großer Aufmachung in der BRD vorgestellter „Meßzug Umweltschutz“ als simple Meßstelle für Luftdruck, Temperatur, Feuchte und Wind – also Angaben, die meist von nebenberuflichen Laien auf jeder Wetterbeobachtungsstelle festgehalten werden. Dagegen werden die für den Umweltschutz wirklich aussagefähigen Daten, wie der Gehalt an Kohlenmonoxid, Stickstoffoxid, Kohlenwasserstoffen sowie in der Luft enthaltene Staubpartikeln, nicht erfaßt.[122]

Hinzu kommt noch, daß nur ein Teil des Produktionsvolumens der Umweltindustrie der Umweltreproduktion dient – aber das gesamte Volumen unter kapitalistischen Bedingungen produziert wird. Es besteht also ein Widerspruch zwischen der zusätzlichen Belastung der Umwelt durch die Umweltindustrie und dem nur partiellen Entsorgungseffekt ihrer Produkte.

Er äußert sich vor allem darin, daß es für die Umweltindustrie keinerlei Veranlassung gibt, die den Unternehmen anderer Zweige und Branchen mögliche Umgehung bzw. Abwälzung von Umweltschutzkosten bei emittierten Schadstoffen nicht ebenfalls zu praktizieren. Diese nur teilweise den Erfordernissen der Umweltreproduktion dienende *Zusatzproduktion* belastet die Umwelt mindestens gleichermaßen wie der Durchschnitt der kapitalistischen Unternehmen. Darüber hinaus sind die Verfahren und Produkte der Umweltindustrie häufig besonders material- und schadstoffintensiv, also überdurchschnittlich umweltbelastend.[123]

Außerdem bringt die gewaltige Expansion der Umweltindustrie unweigerlich eine Diskrepanz zwischen Angebot und Nachfrage bei Umweltschutzgütern mit sich. Ein Teil dieser Überproduktion, hervorgerufen durch den staatsmonopolistisch verzerrten Reproduktionsbedarf der *nationalen* Umwelt, dient über den Export der Entsorgung *fremder* Länder – belastet jedoch die natürliche Umwelt des Herstellerlandes. Das Monopolkapital der Umweltindustrie bereichert sich so – gefördert durch die zu Dumpingpreisen führende staatsmonopolistische

Umweltpolitik – am *Verkauf* von Volksvermögen in Gestalt des natürlichen Metapotentials des Landes.

Und schließlich entstand als folgerichtiges Resultat marktwirtschaftlich orientierter Umweltpolitik gemeinsam mit der Umweltindustrie und als einer der Hebel ihrer Expansion das Umwelt-*Management* mit seinem Kernstück, dem Umwelt-Marketing. Das zwiespältige Interesse des Kapitals am Umweltproblem äußert sich auch in der doppelseitigen Zielstellung des Umwelt-Managements:

a) Es soll erreichen, daß Kosten, Produktion und Absatz des unternehmenstypischen Sortiments vom umweltpolitischen Instrumentarium *nicht* oder nur *positiv* beeinflußt werden. Dieses Ziel schließt die ganze Palette der genannten Methoden der Umgehung und Abwälzung von Umweltschutzkosten ein.

Das Umwelt-Management ist wesentliches Moment der gesamtwirtschaftlichen Verteuerung des Umweltschutzes und damit einer der selbstverstärkenden Effekte kapitalistischer Umweltpolitik überhaupt. In dem bereits erwähnten Expertengespräch des BRD-Innenministeriums zum Verursacherprinzip wird auf den riesigen Apparat verwiesen, den die Abgabenerhebung auf staatlicher Seite erfordert. Es heißt dann weiter: „Auf der Seite der Unternehmen wird, provoziert gerade durch die Unsicherheiten bei der Abgabenfestsetzung, ein ähnlicher Apparat zur *Abwehr* der Abgabenforderungen entstehen. Ansätze dafür sind bereits erkennbar."[124]

b) Andererseits obliegt dem Umwelt-Management das Aufspüren, Stimulieren und Manipulieren der Nachfrage nach Umweltschutzgütern und deren Umsetzung in *neue* Verwertungsmöglichkeiten des Unternehmenskapitals. Neben dem Lobbyismus realisiert sich diese Aufgabe auch über die Beeinflussung der Umweltpolitik zum Beispiel durch Mitarbeit in staatsmonopolistischen Körperschaften wie der erwähnten „Arbeitsgemeinschaft für Umweltfragen e. V." und anderen.

Die nach „marktwirtschaftlicher Konzeption" und der darauf beruhenden Umweltpolitik entstehende Umweltindustrie bewirkt also auf Grund der überdurchschnittlichen Verwertungschancen dieses Zweiges die Mobilisierung erheblicher Kapazitäten; sie wirft zahlreiche Umweltschutzgüter auf den Markt und erzielt auch gewisse Entsorgungseffekte.

Zum anderen führt der kapitalistische, insbesondere der monopolistische Charakter dieser Industrie objektiv zu einem Mißverhältnis zwischen gesamtwirtschaftlichem Aufwand für Umweltschutz und erreichbarem Entsorgungseffekt.[125]

Zusammenfassend kann die nach „marktwirtschaftlicher Lösungskonzeption" aufgebaute staatsmonopolistische Umweltpolitik als für die *prinzipielle* Lösung des kapitalistischen Umweltproblems untauglich und für *Teillösungen* als fraglich eingeschätzt werden. Entscheidende Ursachen ihrer verminderten Wirksamkeit sind:

a) Der „marktwirtschaftliche Steuerungsmechanismus" ist nicht nur im Falle der Umweltbelastung *durchbrochen*, sondern durch die monopolistische und staatsmonopolistische Entwicklung prinzipiell *aufgehoben*! Deshalb ist die von der Umweltökonomie und -politik betonte bzw. stillschweigend zugrunde gelegte Annahme eines im wesentlichen funktionierenden Preissystems anachronistisch und absurd.

b) Das auf der quantitativen Basis der „sozialen Zusatzkosten" beruhende umweltpolitische Instrumentarium ist wegen der Unsicherheiten bei der Ermittlung dieser Kennziffer *ungenau*; es verstärkt bestehende und ruft neue Verzerrungen der *Preisstruktur* hervor, die umweltpolitischen Maßnahmen außer Kraft setzen bzw. gestellte Ziele in ihr Gegenteil verkehren können.

c) Die verzerrenden Wirkungen werden durch den staatsmonopolistischen Charakter der Umweltpolitik verstärkt, da das umweltpolitische Instrumentarium erstens von den Verwertungsbedürfnissen der führenden Monopole der Umweltindustrie diktiert ist und zweitens gegenüber der Monopolpreisbildung sowieso weitestgehend unwirksam bleibt. Selbst Karsten als Verfechter der „marktwirtschaftlichen Lösung" und Mitautor des „Ackermann-Gutachtens" kommen über ein Jahr *nach* Veröffentlichung des Gutachtens offenbar unter dem Eindruck inzwischen gesammelter Erfahrungen gewisse Zweifel über die Realität seiner Konzeption: „Eine so skizzierte Lösung des Umweltproblems *setzt voraus,* daß grundsätzlich die Durchsetzung gesamtwirtschaftlicher Ziele durch eine Beeinflussung des Preissystems *möglich* ist. Zum anderen ist *unterstellt,* daß die politischen Instanzen *Allgemeinwohl* tatsächlich definieren und es auch gegen die Interessen mächtiger gesellschaftlicher Gruppen *verwirklichen* können ... Wenn politische Entscheidungen durch *Sonderinteressen* bestimmt sind, dann kann in einer Wirtschaftsordnung, die *private Macht* in einem größeren Ausmaß zuläßt, das *Gemeinwohl* beeinträchtigt sein."[126]

d) Die mit der Herausbildung von Umweltmarkt und -industrie unvermeidliche Verselbständigung der Produktion von Umweltschutzgütern gegenüber den realen Erfordernissen der Umweltreproduktion ist nicht nur selbstverstärkender Faktor des kapitalistischen Umweltproblems, sondern zugleich wesentliche Ursache einer Diskrepanz zwischen gesamtwirtschaftlichem Aufwand für den Umweltschutz und dem damit erreichbaren Entsorgungsgrad.

Obwohl auch im „Umweltgutachten '74" keine Aufwand-Effekt-Berechnungen enthalten sind,[127] klingt diese Diskrepanz in dem Stichwort *Vollzugsdefizit* als „erstes zusammenfassendes Ergebnis" der Beurteilung der Umweltsituation in der BRD an. Dieses Vollzugsdefizit, das „bei den gesetzlichen und damit auch bei den praktischen Maßnahmen des Umweltschutzes zu beobachten ist, könnte in Zukunft eher noch größer werden, nämlich dann, wenn die in zahlreichen neueren Gesetzen auf die Zukunft gerichtete ‚planende Gestaltung' nur Lippenbekenntnis bleibt".[128]

Hansmeyer konkretisierte den gegenwärtig vielzitierten Begriff des Vollzugsdefizits dahingehend, daß gegenüber der Gesetzgebung „bei dem Vollzug insbesondere auf den *unteren* Ebenen Rückstände festzustellen sind. Wir führen dies darauf zurück, daß sich gerade dort die Belange des Umweltschutzes besonders schwer in den Gesamtrahmen der politischen Aufgaben einordnen lassen. Konflikte, die auf der oberen Ebene noch nicht sichtbar werden, treten ganz klar hervor und werden bisher vielfach *zuungunsten* des Umweltschutzes entschieden."[129] Wo die Grenze zwischen „oberer" und „unterer" Ebene liegt, bleibt ungenannt; es ist jedoch auch angesichts der von Hansmeyer im Zusammenhang mit dem Verursacherprinzip erwähnten Bemerkung anzunehmen, daß mit unterer Ebene die *unmittelbar* „zur Reinhaltung Verpflichteten" gemeint sind – also vor allem die Städte, Gemeinden und Unternehmen.

Als Ursachen dafür, daß beispielsweise in den Jahren 1971

und 1972 der öffentliche Kläranlagenbau nur etwa 60 Prozent des im Umweltprogramm genannten Sollwertes erreichte, werden im „Umweltgutachten '74" genannt:

- „fehlender behördlicher Druck sowie mangelndes ökonomisches Eigeninteresse und Umweltbewußtsein der zur Reinhaltung Verpflichteten;
- nichtoptimaler Einsatz staatlicher Finanzierungshilfen und der davon ausgelösten Investitionen;
- großer Zeitbedarf für Planung und Bau von Kläranlagen, vielfältige Verzögerungseinflüsse, deshalb verspätete Reaktion auf entstandene Mißstände".[130]

Insgesamt kommt der Sachverständigenrat zu dem Schluß, „daß bei der Abfall- und der Abwasserbeseitigung die Schere zwischen dem als notwendig Erkannten und den tatsächlich erbrachten Leistungen immer größer zu werden droht".[131]

Auf dem Hintergrund der wahren, *sozialökonomischen* Ursachen des kapitalistischen Umweltproblems – insbesondere des Privateigentums an den Produktionsmitteln, der Monopolherrschaft, der untauglichen, weil anachronistischen „marktwirtschaftlichen Lösungskonzeption" und der darauf fußenden staatsmonopolistischen Umweltpolitik – bleiben auch die obengenannten Gründe des Gutachtens nur unverbindliche Kritik an Oberflächenerscheinungen.

So sehr sich Hansmeyer namens des Sachverständigenrates auch in Worten dagegen verwahren mag, Claqueur der Bundesregierung zu sein, verdient er das von ihr ausgesprochene Lob durchaus: „Wie überall, ist der Rat auch hier für eine *Entideologisierung* und fragt zu Recht nach dem Erfolg für die Verbesserung der Umwelt und nicht nach systematischen *Totallösungen.*"[132]

Das kapitalistische Umweltproblem und die im Rahmen der kapitalistischen Produktionsverhältnisse angesiedelten Versuche seiner Lösung sind jedoch nicht nur *in sich* widersprüchlich, sondern rufen auch einige neue Aspekte der Bewegung der Widersprüche des gesamtwirtschaftlichen Reproduktionsprozesses hervor, wozu noch einige kurze Bemerkungen erforderlich sind.

3.4. *Die Verschärfung der Widersprüche des Reproduktionsprozesses*

In den bisherigen Ausführungen wurde versucht nachzuweisen, daß es kein *allgemeines* Umweltproblem gibt, sondern die objektiv notwendig gewordene Umweltreproduktion im Kapitalismus in einer dieser Produktionsweise adäquaten *Form* verläuft. Die Widersprüche des kapitalistischen Reproduktionsprozesses *verstärken* einerseits die primären Ursachen des Umweltproblems und werden andererseits durch dieses *verschärft.*

Da die Umweltreproduktion erst in jüngster Zeit einen relativ selbständigen Platz in der Reproduktion des Gesamtkapitals und -produkts einzunehmen begann und statistisches Material hierüber entweder gänzlich fehlt oder aber wegen der politischen Brisanz der Umweltproblematik meist propagandistischen Manipulierungen unterliegt, ist der quantitative Beleg einiger verbaler Prämissen und Schlüsse zunächst nur in bescheidenem Umfang möglich und ratsam. Selbst im „Umweltgutachten '74" wird betont, „daß zu Einzelgebieten wegen fehlender, nicht vergleichbarer oder mit systematischen Mängeln behafteter Daten nur grob skizzierte Aussagen möglich sind".[133]

Außerdem erfordert die *umfassende* Beurteilung des von einem so komplexen Problem wie der Gesellschaft-Umwelt-Beziehung ausgehenden Einflusses gerade auf die Bewegung der Reproduktionswidersprüche dessen *langfristige* Analyse, weil sie die Gegenwirkungen des dem Kapitalismus auferlegten *Anpassungszwangs* an die Erfordernisse der modernen Produktivkräfte einschließen muß. Das betrifft vor allem den Einfluß des Umweltproblems auf die zyklischen *Überproduktionskrisen.* Es sei in diesem Zusammenhang nur auf die Tatsache verwiesen, daß die Umweltreproduktion neben Kosten, Strukturproblemen, verminderter Massenkaufkraft usw. auch neue Binnen- und Außenmärkte schafft, die sich ihrerseits auf Beschäftigungsgrad und Kaufkraft auswirken.

Der Einfluß des Umweltproblems auf die Widersprüche des kapitalistischen Reproduktionsprozesses dürfte ein Schwerpunkt der weiteren Bearbeitung dieses Problems sein. Die Ergebnisse der bisher möglichen Untersuchung dieses Einflusses können als Anregung vertiefter Analyse wie folgt zusammengefaßt werden:

1. Der *Grundwiderspruch* des Kapitalismus, insbesondere eine Entfaltung zum Widerspruch zwischen Monopol und Volksmassen wird wesentlich zugespitzt, da die von der kapitalistischen Produktion verursachte Umweltzerstörung nicht nur in erster Linie die Arbeits- und Lebensbedingungen der Werktätigen verschlechtert und ihre politische Rechtlosigkeit vertieft, sondern die staatsmonopolistisch organisierte Umweltreproduktion vorwiegend zu Lasten der Werktätigen erfolgt und den Monopolen zusätzliche Profite erbringt.

Dieser Zusammenhang spiegelt sich in den unmittelbaren Widersprüchen des Reproduktionsprozesses wider.

2. Die staatsmonopolistische Umweltpolitik vertieft gesetzmäßig die *antagonistischen Distributionsverhältnisse.* Die tendenzielle Abwälzung der Kosten der Umweltreproduktion auf die werktätigen Massen führt unweigerlich zur Verschärfung des Widerspruchs zwischen *Produktion* und *Konsumtion.*

3. Eine äußerst wichtige Erscheinungsform dieses Widerspruchs ist der Einfluß der staatsmonopolistischen Umweltpolitik und -praxis auf die Gesetzmäßigkeit und das Ausmaß der *Inflation.*

Alle als Ursache der chronischen Inflation des gegenwärtigen Kapitalismus wirkenden Faktoren werden vom Umweltproblem tangiert. Das betrifft vor allem die *Monopolpreisbildung* als Hauptform der Abwälzung von Umweltschutzkosten der Industrie auf die Werktätigen. Diese steht in engem Zusammenhang zur *Staatsverschuldung,* indem der politische Einfluß der führenden Monopole auf das umweltpolitische Instrumentarium nicht nur Abwehr und damit Umlenkung der Kosten der Umweltreproduktion auf den Staatshaushalt bewirkt, sondern insbesondere durch die Monopole der Umweltindustrie auch unmittelbar öffentliche Mittel als Monopolprofit realisiert werden, was als Privatisierung ökologischen Metapotentials in dieser Arbeit nachgewiesen worden ist.[134]

Schließlich sei auf die von der staatsmonopolistischen Umweltpolitik hervorgerufene Tendenz der Erhöhung des allgemeinen *Preisniveaus,* insbesondere der Konsumgüter verwiesen, die teilweise selbst von bürgerlichen Ökonomen als Inflationsursache genannt wird. So räumt zum Beispiel Frey nicht nur ein, daß „die Einführung von Umweltsteuern zu einer (einmaligen) Erhöhung des Preisniveaus führt",[135] sondern überträgt auch gleich die allgemeine Inflationsstrategie des Kapitalismus auf die Umweltpolitik und empfiehlt, daß „die Regierung für den Umweltschutz notwendige Kosten lieber indirekt (etwa durch Inflation) als direkt (durch Steuererhöhungen) aufzubringen" habe.[136]

Auch im „Umweltgutachten '74" wird bei der Behandlung der „Zielkonflikte der Umweltpolitik gegenüber anderen gesellschafts- und wirtschaftspolitischen Zielsetzungen" eingeschätzt: „Da kurzfristige Ressourcen aus dem Bereich der materiellen Konsumgüterproduktion abgezweigt werden, treten Konflikte auf insbesondere gegenüber dem Ziel der *Preisniveaustabilität.*"[137]

4. Ein weiterer Aspekt des Widerspruchs zwischen Produktion und Konsumtion ist der im kapitalistischen Umweltproblem besonders kraß hervortretende Widerspruch zwischen *Produktion* und *Zirkulation.*

Der kapitalistischen Zirkulationssphäre ist die beständige Tendenz eigen, die letztlich durch die antagonistischen Distributionsverhältnisse und den anarchischen Charakter der Produktion beschränkte Nachfrage um eine *fiktive* Nachfrage zu erweitern.

Die Aufblähung der Zirkulationssphäre bewegt sich „innerhalb gewisser Grenzen unabhängig von den Schranken des Reproduktionsprozesses . . ."[138] Aber diese *Grenzen* werden durch das kapitalistische Umweltproblem enger gesetzt! Jede Produktion, die von der den verschiedenen Zirkulationskanälen entspringenden fiktiven Nachfrage induziert wird, ist vom Standpunkt der Umweltreproduktion zusätzliche Belastung der natürlichen Umwelt. Sie überschreitet das gesellschaftlich notwendige Volumen, weil sie nicht der mit der Entwicklung der Produktivkräfte verbundenen Vertiefung der Arbeitsteilung, sondern den kapitalistischen Realisierungswidersprüchen geschuldet ist.

Diese prinzipiell von der kapitalistischen Zirkulationssphäre hervorgerufene Tendenz zusätzlicher Umweltbelastung wird in mehrfacher Hinsicht durch die staatsmonopolistische Umweltpolitik verstärkt.

Eine der Ursachen des Mißverhältnisses zwischen der für die Umweltreproduktion objektiv erforderlichen Menge an Umweltschutzgütern und dem Volumen der tatsächlich produzierten Güter ist die fiktive Nachfrage, die ihrerseits durch die Umweltindustrie noch erweitert wird; der Umweltgütermarkt ist selbst ein neuer Ausdruck der Aufblähung der Zirkulation.

Wie von uns begründet wurde, ist vom Standpunkt des gesellschaftlichen Reproduktionsprozesses der Wert der produktiv konsumierten Naturkräfte aus dem Ersatzfonds und dem Mehrprodukt zu ersetzen. So verfahren, würde die Realisierung der Umweltgüter weniger Schwierigkeiten bereiten, da äquivalente Austauschverhältnisse vorlägen.

In Wirklichkeit lenkt die staatsmonopolistische Umweltpolitik die Kosten der Umweltreproduktion auf das notwendige Produkt um und verschärft damit die antagonistischen Distributionsverhältnisse. Da die Zirkulation „zwischen konstantem Kapital und konstantem Kapital" auch bei Umweltgütern letztlich durch die individuelle Konsumtion begrenzt ist, geht von der Umweltindustrie auch aus dieser Sicht der Zwang zur Schaffung fiktiver Nachfrage aus.

Das *recycling*, also die Wiederverwendung von Abfällen, ist ein zunehmendes Erfordernis der modernen Industrie und wichtiger Bestandteil der Umweltreproduktion. Es wird jedoch im Kapitalismus durch die damit verbundenen *Kosten* gehemmt und stößt darüber hinaus auf Schranken in der Zirkulationssphäre. Unabhängig davon, ob es sich um Produktionsmittel (Sekundärstoffe) oder um Konsumgüter handelt, stellen die aus der Wiederverwendung von Abfällen gewonnenen und in die Zirkulation geworfenen Produkte stets zusätzliches Angebot dar und erweitern den Zwang zur Schaffung fiktiver Nachfrage.

Nicht nur bei Konsumgütern stößt das „recycling" außerdem auf das durch die *Manipulierung* der Bedürfnisse auf „neu" eingestellte Nachfrageverhalten. Dem Abbau der Abfallhalden steht damit die Verstopfung und Aufblähung der Zirkulationskanäle gegenüber.

5. In der auf „marktwirtschaftliche Lösungskonzeptionen" eingeschworenen staatsmonopolistischen Umweltpolitik äußert sich besonders drastisch der Widerspruch zwischen *Anarchie* und *Regulierung*.

Ausdruck dafür ist das im Zusammenhang mit den überdurchschnittlichen Verwertungsmöglichkeiten der in der Umweltindustrie angelegten Kapitale entstehende *Mißverhältnis* zwischen den ökologisch notwendigen und den tatsächlich geschaffenen Kapazitäten dieser Industrie. Das erhöht die chronische *Nichtauslastung* der Produktionskapazitäten insgesamt.

Gleichzeitig damit verstärkt sich die *Disproportionalität* der Abteilungen und Zweige, insbesondere aber der ökologischen Infrastruktur. Einmal setzt das überproportional in die Umweltindustrie im allgemeinen abfließende Kapital die Akkumulationskraft anderer Zweige herab. Zum anderen ist das von den führenden Monopolen des ökologisch-industriellen Komplexes diktierte Instrumentarium der staatsmonopolistischen Umweltpolitik *nicht* primär nach ökologischen Erfordernissen, sondern nach den Verwertungserfordernissen dieser Monopole aufgebaut. Dadurch werden ökologische Prioritäten negiert, und es können *Strukturverzerrungen* vor allem in der Entsorgungsindustrie hervorgerufen werden, was den für die volkswirtschaftliche Effektivität erforderlichen Entsorgungsgrad gefährdet.

6. Diese Verzerrung ökologischer Prioritäten zeigt sich besonders deutlich am Einfluß der staatsmonopolistischen Umweltpolitik auf den *wissenschaftlich-technischen* Fortschritt.

Da die *Beseitigung* von Umweltschäden profitabler ist als ihre *Vermeidung,* konzentriert sich die umweltrelevante Forschung und Entwicklung nicht auf die Veränderung umweltbelastender *Primärtechnologien,* sondern auf technisch perfekte Lösungen zur Beseitigung der von diesen Technologien verursachten Schadstoffemission. Damit verschärft das kapitalistische Umweltproblem zugleich den Widerspruch zwischen dem wissenschaftlich-technischen Fortschritt und der Nutzung seiner ökonomischen Potenzen.

Insgesamt bestätigt bereits die bisherige Analyse des kapitalistischen Umweltproblems erneut den *parasitären* und *faulenden* Charakter des gegenwärtigen Kapitalismus. Das kapitalistische Umweltproblem ist ein an Wirkung ständig zunehmender Faktor der dem Kapitalismus innewohnenden Tendenz zur Hemmung der Entwicklung der Produktivkräfte. Konnte der

Kapitalismus durch die staatsmonopolistische Entwicklung den Spielraum seiner Produktionsverhältnisse zeitweilig erweitern, was sich vor allem in der Dynamik der Produktionstechnik niederschlug, so setzt ihm heute das Umweltproblem eine erneute Grenze. Die Praxis zeigt, daß die schwersten Umweltzerstörungen in den kapitalistischen Ländern gerade im Zeitraum ihrer verstärkten Entwicklung zum *staatsmonopolistischen* Stadium verursacht wurden und werden. Unabhängig von mehr oder weniger effektiven *Teillösungen* offenbart sich hier eine der absoluten Schranken der Vergesellschaftung von Produktion und Reproduktion innerhalb kapitalistischer Produktionsverhältnisse und fordert energisch deren endgültige Ablösung durch den Sozialismus.

4. Der Kampf der demokratischen Kräfte gegen die staatsmonopolistische Umweltpolitik

4.1. *Der Platz demokratischer Umweltinitiativen im antimonopolistischen Kampf*

Engels bezeichnete angesichts des Resultats seiner Untersuchung zur Lage der arbeitenden Klasse in England die bereits zu jener Zeit spürbare industrielle Umweltverschmutzung der Städte als *sozialen Mord*; „... versteckter, heimtückischer Mord, ein Mord, gegen den sich niemand wehren kann, der kein Mord zu sein scheint, weil man den Mörder nicht sieht, weil alle und doch wieder niemand dieser Mörder ist, weil der Tod des Schlachtopfers wie ein natürlicher aussieht und weil er weniger eine Begehungssünde als eine Unterlassungssünde ist. Aber er bleibt Mord“.[139]

Seitdem ist fast ein Jahrhundert vergangen, in dessen Verlauf sich die Organisiertheit der Arbeiterklasse festigte, politische und ökonomische Rechte gegen den Widerstand des Kapitals erkämpft wurden und seit Bestehen des sozialistischen Weltsystems der Kampf der nationalen Abteilungen der Arbeiterklasse in den kapitalistischen Ländern auf vielfältige Weise auch äußere Unterstützung findet.

Aber gleichzeitig vollzog sich auf dem Gebiet von Wissenschaft und Technik und deren industrieller Nutzung durch das Kapital eine Entwicklung, die zu einer völlig neuen Qualität der Umweltzerstörung führte. Ihre sozialen Folgen verweisen auf die Aktualität der von Engels erhobenen Anklage.

Während jedoch die damaligen Merkmale der Umweltverschmutzung vorwiegend lokaler Natur waren, haben sie heute in den meisten Fällen globalen Charakter angenommen. Sind für jene Zeit gewisse technische Grenzen der Vermeidbarkeit von Umweltbelastungen anzuerkennen, so muß selbst die bürgerliche Wissenschaft eingestehen, daß die gegenwärtige wissenschaftlich-technische Revolution zugleich alle technischen Voraussetzungen schuf, industrielle Umweltschäden weitestgehend auszuschalten. Handelte es sich damals um eine Erscheinungsform des kapitalistischen Profitstrebens schlechthin, so zeichnen in der Gegenwart vor allem die führenden Monopole und der Staat für die Umweltzerstörung verantwortlich; die Umweltkrise ist als Bestandteil der allgemeinen Krise des Kapitalismus selbst Ausdruck seiner historischen Überlebtheit geworden.

Lösung des Umweltproblems erfordert heute *Ablösung* des Kapitalismus! Aber die Verwirklichung dieser Forderung bedarf wie alle revolutionären Veränderungen bestimmter objektiver und subjektiver Voraussetzungen. Deshalb gilt als Tagesaufgabe im Hinblick auf die Einschränkung der negativen sozialen Wirkungen der kapitalistischen Umweltkrise die Einordnung des Kampfes der Arbeiterklasse und aller Werktätigen um eine menschenwürdige Umwelt in den allgemeinen Rahmen des Kampfes für eine demokratische Erneuerung von Staat und Gesellschaft. Es geht um eine demokratische Alternative zur staatsmonopolistischen Umweltpolitik.

Es wurde bereits an mehreren Stellen dieser umweltrelevanten Analyse des staatsmonopolistischen Reproduktionsprozesses auf die Ursachen sowohl der prinzipiellen Unlösbarkeit des kapitalistischen Umweltproblems als auch seiner Verstärkung unter den gegebenen Produktionsverhältnissen verwiesen.

Hier nun ist weder der Versuch beabsichtigt, ein „Alternativprogramm demokratischer Umweltpolitik" vorzuschlagen, noch das Modell eines „entmonopolisierten und umweltkonformen Reproduktionsprozesses" zu entwerfen. Beides wäre von vornherein nur wirklichkeitsfremde Konstruktion. Geeignete Programme zu entwickeln bleibt Aufgabe der demokratischen Kräfte der imperialistischen Länder, die unter Führung ihrer kommunistischen und Arbeiterparteien und unter sorgfältiger Berücksichtigung der jeweiligen konkreten Situation den Umweltschutz mehr oder weniger bereits zum festen Bestandteil ihres antimonopolistischen Kampfes erhoben haben.[140]

Vielmehr geht es hier darum, anhand einiger grundlegender Aufgaben und Resultate der demokratischen Umweltinitiativen deren *Konsequenzen* im volkswirtschaftlichen Reproduktionsprozeß zu erfragen. Einige Beispiele des vom Staat und den Monopolen diesen Initiativen entgegengesetzten Widerstandes verdeutlichen deren Bedeutung als neue *Form* des antimonopolistischen Klassenkampfes.

Wie bei jeder Teilaufgabe des antimonopolistisch-demokratischen Kampfes steht auch auf dem Gebiet des Umweltschutzes die Frage nach dem Verhältnis von *Reform und Revolution* an oberster Stelle.

Die Umweltpolitik gehört gegenwärtig zu den kompliziertesten Fronten der Klassenauseinandersetzung in den imperialistischen Ländern, da sowohl Staat und Monopole als auch die demokratischen Kräfte ihre Ziele auf dem Weg der Reform durchzusetzen versuchen. Während jedoch die staatsmonopolistische Umweltpolitik partielle Reformen als „Schönheitskorrekturen" zur systemerhaltenden Anpassung des kapitalistischen Reproduktionsprozesses an die veränderten Umweltbedingungen anstrebt,[141] kann eine demokratische Alternative hierzu nur über Reformen erfolgreich sein, die umweltpolitische Ziele durch Einschränkung entscheidender Machtpositionen der Monopolbourgeoisie stets als Teilziel der endgültigen Überwindung dieser Macht durchsetzen.

Der staatsmonopolistische Kapitalismus ist auf Grund zahlreicher innerer Merkmale der Umweltzerstörung und des internationalen Kräfteverhältnisses gezwungen, den Forderungen der demokratischen Kräfte nach umweltgerechten Reformen Zugeständnisse zu machen; er wird jedoch stets versuchen, diese in systemstabilisierenden und gegen die fortschrittlichen Kräfte gerichteten Reformen zu verwirklichen. Andererseits ist es Aufgabe der demokratischen Kräfte, die staatsmonopolistische Umweltpolitik in antimonopolistische Aktionen umzufunktionieren. Das ist unter anderem möglich, indem für die Verwirklichung der oft unter demagogischer Zielstellung in den Umweltprogrammen der Regierungen angekündigten Maßnahmen eine demokratische Kontrolle im Sinne gesellschaftlicher Mitbestimmung gefordert und durchgesetzt wird. Als entscheidende Ursache dafür, daß das auf staatsmonopolistischer Interpretation des Verursacherprinzips beruhende umweltpolitische Instrumentarium für die prinzipielle Lösung des kapitalistischen Umweltproblems nicht nur ungeeignet ist, sondern dieses Problem verstärkt, die antagonistischen Distributionsverhältnisse vertieft und den Monopolen zusätzliche Profite erbringt, nannten wir die Tatsache, daß dieses Instrumentarium den Verwertungsbedürfnissen der führenden Monopole untergeordnet ist.

Streng genommen bestätigt das „Ackermann-Gutachten" diesen Fakt, spielt ihn allerdings herunter und versucht, die unumgänglich anstehende Frage der Kontrolle in systemkonforme Bahnen zu lenken: „Wichtigstes Erfordernis zur Durchsetzung des Verursacherprinzips ist es, daß Institutionen geschaffen werden, die die durch die einzelnen Emissionen regional unterschiedlich hervorgerufenen volkswirtschaftlichen Schäden ermitteln und davon ausgehend Vorschläge für die für diese Emission abzuführenden Gebühren ausarbeiten. Zweifellos werden diese Behörden auf Grund der wirtschaftlichen Bedeutung ihrer Aufgabe und wegen der Schwierigkeiten, hier objektiv unangreifbare Lösungen zu finden, starken *Interesseneinflüssen* ausgesetzt sein. Es muß also dafür gesorgt werden, daß Interesseneinflüsse möglichst ausgeschaltet oder zumindest transparent gemacht werden. Selbstverständlich bedürfen diese Institutionen einer *parlamentarischen* Kontrolle."[142]

Charakteristisch für die demagogische Art und Weise dieser typischen Argumentation von Ackermann ist, daß einerseits mit dem Hinweis auf die Interesseneinflüsse der Eindruck eines bewußt objektiven Vorgehens suggeriert werden soll, zum anderen aber gerade durch eine pauschale Verurteilung jeglicher Einflußnahme die Durchsetzung der Interessen der herrschenden Klasse gesichert wird. Die entscheidende Frage, die Interessen welcher Klasse die Lösung der genannten Probleme begünstigen und die Interessen welcher Klasse sie behindern wird, wird ausgeklammert.

Wie es um die Transparenz in Umweltfragen unter staatsmonopolistischen Verhältnissen bestellt ist, geht aus einem Beispiel der Umweltpolitik der USA hervor. Das dort geschaffene „Gesetz zur Bereitstellung von Information" (GBI) räumt der „Öffentlichkeit", sprich: den Monopolen, das Recht ein, alle Dokumente der Bundesregierung einzusehen, endet jedoch mit dem Hinweis, „daß unter diesem Gesetz Privatunternehmen nicht zur Herausgabe von Informationen gezwungen werden können".[143]

Der Hinweis auf die „parlamentarische Kontrolle" macht deutlich, daß das für jede antimonopolistische Bewegung wichtige Verhältnis von parlamentarischem und außerparlamentarischem Kampf auch auf dem Gebiet des Kampfes um eine menschenwürdige Umwelt bedeutsam ist. Auch hier gilt die marxistisch-leninistische Erkenntnis, daß bei Ausnutzung aller parlamentarischen Möglichkeiten dem außerparlamentarischen Kampf das *Primat* einzuräumen ist.

Eine an Wirksamkeit in den imperialistischen Ländern zunehmende Form des außerparlamentarischen Kampfes ist die Bildung von *Bürgerinitiativen* gegen die Umweltverschmutzung.

In der erwähnten Diskussion der Zeitschrift „Probleme des Friedens und des Sozialismus“ wird eine Vielzahl derartiger antimonopolistischer Bündnisse der demokratischen Öffentlichkeit genannt, die, wie beispielsweise in Japan, bei richtiger Orientierung durch die kommunistischen und Arbeiterparteien zur „Einheitsfront des Kampfes gegen die Verschmutzung der Umwelt“ werden können.

Wie wirksam diese Organisationen bereits sind, kann den Reaktionen des Staates und der Monopole entnommen werden. In Ergänzung der Ausführungen zur Umweltindustrie noch eine Bemerkung zur „Deutschen Babcock“: Dieser Konzern ist einer der führenden Hersteller von Umweltschutztechnik, also vom Standpunkt dieses Teils des stark auf Diversifikation eingestellten Produktionssortiments an *harten* Forderungen des Immissionsschutzes interessiert. Zugleich macht aber die traditionelle Produktion von Kraftwerksanlagen des Konzerns ein Viertel der Kapazität aus, und das hier angelegte Kapital verwertet sich um so höher, je kulanter die Umweltschutzbestimmungen sind. Als nun 480 von 550 Millionen DM eines Großauftrages zum Bau von Kraftwerken storniert wurden, weil sich unter dem Einfluß von Bürgerinitiativen behördliche Genehmigungsverfahren hinzogen, wird im Geschäftsbericht des Konzerns festgestellt: „Die Umweltschützer haben es geschafft, dem Unternehmen ... ernste Sorgen zu bereiten.“ Und es folgt der Schluß, daß „die Anhänger von Bürgerinitiativen ... nur zu oft mit Systemveränderern identisch sind ...“[144] Wie wirksam diese Formen des demokratischen Kampfes sind, bestätigen auch die Massenaktionen gegen die Errichtung von Kernkraftwerken. Hier wurde unter anderem die Notwendigkeit international koordinierter Aktionen bestätigt und zugleich überzeugend demonstriert, wie antikommunistische Verleumdungsfeldzüge unwirksam gemacht werden können.

In einer Beratung der erwähnten staatsmonopolistischen „Arbeitsgemeinschaft für Umweltfragen“ schlug der Staatssekretär im Innenministerium, Dr. G. Hartkopf, den Monopolen vor, kritische Bürgerinitiativen zu unterwandern: „Hält die Industrie es nicht für denkbar, daß sie nicht erst die Gründung einer Bürgerinitiative, die notgedrungen eine Antistellung haben muß, abwartet, sondern zu einem sehr frühen Zeitpunkt, vielleicht sogar mit einer Bürgerinitiative, die sie selbst trägt, zu einer gegenseitigen Abstimmung und Verständigung kommt?"[145]

Als in der BRD einige Bürgerinitiativen die Forderung nach dem Recht auf *Verbandsklage* erhoben, um als eine Art Bürgerklage gegen behördliche Umweltmaßnahmen vorgehen zu können bzw. die Einleitung eines Strafprozesses gegen umweltzerstörende Unternehmen zu erzwingen, stießen sie auf den härtesten Widerstand der Klassenjustiz. Das Bundesverwaltungsgericht ließ in einem eigens hierzu veröffentlichten Artikel vermerken: „Umweltschutz ist in der derzeitigen Phase der gesellschaftlichen Entwicklung in erster Linie als Staatsaufgabe zu verstehen. Eine Übertragung von Umweltschutzaufgaben auf Verbände und deren Ausstattung mit einer Klagebefugnis vor Gericht würde die Tätigkeit staatlicher und damit wenigstens unvollkommen demokratisch kontrollierbarer Instanzen in anonyme, keinem Bürger Rechenschaft schuldende Körper verlagern."[146] Kennzeichnend ist die unverhohlene Demagogie dieser Argumentation. Die demokratische Öffentlichkeit versucht angesichts eines undemokratischen Staatsapparates, ihr verfassungsmäßig zugesichertes Recht zu vertreten; sie wird statt dessen einerseits als undemokratisch abqualifiziert, andererseits wird ihr am Ende des gleichen Artikels die Sinnlosigkeit ihrer Forderung mit dem Hinweis auf den sowieso undemokratischen staatsmonopolistischen Herrschaftsmechanismus höhnisch begründet: „In einer notwendig langfristigen Planung unserer Lebensverhältnisse kommt der klagende Bürger regelmäßig zu spät. Ohne eine stärkere *unmittelbare* Einflußnahme der Bürger auf den staatlichen Planungsprozeß, ohne – um ein Schlagwort zu gebrauchen – tiefgehende Demokratisierung der Entscheidungsprozesse bleibt die populäre Verbandsklage nur ein Feigenblättchen staatlicher und wirtschaftlicher Planungsallmacht."[147]

Was die „parlamentarische Demokratie" eines imperialistischen Staates für den Kampf um eine menschenwürdige Umwelt wert ist, zeigt ein Beispiel aus Düsseldorf. Dort konstituierte sich Ende 1971 ein aus acht Ratsherren und fünf Bürgermitgliedern bestehender „Ausschuß für Umweltschutz“, der als Körperschaft des Stadtparlaments Entscheidungen auf dem Gebiet des Umweltschutzes treffen soll. „Doch *andere* Entscheidungsgremien machen dem Ausschuß oft einen Strich durch die Umweltschutz-Rechnung. Ein Mitglied des Ausschusses beklagte sich jüngst verbittert: ‚Ich komme mir vor wie Don Quichotte. Es ist ein Kampf gegen Windmühlenflügel ...‘“[148] Die hier zum Ausdruck kommende Erfahrung ist insofern außerordentlich bedeutsam, weil die Methode der Kompetenzaufsplitterung nicht das zufällige Resultat eines bürokratisch entarteten Staatsapparates ist, sondern sich darin wesentliche Aspekte des staatsmonopolistischen Kapitalismus äußern.

Neben der Aushöhlung der parlamentarischen Organe ist dabei vor allem auf die Privatisierung bestimmter staatlicher Kompetenzen hinzuweisen.

Neben den Bürgerinitiativen, Ratsausschüssen und anderen Körperschaften der demokratischen Öffentlichkeit liegt eine weitere Potenz antimonopolistischer Bündnisse in dem durch die staatsmonopolistische Umweltpolitik verschärften Differenzierungsprozeß begründet.

Die kleinen und mittleren Unternehmen verfügen erstens nicht über die Finanzreserven, um ihre besonders emissionsintensiven, weil technisch relativ veralteten Anlagen und Verfahren innerhalb der gesetzlichen Fristen zu rekonstruieren, zweitens trifft sie voll das von den führenden Monopolen diktierte umweltpolitische Instrumentarium und fordert entsprechende Abgaben, drittens können sie auf Grund ihrer Machtposition diese Kosten nicht in dem Maße über die Preise abwälzen wie die Monopolunternehmen und viertens schließlich sind sie vom großen Geschäft am *Umweltmarkt* nicht nur weitestgehend ausgeschlossen, sondern gesetzlich verpflichtet, die zu *Monopolpreisen* angebotenen Umweltschutzgüter zu kaufen. Die bürgerliche Ökonomie kennt natürlich die damit verbundenen Gefahren für die Systemstabilität und warnt aus den unterschiedlichsten Motiven bzw. in verschiedenen Zusammenhängen. Das „Ackermann-Gutachten“ empfiehlt zum Beispiel, daß während einer Übergangszeit den kleineren Unternehmen staatliche Hilfe für die erforderlichen Umstellungen gewährt wird.[149] Im „Umweltgutachten '74“ wird im Zusammenhang mit den empfohlenen „Umweltnutzungslizenzen“ auf die hiermit verbundene Möglichkeit aufmerksam gemacht, „daß Emissionsrechte unternehmenspolitisch gezielt gehortet werden und damit möglichen Konkurrenten der Marktzugang erschwert wird. Hierdurch würde die Marktposition bereits dominierender Anbieter weiter verfestigt.“[150] Die hier als bloße subjektivistische Entartung charakterisierte Möglichkeit ist jedoch die objektiv notwendige Konsequenz einer Umweltpolitik des staatsmonopolistischen Kapitalismus. Diese Wirkung ergibt sich unmittelbar aus den objektiven Verwertungserfordernissen der Monopole. Dabei ist auf die reale Gefahr aufmerksam zu machen, die in der Forderung nach staatlicher Hilfe für kleinere Unternehmen liegt. Die Erfahrungen lehren, daß solche Hilfsmaßnahmen in der Regel nur ein Feigenblatt für massive staatliche Begünstigungen der Monopole darstellen. Auch hier ist entscheidend, welche gesellschaftlichen Kräfte die Realität derartiger Maßnahmen gewährleisten.

Eine der wichtigsten Aufgaben gesellschaftlicher Kontrolle der Umweltpolitik im Rahmen demokratischer Mitbestimmung ist die Herstellung umweltgerechter *Distributionsverhältnisse.*

Die Angaben der imperialistischen Regierungen über die für den Umweltschutz erforderlichen bzw. aufgewandten Mittel verschweigen von vornherein deren sozialökonomische Quellen. Wir haben begründet, daß die materielle und finanzielle Realisierung der Umweltreproduktion vom Standpunkt der volkswirtschaftlichen Gesamtrechnung in erster Linie aus dem Ersatzfonds *und* dem Mehrwert erfolgen muß. Im Gegensatz hierzu bewirkt und unterstützt das staatsmonopolistische Umweltinstrumentarium die tendenzielle Abwälzung dieser Kosten auf die Werktätigen; ihre Verlagerung auf das notwendige Produkt, deren Folgen auf den Reproduktionsprozeß wir ausführlich darstellten.

Deshalb muß eine Demokratisierung der Umweltpolitik zugleich Demokratisierung der Verteilungsverhältnisse sein. Das erfordert einerseits die Mitarbeit des Volkes an einer antimonopolistischen Gestaltung des umweltpolitischen Instrumentariums und andererseits die außerparlamentarische Kontrolle der für seine Durchsetzung zuständigen Institutionen. Das ist eine äußerst komplizierte, weil komplexe Aufgabe, die eine

Reihe weiterer antimonopolistischer Aktionen nach sich zieht. Die DKP fordert zum Beispiel in ihren „Gedanken und Vorschlägen für einen wirksamen Umweltschutz“ die Finanzierung der Umweltreproduktion unter anderem aus den folgenden Quellen:

– aus dem Rüstungshaushalt, indem die Rüstung um 15 Prozent jährlich oder mindestens drei Milliarden DM vermindert wird;

– aus zusätzlichen Steuern für Großunternehmen in Höhe von 10 Prozent der jährlichen Abschreibungen;

– Großunternehmen werden durch Gesetz verpflichtet, bei Investitionsvorhaben in Abhängigkeit von deren Umweltbelastung entsprechende Mittel für die Vermeidung von Schadstoffemissionen einzusetzen;

– Gewährleistung der finanziellen Leistungskraft der Städte und Gemeinden für den Umweltschutz durch Erhöhung ihres Anteils am Steueraufkommen;[151]

– bei Neuansiedlung von Industrieunternehmen müssen diese, nicht aber die Gemeinden, für die Finanzierung notwendiger Maßnahmen zum Schutz der Umwelt aufkommen.[152]

Der für die Zusammenarbeit von Staat und Monopolen in Umweltfragen zuständige Staatssekretär Hartkopf wies in einer Ansprache vor den Umweltausschüssen des BDI diese Forderungen zurück und bezeichnete die mit den DKP-Vorschlägen Sympathisierenden in der üblichen antikommunistisch diffamierenden Manier als „nützliche Idioten“. In seiner vor allem der Verteidigung der „marktwirtschaftlichen Lösung“ des Umweltproblems und der staatsmonopolistischen Interpretation des Verursacherprinzips gewidmeten Rede wandte er sich kategorisch gegen jegliche zusätzliche Besteuerung der Großunternehmen.[153] Das bei einer solchen Argumentation zu erwartende Ergebnis ließ dann auch nicht lange auf sich warten. Anstelle der abgelehnten steuerlichen Belastung der Großindustrie kam ein großzügiges Steuergeschenk für die Monopole.

Nach dem Entwurf des 3. Steuerreformgesetzes werden *Abschreibungen* für Umweltschutzinvestitionen künftig bis zu 60 Prozent gegenüber bisher bis zu 30 Prozent im Herstellungs- und Anschaffungsjahr möglich sein.[154]

Eine große Verantwortung erwächst aus dem kapitalistischen

Umweltproblem den Gewerkschaften. Offenbar nimmt zum Beispiel der DGB in letzter Zeit eine kritischere und konsequentere Haltung zur staatsmonopolistischen Umweltpolitik ein, was unter anderem den 49 Thesen des vom DGB-Bundesausschuß verabschiedeten DGB-Umweltprogramms zu entnehmen ist. Der DGB-Vorsitzende Vetter verwies bei der Vorstellung des Programms im März 1974 vor allem auf die Praktiken der Monopole, den Umweltschutz als Alibi für Entlassungen und Preissteigerungen zu benutzen.[155]

Ein entscheidender Schritt bei der praktischen Realisierung einer demokratischen Umweltpolitik wäre eine umweltgerechte Investitionslenkung und -kontrolle. Damit würde erreicht, daß erstens Umweltbelastungen aus negativen Struktureffekten (Disproportionen) eingeschränkt werden und zweitens ein den ökologischen Erfordernissen entsprechender Anteil an den Gesamtinvestitionen in die Umweltreproduktion fließt (Investitionsstruktur).

Drittens könnte eine umweltgerechte demokratische Investitionsbesteuerung erfolgen. Vor allem die Großunternehmen würden gezwungen, Mittel für die Umweltreproduktion in Abhängigkeit vom Volumen der beabsichtigten Investition (zum Beispiel 2 Prozent) einzusetzen bzw. abzuführen.

Die Investitionslenkung ist zentrales Thema einer seit langem in der bürgerlichen Wirtschaftsliteratur geführten „Planungsdiskussion“, bei der das Umweltmotiv eine wachsende Rolle spielt. Obwohl die meisten Autoren beteuern, lediglich zur „Verminderung der Mängel kapitalistisch-marktwirtschaftlicher Ordnungen“ beitragen zu wollen,[156] sind sie der Kritik der Monopole ausgesetzt.

Eine umweltgerechtere und demokratische Investitionslenkung und -kontrolle kann nur verwirklicht werden, wenn unter anderem zwei weitere Maßnahmen mit ihr verbunden sind:

– eine wirksame Preiskontrolle, insbesondere die Schaffung von Festpreisen für Konsumgüter und Dienstleistungen, die die Abwälzung von Umweltkosten auf die Werktätigen unterbindet,

– und die Demokratisierung des Kreditsystems durch Entmachtung der Großbanken.

So fordert zum Beispiel W. Roth die Überführung der Banken

in Gemeineigentum, da der „Einfluß der Banken auf die Struktur und Richtung der privatwirtschaftlichen Investitionen ... volkswirtschaftliche Gesichtspunkte, beispielsweise gesellschaftliche Kosten und Erträge der Investitionen bei der Umweltzerstörung", unberücksichtigt läßt.[157]

Umweltpolitik ist in erster Linie Gesellschafts- und Sozialpolitik und damit *Klassenpolitik*. Da der Kampf um demokratische Reform der Umweltpolitik stets von Form und Inhalt her als Bestandteil der revolutionären Bewegung geführt werden muß, ist von Anfang an deren spezifisch subjektives Wesen zu beachten. Deshalb müssen die kommunistischen und Arbeiterparteien der kapitalistischen Länder der Arbeiterklasse und allen mit ihr verbündeten antimonopolistischen Kräften ein revolutionäres *Umweltbewußtsein* anerziehen.

Die imperialistischen Regierungen und ihre Ideologen verwenden den Begriff des Umweltbewußtseins ebenfalls, geben ihm jedoch einen völlig anderen Inhalt. Einmal wird es gewertet und genutzt als Indikator der Umweltrelevanz der Volksmassen, um davon ausgehend Folgerungen für Ausmaße, inhaltliche Schwerpunkte und Vorgehensweise staatsmonopolistischer Umweltpolitik mitzugestalten. Andererseits wird es als wirksames Feld der Manipulierung angesehen, um über ein auf diesem Wege erzeugtes falsches Bewußtsein die angestrebten Ziele zu unterstützen. Es geht letztlich darum, das Klassenwesen der Umweltkrise zu verschleiern und die Volksmassen für die Übernahme der Lasten der Umweltreproduktion gefügig zu machen.

So lautet die These 5 des Umweltprogramms der BRD-Regierung: „Umweltschutz ist Sache jedes Bürgers. Die Bundesregierung sieht in der Förderung des Umweltbewußtseins einen wesentlichen Bestandteil ihrer Umweltpolitik."[158]

Sie ließ zu diesem Zweck die bereits in anderem Zusammenhang erwähnte Repräsentativerhebung über den Stand des umweltpolitischen Bewußtseins der Bundesbürger erstellen. Eines der wichtigsten Anliegen dieser soziologischen Studie ist offensichtlich die Erfragung des für den Fortbestand der staatsmonopolistischen Herrschaft unbedenklichen Grades der Umweltzerstörung, der diesbezüglichen Sensibilität der Bevölkerung und deren Belastbarkeit mit den Kosten der Umweltreproduktion. Davon künden unter anderem solche Fragen wie:

„Sind Sie bereit, für Maßnahmen des Umweltschutzes persönliche Opfer zu bringen oder nicht?"[159] oder: „Halten Sie die Gründung von Bürgerinitiativen zum Schutze der Umwelt für sinnvoll oder nicht?"[160]

Revolutionäres Umweltbewußtsein ist nichts anderes als eine spezifische Form des Klassenbewußtseins der Arbeiterklasse. Es kann unter antagonistischen Produktionsverhältnissen niemals eine klassenindifferente „Mitverantwortung" für das kapitalistische Umweltproblem ausdrücken, sondern muß die gesellschaftlichen *Ursachen* dieses Problems widerspiegeln und deren Beseitigung fordern. In den erwähnten Umweltvorschlägen der DKP heißt es hierzu: „Wir Kommunisten verstehen unter Umweltbewußtsein die Erkenntnis, daß die Macht der großen Konzerne – der Hauptschuldigen an der Umweltverschmutzung – eingeschränkt werden muß."[161] Bei der Herausbildung des Umweltbewußtseins der Arbeiterklasse müssen bestimmte negative Folgen des jahrzehntelangen Einflusses des Kapitalverhältnisses auf ihr Denken und Handeln berücksichtigt und überwunden werden. Dieses Verhältnis verbirgt nicht nur die unmittelbare Ausbeutung im Betrieb, sondern auch den inneren Zusammenhang zwischen der Ökonomie des konstanten Kapitals und der Umweltzerstörung „in der vollständigen Gleichgültigkeit, Äußerlichkeit und Entfremdung, worin es den Arbeiter versetzt gegenüber den Bedingungen der Verwirklichung seiner eigenen Arbeit".[162]

Das revolutionäre Umweltbewußtsein festigt sich um so mehr, und die Versuche der konterrevolutionären Umkehrung von Umweltinitiativen durch die Reaktion sind um so aussichtsloser, je besser es die Kommunisten verstehen, Erfolge der demokratischen Kräfte im Kampf um wirksamen Umweltschutz als Mittel zur Überzeugung von der Überwindbarkeit der staatsmonopolistischen Herrschaft zu nutzen. Die ideologische Arbeit muß sich darauf konzentrieren, den Kampf um Reformen nicht in Reformismus abgleiten zu lassen, sich nicht mit erfolgreichen Aktionen gegen diese oder jene Oberflächenerscheinung des kapitalistischen Umweltproblems zu begnügen.

J. Angenfort betonte auf der Ludwigshafener Umweltschutz-Konferenz der DKP bereits im März 1971 mit Nachdruck den Standpunkt der Kommunisten, daß „die Probleme des Umweltschutzes ihre endgültige Lösung im Interesse des arbeitenden Volkes nur in einer sozialistischen Ordnung finden werden".[163]

Für Reformen auf dem Gebiet des Umweltschutzes gilt die für alle demokratischen Reformen verbindliche Erkenntnis Lenins, daß Fehler und Rückschläge vermieden werden, „wenn man das ‚Endziel' stets im Auge behält, wenn man jeden Schritt der ‚Bewegung' und jede einzelne Reform vom Standpunkt des allgemeinen revolutionären Kampfes beurteilt".[164]

4.2. *Die prinzipielle Lösung des Umweltproblems*

Ideologische Klarheit darüber, daß ein optimales Verhältnis zwischen Gesellschaft und natürlicher Umwelt nur unter sozialistisch-kommunistischen Produktionsverhältnissen hergestellt werden kann, ist wegen des in der Umweltproblematik besonders massiv engagierten und demagogisch massenwirksamen *Antikommunismus* von außerordentlicher Bedeutung. Gemeinsame Basis aller Schattierungen der Umweltvariante des Antikommunismus und Antisowjetismus ist der Verweis auf sowohl real bestehende als auch frei erfundene oder übertrieben dargestellte Ähnlichkeiten in den Oberflächenmerkmalen verminderter Umweltqualität in kapitalistischen wie in sozialistischen Ländern. In allen Fällen geht es dabei letzten Endes um den Versuch der Verteidigung des Kapitalismus, um die Leugnung der gerade in Gestalt des Umweltproblems besonders augenscheinlichen historischen Überlebtheit dieser Produktionsweise. Es ist nicht Aufgabe der vorliegenden Arbeit, die Wirksamkeit sozialistischen Umweltschutzes im Detail zu begründen. Bei der Auseinandersetzung mit der bürgerlichen Konzeption einer „marktwirtschaftlichen Lösung" des Umweltproblems sowie der darauf beruhenden staatsmonopolistischen Umweltpolitik wurde zudem in allen berührten Grundfragen deutlich, daß die Beseitigung der Monopolherrschaft und schließlich die Abschaffung des Privateigentums an den Produktionsmitteln überhaupt die einzige Alternative zu den unüberwindbaren Grenzen kapitalistischer Umweltpolitik ist. Vor allem wurde deutlich, daß es in Wahrheit keine „marktwirtschaftliche Lösung" gibt, daß das umweltpolitische Instrumentarium keine Ergänzung, sondern bestenfalls eine Imitation eines Steuerungsmechanismus ist. Die in den imperialistischen Ländern entstandenen und sich ständig weiter aufblähenden staatlichen Apparate der Umweltpolitik sowie die von ihnen angewandten Methoden sind als Teil des Gesamtsystems staatsmonopolistischer Wirtschaftsregulierung unübersehbare Zeugen und institutionelle Verkörperung der gesetzmäßig herangereiften Planung und Leitung der Volkswirtschaft.[165] Daran ändert auch nichts die in den einzelnen Ländern mehr oder weniger hervortretende Verbrämung der Umweltpolitik mit marktwirtschaftlichen Termini, Konzepten und Instrumentarien. Das oft krampfhafte Bemühen, marktähnliche Formen der Umweltreproduktion zu imitieren, setzt deren Effektivität eher herab, als daß es sie fördert. Die in der staatsmonopolistischen Umweltpolitik anzutreffenden Konflikte sind nicht so sehr dieser oder jener Unzulänglichkeit der Regulierung zuzuschreiben als vielmehr ihrer Unterwerfung unter die nach wie vor herrschenden und widersprüchlichen Interessen der Monopolgruppen einerseits und dem grundlegenden Antagonismus zwischen Arbeiterklasse und Bourgeoisie andererseits. Der staatsmonopolistische Kapitalismus beweist sich eben auch auf dem Gebiet der Umweltreproduktion nur als *Vorstufe* des Sozialismus; alle von ihm unter dem Druck der Produktivkräfte hervorgebrachten Regulierungsmechanismen bedürfen noch des gesellschaftlichen Eigentums als der entscheidenden Voraussetzung zur realen Verwirklichung der grundlegenden Interessen des Volkes.

Die bürgerliche Ideologie, insbesondere die Umweltökonomie ist bemüht, diese logisch-historische Konsequenz mit allen Mitteln zu leugnen. Wie schwer man sich dabei tut, zeigt eine Arbeit von Scholder. Dieser Tübinger Theologie-Professor, im Umweltsachverständigenrat für „Allgemeine Umweltfragen" zuständig, muß sich ausgerechnet auf das Kommunistische Manifest berufen, um von der dort geschilderten *historischen* Funktion des Kapitalismus bei der Entwicklung der Produktivkräfte dessen *heutige* Daseinsberechtigung abzuleiten.[166] Daß der Sozialismus keine Alternative zum Kapitalismus sei, wird mit der ebenfalls dem Manifest entnommenen Forderung „belegt", die Produktionsmittel müßten in die Hände des Proletariats übergehen, um die Masse der Produktionskräfte rasch zu vermehren. Also, so schlußfolgert Scholder, sei die sozialistische Wirtschaftstheorie auf ungehemmtes *Wachstum* eingestellt und damit *umweltfeindlich*!

Dieser „Erkenntnis“ folgen dann Zitate von Lenins Rede an den VIII. Gesamtrussischen Sowjetkongreß über Marx' „Kritik des Gothaer Programms“ bis zum Programm der SED. Gewissermaßen als Krönung seiner durchweg apologetischen Argumentation ruft dann Scholder die Renegaten Bloch, Marcuse und Mandel als die nach seiner Meinung führenden „sozialistischen Theoretiker der Gegenwart“, die allesamt das Wirtschaftswachstum über die ökologische Vernunft erheben würden, als Zeugen dafür an, „daß die Idee bestimmter ökologischer Grenzen der marxistischen Gesellschaftstheorie und ihren Konsequenzen nicht weniger radikal widerspricht als dem Kapitalismus“.[167]

Wenn die marxistisch-leninistische politische Ökonomie betont, daß eine *prinzipielle* Lösung des Umweltproblems nur in der auf gesellschaftlichem Eigentum an den Produktionsmitteln fußenden sozialistischen bzw. kommunistischen Planwirtschaft möglich ist, so negiert sie dabei keinesfalls die auch hier vorhandenen und zu überwindenden Schwierigkeiten dieser Aufgabe. Deshalb ist auch Binswanger alles andere als originell, wenn er in seinem der Kapitalismusverteidigung gewidmeten Konzept einer „umweltkonformen Wirtschaftsordnung“ verkündet, daß „eine *bloße* Umgestaltung der Eigentumsverhältnisse das Umweltproblem nicht lösen“ kann[168] bzw. „die Verstaatlichung der Produktionsmittel und die Einführung einer sozialistischen Planwirtschaft an sich keine Lösung darstellt“.[169]

Das gesellschaftliche Eigentum an Produktionsmitteln als Hauptmerkmal sozialistischer Produktionsverhältnisse ist unabdingbare Voraussetzung der Möglichkeit eines umfassenden Umweltschutzes überhaupt. Die praktische Umsetzung dieser Möglichkeit ist eingebettet in die Forderung, die Vorzüge des Sozialismus mit den Errungenschaften der wissenschaftlich-technischen Revolution organisch zu verbinden.[170] Die Ausschaltung des Profitmotivs als Kriterium wirtschaftlicher und politischer Entscheidungen befähigt allein die sozialistisch-kommunistische Gesellschaft, ein ausgewogenes Verhältnis von Produktionswachstum und Umweltreproduktion zu gewährleisten. Der Umweltschutz ist immanenter Bestandteil der grundlegenden Ziele der entwickelten sozialistischen Gesellschaft. Als prinzipieller Ausdruck dieses Zusammenhangs heißt es deshalb im Parteiprogramm der SED: „Die Sozialistische

Einheitspartei Deutschlands tritt für den Schutz der natürlichen Umwelt und ihre Gestaltung im Interesse der ständigen Verbesserung der Arbeits- und Lebensbedingungen der Werktätigen und einer effektiven Volkswirtschaft ein. Insbesondere die Industriebetriebe, die landwirtschaftlichen Produktionsgenossenschaften und volkseigenen Güter haben dazu einen großen Beitrag zu leisten.

Die Natur als Quell des Lebens, des materiellen Reichtums, der Gesundheit und der Freude der Menschen zu erhalten, rationell, auf wissenschaftlicher Grundlage zu nutzen ist notwendig, damit sie dem gesicherten und glücklichen Leben kommender Generationen in der kommunistischen Gesellschaft dienen kann. Durch wirksame gesellschaftliche Anstrengungen zum Schutz des Bodens, zur Reinhaltung von Luft und Wasser sowie zur Verminderung des Lärms werden bessere Bedingungen für Arbeit und Freizeit geschaffen."[171]

Der Umweltschutz ist voll integriert in die planmäßige, intensiv erweiterte Reproduktion unserer Volkswirtschaft, wobei der Einsatz volkswirtschaftlicher Mittel für den Umweltschutz in erster Linie mit den sozialistischen Hauptlinien des Perspektivplanes abgestimmt ist.[172]

In und zwischen den Ländern des real existierenden Sozialismus entwickeln sich in ständiger Qualifizierung des ökonomischen Systems des jeweiligen sozialistischen Landes dauerhafte Lösungen für einen wirksamen Umweltschutz. Erste Ergebnisse zeugen auch auf dem Gebiet der Umweltproduktion von der Überlegenheit des sozialistisch-kommunistischen Wirtschafts- und Gesellschaftssystems.

Anlage 1

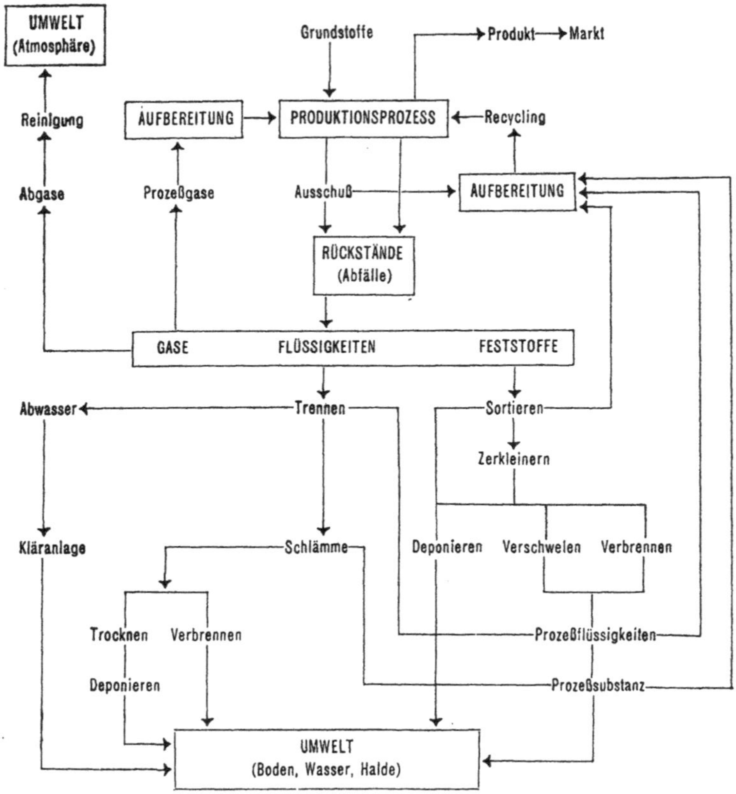

Aufbereitung und Emission industrieller Rückstände (Abfälle)

Anlage 2

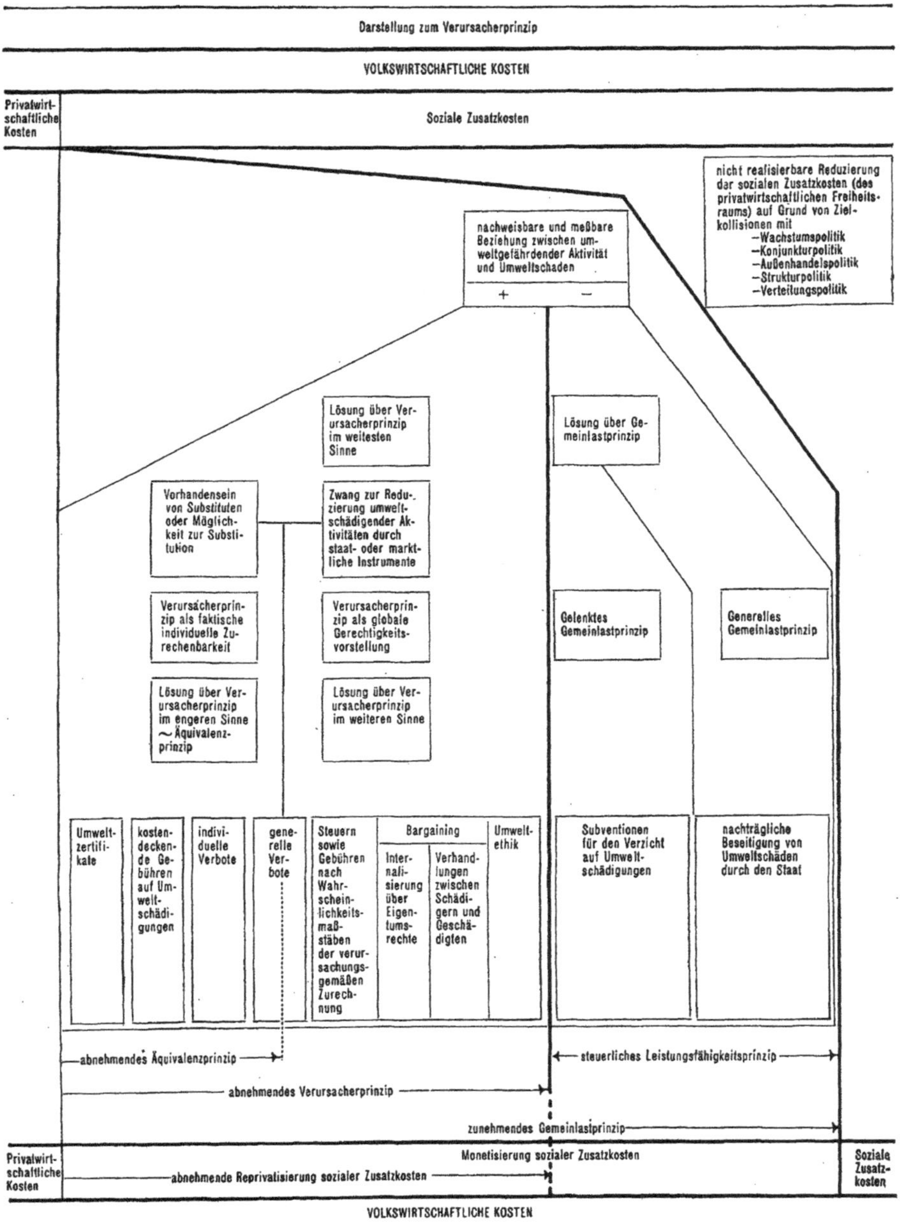

Entnommen aus:

Der Rat von Sachverständigen für Umweltfragen (Hrsg.), Umweltgutachten 1974, Verlag W. Kohlhammer GmbH, Stuttgart und Mainz 1974, S. 156

Anmerkungen

[1] K. Marx, Das Kapital, Bd. I, in: Marx/Engels, Werke, Bd. 23, Dietz Verlag, Berlin 1971, S. 618

[2] K. Marx, Das Kapital, Bd. III, in: Marx/Engels, Werke, Bd. 25, Dietz Verlag, Berlin 1970, S. 260

[3] Bulletin des Presse- und Informationsamtes der Bundesregierung, Bonn 1972, Nr. 64, vom 3. Mai 1972, S. 903

[4] K. Marx, Das Kapital, Bd. I, a. a. O., S. 90

[5] K. Marx, Das Kapital, Bd. III, a. a. O., S. 826 f. (Hervorhebung – A. L.)

[6] K. Marx, Das Kapital, Bd. I, a. a. O., S. 407

[7] Ebenda, S. 538

[8] K. Marx, Das Kapital, Bd. III, a. a. O., S. 656

[9] Ebenda

[10] Ebenda (vgl. auch ebenda, S. 648)

[11] Ebenda, S. 658

[12] Bruno S. Frey, Umweltökonomie, Vandenhoeck & Ruprecht, Göttingen 1972, S. 11
(Frey definiert: „Als öffentlich wird ein Gut bezeichnet, von dessen Konsum niemand ausgeschlossen werden kann und/oder das alle Individuen in gleicher Menge konsumieren [können], ohne daß der Konsum einer Person denjenigen anderer Individuen beeinträchtigt.“ – vgl. S. 49. Selbst im „Umweltgutachten '74“ wird absolut wirklichkeitsfremd davon ausgegangen, daß „Umweltqualität vorwiegend ein Konsumgut darstellt“. Vgl. „Umweltgutachten 1974“, Verlag W. Kohlhammer GmbH, Stuttgart und Mainz 1974, S. 10 (im folgenden: „Umweltgutachten '74“)

[13] Bruno S. Frey, Umweltökonomie . . ., a. a. O., S. 49

[14] In der vorliegenden Arbeit wird unter Umweltbelastung bzw. -zerstörung vornehmlich die Emission von industriellem Abfall in festem, flüssigem und gasförmigem Zustand in die Atmosphäre, das Wasser und den Boden (vgl. auch Anlage 1) verstanden.

[15] Vgl. Sowjetwissenschaft/Gesellschaftswissenschaftliche Beiträge, Berlin 1973, Heft 12, S. 1328

16 K. Marx, Das Kapital, Bd. I, a. a. O., S. 537

17 Vgl. Gutachten zur Gesamtbelastung der Volkswirtschaft durch das Umweltprogramm der Bundesregierung, Materialband zur Bundestagsdrucksache VI/2710, S. 602 (im folgenden: „Ackermann-Gutachten“)

18 Bruno S. Frey, Umweltökonomie . . ., a. a. O., S. 56

19 Vgl. G. Horsch / A. Leonhardt, Umweltreproduktion im staatsmonopolistischen Kapitalismus (Studie), Manuskriptdruck, Dresden 1974, S. 44

20 Vgl. z. B. H. C. Binswanger, Eine umweltkonforme Wirtschaftsordnung, in: Umweltschutz und Wirtschaftswachstum, Verlag Huber & Co. AG, Frauenfeld 1972, S. 134, oder auch: A. Künzli, Von der Kunst des Überlebens in einer technologischen Welt, in: futurum, Carl Hanser Verlag, München 1971, Heft 3, S. 265 ff.

21 Vgl. hierzu auch: A. Leonhardt, Marx' Antwort auf Umweltfragen, in: IPW-Berichte, Berlin 1974, Heft 7, S. 39 ff.

22 K. Marx, Das Kapital, Bd. I, a. a. O., S. 55

23 Ebenda, S. 53

24 Ebenda

25 K. Marx, Randglossen zu Adolph Wagners „Lehrbuch der politischen Ökonomie“, in: Das Kapital, Bd. I, Dietz Verlag, Berlin 1957, S. 848

26 Vgl. hierzu: P. Oldak, Der wissenschaftlich-technische Fortschritt und neue Aspekte der ökonomischen Analyse, in: Sowjetwissenschaft/Gesellschaftswissenschaftliche Beiträge, Berlin 1972, Heft 1, S. 31 ff., und Probleme der Umwelt – Notwendigkeit eines neuen Herangehens, in: Weltwirtschaft und internationale Beziehungen, Moskau 1973, Heft 5, S. 91 ff.

27 Vgl. K. Marx, Das Kapital, Bd. III, a. a. O., S. 658

28 Ebenda, S. 661

29 Ebenda, S. 60 f.

30 Ebenda, S. 628 f.

31 Ebenda, S. 656

32 K. Marx, Das Kapital, Bd. II, in: Marx/Engels, Werke, Bd. 24, Dietz Verlag, Berlin 1963, S. 356

33 Ebenda, S. 355

34 Vgl. S. Balke, Umwelt-Wildnis oder Paradies?, in: Die Umwelt-Revolte, Köln 1972, S. 22

35 K. Marx, Das Kapital, Bd. III, a. a. O., S. 656

36 Ebenda, S. 658
(Marx hebt die Allgemeingültigkeit des am Beispiel des Wasserfalls begründeten allgemeinen Begriffs der Differentialrente für alle monopolisierbaren Naturkräfte am Ende des 38. Kapitels ausdrücklich hervor.)

[37] Vgl. W. H. Moll, Taschenbuch für Umweltschutz, Teil I: Chemische und technologische Informationen, Darmstadt 1973, S. 51

[38] Die Realität dieser Feststellung wird dadurch bestätigt, daß in den Umweltprogrammen kapitalistischer Staaten mehr als 60% aller staatlichen Mittel für die Abwasserreinigung aufgewandt werden. Zugleich ist es offenkundig, daß hauptsächlich die Monopole Wasserverschmutzung produzieren.

[39] Vgl. K. Marx, Das Kapital, Bd. III, a. a. O., S. 659 f.

[40] Vgl. „Ackermann-Gutachten", S. 597

[41] Vgl. Bruno S. Frey, Umweltökonomie ..., S. 56

[42] J. H. Dales, Pollution, Property and Prices. An Essay in Policymarking and Economic, Toronto 1968

[43] H. Siebert, Ökonomie der Umwelt. Ein Überblick, in: Jahrbücher für Nationalökonomie und Statistik, Stuttgart 1974, Heft 2, S. 145 (Die Ausgabe und Versteigerung derartiger „Umweltnutzungslizenzen" wird auch im „Umweltgutachten '74" erneut empfohlen.)

[44] Vgl. Bruno S. Frey, Umweltökonomie ..., S. 120

[45] Vgl. K. Marx, Das Kapital, Bd. III, a. a. O., S. 254

[46] K. W. Kapp, Volkswirtschaftliche Kosten der Privatwirtschaft, Tübingen/Zürich 1958, S. 12
(Diese auf „externe Effekte" zurückzuführenden Kosten werden auf bis zu 15% der herkömmlichen Produktionskosten geschätzt.)

[47] Ebenda, S. 200

[48] K. W. Kapp, Ökonomie der Umweltgefährdung und des Umweltschutzes, in: Gewerkschaftliche Monatshefte, Köln 1972, S. 546

[49] Ebenda, S. 546 f.
(In einer Schweizer umweltökonomischen Arbeit wird drastisch formuliert, daß Kapp „... eine Art Götterdämmerung des marktwirtschaftlichen Systems glaubt diagnostizieren zu können". W. A. Jöhr, Die Nationalökonomie vor neuen Aufgaben, in: Umweltschutz und Wirtschaftswachstum, Verlag Huber & Co AG, Frauenfeld 1972, S. 49)

[50] Vgl. hierzu: G. Horsch / A. Leonhardt, Einige Aspekte der Darstellung der Umweltproblematik in der bürgerlichen Ökonomie, in: Wissenschaftliche Zeitschrift der Technischen Universität, Dresden 1973, Heft 3, S. 455 ff.

[51] Vgl. A. Müller-Armack, Absage an „demokratischen Sozialismus", in: Die politische Meinung, Bonn 1975, Heft 162, S. 35 ff.

[52] Bruno S. Frey, Umweltökonomie ..., a. a. O., S. 132 ff.

[53] Ebenda, S. 141

[54] Vgl. das unter 2.3. angeführte Beispiel: Binswanger leitet hiervon eine Umweltvariante der Konvergenztheorie ab, indem er ein „Neues ökonomisches System" bzw. eine „umweltkonforme Wirtschaftsordnung" sowohl der kapitalistischen als auch der sozialistischen Produktionsweise gegenüberstellt.

55 H. Siebert, Ökonomie der Umwelt..., S. 129 (Hervorhebung – A. L.)

56 Vgl. B. Commoner, Wachstumswahn und Umweltkrise, C. Bertelsmann Verlag, München/Gütersloh/Wien 1973, S. 232

57 Es kann mit gewisser Berechtigung angenommen werden, daß die im Auftrag der BRD-Regierung im Oktober 1972 beim Godesberger Institut für angewandte Sozialwissenschaft erstellte Repräsentativerhebung u. a. der Ermittlung solcher Präferenzen diente. Vgl.: Umweltpolitisches Bewußtsein 1972, Erich Schmidt Verlag, (West-)Berlin 1972

58 Bruno S. Frey, Umweltökonomie..., a. a. O., S. 54

59 Dieses „Ackermann-Gutachten" ist nicht zu verwechseln mit dem „Umweltgutachten '74". Das „Ackermann-Gutachten" wird allerdings gegenwärtig unter Mitwirkung des Sachverständigenrates fortgeschrieben.

60 Ebenda, S. 597

61 Ebenda, S. 602 f.

62 W. I. Lenin, Die Agrarfrage und die „Marxkritiker", in: Werke, Bd. 5, Dietz Verlag, Berlin 1959, S. 105

63 K. Marx, Das Kapital, Bd. III, a. a. O., S. 885

64 K. Marx, Das Kapital, Bd. I, a. a. O., S. 95

65 H. H. Koelle, Ansätze für ein praktikables, zielorientiertes Modell der gegenwärtigen Gesellschaft, in: analysen und prognosen über die Welt von morgen, (West-)Berlin 1972, Heft 23, S. 24

66 R. Barthelomäi, Soziale Indikatoren aus der Sicht des Anwendens, in: Konsum und Qualität des Lebens, Westdeutscher Verlag, Opladen 1974, S. 545

67 Deshalb ist für den Kampf der Arbeiterklasse und ihrer Verbündeten beispielsweise folgende These interessant, die ohne Abstrich als verbindliche Umweltstrategie des Imperialismus dienen könnte: „Eine Gesellschaft, die nicht mehr lange zu bestehen glaubt, also die Zukunft stark abdiskontiert, handelt völlig *rational,* wenn sie in der Gegenwart die Umwelt stark verbraucht; sie zieht nämlich aus dem möglichen künftigen Gebrauch nur wenig Nutzen." (zit.: bei Bruno S. Frey, Umweltökonomie..., S. 57)

68 K. W. Kapp, Ökonomie der Umweltgefährdung und des Umweltschutzes, a. a. O., S. 545

69 D. Karsten, Umweltpolitik – Argumente für die marktwirtschaftliche Lösung, in: Wirtschaftswoche, 1972, Heft 20, S. 40

70 Umweltprogramm der Bundesregierung, Bundestagsdrucksache VI/2710 vom 14. Oktober 1971, S. 11

71 Im „Umweltgutachten '74" wird betont, daß selbst das Umweltprogramm der BRD-Regierung „zu Verteilungszielen keinen direkten Bezug nimmt". (S. 7)

72 So beantwortet z. B. Frey seine eigene Feststellung: „Manchmal wird bemängelt, die Umweltsteuer werde auf die Konsumenten überwälzt und die gesamten Kosten des Umweltschutzes würden ungerechterweise einer einzigen Gruppe aufgebürdet“ mit dem lakonischen Satz: „Grundsätzlich unterliegt eine Umweltsteuer den gleichen Überwälzungsmöglichkeiten wie jede andere Steuer.“ (Bruno S. Frey, Umweltökonomie . . ., S. 117)

73 K. Marx, Das Kapital, Bd. III, a. a. O., S. 887

74 „Ackermann-Gutachten“, S. 601

75 H. Apel, Umweltschutz durch Wirtschaftsdrosselung?, in: Frankfurter Hefte, 1972, Heft 7, S. 501

76 D. Karsten, Umweltpolitik – Argumente für die marktwirtschaftliche Lösung, a. a. O., S. 40

77 „Umweltgutachten ’74“, S. 12

78 „Ackermann-Gutachten“, S. 598

79 Umweltprogramm der Bundesregierung, Bundesdrucksache VI/2710, S. 13

80 Näheres zur Wirksamkeit des Verursacherprinzips als Kernstück der „marktwirtschaftlichen Lösung“ des Umweltproblems vgl. 3.3.

81 Vgl. ebenda

82 „Umweltgutachten ’74“, S. 170

83 „Ackermann-Gutachten“, S. 602 f. (Hervorhebungen – A. L.)
Apel schreibt hierzu: Mit dem Verursacherprinzip biete sich eine „. . . Methode der Besteuerung ‚an der Quelle‘ an, das heißt beim ‚Urproduzenten‘ jedes Produkts, durch dessen *erhöhten Preis* dann auch der Konsument entsprechend seiner grundlegenden Haftungspflicht belastet wird“. (H. Apel, Umweltschutz durch Wirtschaftsdrosselung?, a. a. O., S. 501; Hervorhebung – A. L.)
Lämmel, einer der wissenschaftlichen Mitarbeiter des Umweltsachverständigenrates, „erweitert“ das Verursacherprinzip um den „Grundgedanken einer Interessengemeinschaft zwischen den Produzenten und Konsumenten eines Gutes“ und fordert, daß „die Gebühren derartigen ‚Verursachergemeinschaften‘ angelastet werden“. (P. Lämmel, Nicht um Gesetze und Verbote, in: Umwelt, Sonderausgabe Juni 1974, S. 16)

84 Müller/Renger, Wer verteidigt unsere Umwelt?, Verlag Wissenschaft und Politik, Köln 1973, S. 106

85 „Umweltgutachten ’74“, S. 10

86 Vgl. hierzu 2.4.

87 Vgl. hierzu: K. Marx, Das Kapital, Bd. I, a. a. O., S. 534 ff., und Bd. III, a. a. O., S. 647 ff.

88 Vgl. hierzu 2.1.

89 K. Marx, Das Kapital, Bd. I, a. a. O., S. 535

90 K. Marx, Das Kapital, Bd. III, a. a. O., S. 884

[90a] Vgl. dazu: G. Horsch / G. Speer, Staatsmonopolistischer Reproduktionsprozeß und Umwelt, in: Wirtschaftswissenschaft, Berlin, Nr. 10/1974

[91] Bulletin des Presse- und Informationsamtes der Bundesregierung, Bonn 1974, Nr. 41, vom 28. März 1974, S. 393 (eine graphische Darstellung der bürgerlichen Vorstellungen über die instrumentellen Zusammenhänge des Verursacherprinzips zeigt Anlage 2)

[92] P. Menke-Glückert, Umweltschutz: Unternehmer voran!, in: Plus, Düsseldorf 1972, Heft 4, S. 90

[93] „Ackermann-Gutachten", S. 598

[94] Ebenda, S. 599
Um das ebenso demagogische wie unwissenschaftliche Ansinnen dieses Satzes zu verdeutlichen, sei nochmals auf die einleitende Charakterisierung des kapitalistischen Umweltproblems und den dort enthaltenen Hinweis von Marx verwiesen, daß das Gewinnstreben niemals individuelle Manie des *einzelnen* Kapitalisten sei. Da jedoch die kapitalistische *Produktionsweise* zum Profitstreben *zwingt*, schließt diese zwangsläufig auch die rigorose Nutzung aller gebotenen und in der Regel speziell für diese und andere Zwecke geschaffenen Möglichkeiten der Abwälzung von Umweltschutzkosten ein. Durch „Widerlegen" niemals geübter Kritik am Detail lenkt hier die Umweltökonomie von der gesamtgesellschaftlichen Ursache ab!

[95] Umweltprogramm der Bundesregierung, a. a. O., S. 11

[96] Bruno S. Frey, Umweltökonomie ..., S. 115

[97] D. Karsten, Umweltpolitik – Argumente für die marktwirtschaftliche Lösung, a. a. O., S. 38

[98] „Ackermann-Gutachten", S. 599

[99] Ebenda

[100] Umweltprogramm der Bundesregierung, a. a. O., S. 11

[101] „Ackermann-Gutachten", S. 602 (Hervorhebung – die Verf.)

[102] Ebenda, S. 601

[103] Ebenda, S. 600

[104] In der interpretierenden Zusammenfassung eines vom BRD-Innenministerium im Jahre 1972 veranstalteten internationalen Expertengesprächs finden wir das folgende bemerkenswerte Eingeständnis: „Angesichts der Schwierigkeiten bei der Bestimmung des Verursachers ergab sich weitgehende Einigkeit darüber, daß das Konzept der Abgabenerhebung entsprechend den sozialen Zusatzkosten *nur akademische Bedeutung* hat. Weitere Argumente gegen dieses Konzept waren die Schwierigkeiten der Schadenbewertung, die Unvollkommenheit des Marktes (!) und die Einseitigkeit der Zielsetzung (Effizienz des Produktionsprozesses), die z. B. den Verteilungsaspekt völlig außer acht läßt." (zit. aus: Zur Problematik des Verursacherprinzips, Erich Schmidt Verlag, (West-)Berlin 1972, S. 46)

[105] Vgl. Rose Sandford, The Economics of Environmental Quality, Fortune, Februar 1970, S. 123, und „Ackermann-Gutachten", S. 600

[106] D. W. Fischer / R. R. Kerton / F. G. Müller, Ein Beitrag zur Entwicklung einer Umweltökonomie, in: Jahrbuch für Sozialwissenschaft, Göttingen, *24* (1973), Heft 1, S. 32 f.

[107] Ebenda, S. 36 (Hervorhebung – die Verf.)

[108] „Ackermann-Gutachten", S. 600

[109] P. Lämmel, Nicht um Gesetze und Verbote, a. a. O., S. 15

[110] Vgl. 2.4.

[111] Unter Umweltindustrie versteht sich einerseits die Produktion spezieller Güter zur Vermeidung bzw. Beseitigung von Umweltschädigungen (Umweltschutzgüterindustrie) und andererseits die Nutzung der Umweltreproduktion als *unmittelbares* Verwertungsfeld des Kapitals (Entsorgungsindustrie).

[112] P. Menke-Glückert, Umweltschutz: Unternehmer voran!, a. a. O., S. 90

[113] Vgl. F. Heubl, Appell an die Moral, in: Rheinischer Merkur, Nr. 49, vom 7. Dez. 1973, S. 33

[114] Vgl. H. J. Schulte, Gesetze bestimmen die Umsätze, in: Umwelt, a. a. O., Heft 2/1974, S. 24

[115] Ebenda, S. 24 ff.

[116] Vgl. Der Spiegel, Heft 48, vom 26. Nov. 1973, S. 59

[117] Bulletin des Presse- und Informationsamtes der Bundesregierung, Bonn 1973, Nr. 34, vom 28. März 1973, S. 305

[118] Vgl. Der Spiegel, Heft 48, vom 26. Nov. 1973, S. 59

[119] Vgl. hierzu: M. Gellen, Das Entstehen eines ökologisch-industriellen Komplexes, in: Umweltgefährdung und Gesellschaftssystem, R. Piper & Co. Verlag, München 1972, S. 207 ff. Trotzdem ist besser davon auszugehen, daß derartige Gebilde selbst mehr als *komplexe* Erscheinungen der staatsmonopolistischen Entwicklung verstanden und nicht künstlich verselbständigt werden sollten.

[120] Sämtliche Zahlenangaben entnommen aus: H. J. Schulte, Gesetze bestimmen die Umsätze, in: Umwelt, a. a. O., Heft 2/1974, S. 24
Im „Umweltgutachten '74" werden dagegen für den Zeitraum 1971 bis 1975 140 Mrd. DM genannt, was einer Belastungsquote des kumulierten BSP von 3,6 Prozent entsprechen würde (vgl. daselbst, S. 164 und Anlagen 3 bis 6)

[121] Als 1970 die Coca-Cola-Gesellschaft zu diesem Zweck die „Aqua-Chem", Hersteller von Wasseraufbereitungsanlagen, aufkaufte, verkündete sie, daß sie nunmehr „ins vordere Feld der Umweltschützer" der USA aufgerückt sei (vgl. M. Gellen, Das Entstehen eines ökologisch-industriellen Komplexes, a. a. O., S. 207)

[122] Vgl. W. Joost, Irreführende Namensgebung, in: Umwelt, a. a. O., Heft 3/74, S. 2

123 „Die Herstellung von Stahl, Kupfer, Aluminium, Asbest und Beryllium als Bestandteile für Luftreinigungs- und Kläranlagen wird aller Voraussicht nach noch mehr Lufträume verschmutzen und noch mehr Flüssen den Tod bringen. Der Abfall, der bei der Herstellung all der allein für die Wasseraufbereitung notwendigen Spezialchemikalien und biologischen Wirkstoffe anfällt, ist sagenhaft." (zit. bei: M. Gellen, Das Entstehen eines ökologisch-industriellen Komplexes, a. a. O., S. 213)

124 P. Jansen, Was können Systemanalysen zur praktischen Verwirklichung von Umweltschutz beitragen?, in: Zur Problematik des Verursacherprinzips, a. a. O., S. 18

125 Vgl. auch G. Horsch / A. Leonhardt, Umweltkrise – Bewegungsform staatsmonopolistischer Kapitalverwertung, in: Wirtschaftswissenschaft, Berlin 1974, Heft 7, S. 1030 ff.

126 D. Karsten, Umweltpolitik – Argumente für die marktwirtschaftliche Lösung, a. a. O., S. 40 (Hervorhebungen – die Verf.)

127 Der Sachverständigenrat beabsichtigte bereits im Sommer 1972, auf der Grundlage eines „ökonomisch-ökologischen Gesamtmodells" eine *Umweltbilanz* aufzustellen. Er gelangte jedoch zu der Überlegung, „daß eine kurzfristige Realisierung undurchführbar sein würde, wenn nicht überhaupt generelle Bedenken gegen ein solches Vorhaben sprechen". (K.-H. Hansmeyer, in: Bulletin des Presse- und Informationsamtes der Bundesregierung, Bonn 1974, Nr. 41, vom 28. März 1974, S. 393)

128 H. J. Schulte, Die öffentliche Hand noch im Verzug, in: Umwelt, a. a. O., Heft 3/74, S. 19

129 K.-H. Hansmeyer, Keine Claqueure der Bundesregierung, in: Umwelt, Heft 3/74, S. 14

130 H. J. Schulte, Die öffentliche Hand noch im Verzug, a. a. O., S. 18

131 Ebenda

132 P. Menke-Glückert, Erster Schritt, in: Umwelt, Heft 3/74, S. 13 (Hervorhebungen – die Verf.)

133 Umwelt, Sonderausgabe Juni 1974, S. 3 (Bereits in der Einführung wird mehrfach auf die „unzureichenden Ergebnisse der amtlichen Umweltstatistik" verwiesen – „Umweltgutachten '74", S. 1)

134 Darüber hinaus profitiert die Umweltindustrie nicht nur von Subventionen, Staatsaufträgen usw., sondern auch von den erheblichen staatlichen Aufwendungen für die Umweltforschung, die von technischen Problemlösungen bis zur Marktanalyse für Umweltschutzgüter reicht und kostenlos verfügbar ist.

135 Bruno S. Frey, Umweltökonomie . . ., S. 118

136 Ebenda, S. 135

137 „Umweltgutachten '74", S. 11 (vgl. hierzu auch Anlage 7)

138 K. Marx, Das Kapital, Bd. III, a. a. O., S. 316

139 F. Engels, Die Lage der arbeitenden Klasse in England, in: Marx/Engels, Werke, Bd. 2, Dietz Verlag, Berlin 1972, S. 325

140 Eine im März 1972 von der Redaktion der Zeitschrift „Probleme des Friedens und des Sozialismus" veranstaltete Diskussion mit Vertretern der kommunistischen und Arbeiterparteien aus 36 Ländern gab einen ersten Überblick über die Einbeziehung des Umweltschutzes in den antimonopolistischen Kampf (vgl.: Probleme des Friedens und des Sozialismus, 1972, Heft 6, S. 734 ff.)

141 So ist z. B. die Umweltpolitik der BRD-Regierung Teil ihres Konzepts der „inneren Reformen".

142 „Ackermann-Gutachten", S. 604 (Hervorhebungen – die Verf.)

143 W. Bach, Umweltschutz in den USA, in: Das technische Umweltmagazin, Vogel Verlag, Würzburg 1973, Heft 4, S. 30

144 Zum Abschluß der Deutschen Babcock, in: Wirtschaftswoche, 1974, Heft 13, S. 73

145 Der Spiegel, Heft 48, vom 26. Nov. 1973, S. 59

146 Umwelt, Heft 2/1973, S. 46

147 Ebenda (Der Vollständigkeit halber sei erwähnt, daß im „Umweltgutachten '74" die Anerkennung der Verbandsklage empfohlen wird.)

148 U. Zündorf, Ein Kampf gegen Windmühlenflügel, in: Umwelt, Heft 5/1973, S. 45

149 Vgl. „Ackermann-Gutachten", S. 604

150 P. Lämmel, Nicht um Gesetze und Verbote, a. a. O., S. 16

151 Aus dem Materialband des Umweltprogramms der BRD-Regierung ist zu entnehmen, daß knapp 55 Prozent der Umweltschutzinvestitionen auf den öffentlichen Sektor entfallen sollen. Dies wären ca. 1 Prozent der Ausgaben aller Gebietskörperschaften, wobei von dieser Finanzierungslast rund 83 Prozent die Kommunen treffen. (Vgl. hierzu auch: H. J. Schulte, Die öffentliche Hand noch im Verzug, in: Umwelt, Heft 3/1974, S. 18 und Anlage 6)

152 Entgiftet unsere Umwelt – Gedanken und Vorschläge der DKP für einen wirksamen Umweltschutz, S. 12 f.

153 Vgl. G. Hartkopf, Konsequenzen des Umweltprogramms für die Wirtschaft, in: Bulletin des Presse- und Informationsamtes der Bundesregierung, Bonn 1972, Nr. 64, S. 900 f.

154 Vgl.: UWD – Umweltschutz-Dienst, Düsseldorf 1974, Nr. 5, S. 18

155 Vgl.: UWD – Umweltschutz-Dienst, Düsseldorf 1974, Nr. 9, S. 2 f.

156 Vgl. z. B.: K.-G. Zinn, Die Mängel werden beseitigt, in: Wirtschaftswoche, 1973, Heft 49, S. 71 f.

157 W. Roth, Die Kreditinstitute jetzt enteignen?, in: Wirtschaftswoche, 1974, Heft 5, S. 56 f.

158 Umweltprogramm, a. a. O., S. 6

159 Umweltpolitisches Bewußtsein 1972, Erich Schmidt Verlag, (West-)Berlin 1972, S. 39

160 Ebenda, S. 46

161 Entgiftet unsere Umwelt, a. a. O., S. 7

162 K. Marx, Das Kapital, Bd. III, a. a. O., S. 95

163 Entgiftet unsere Umwelt, S. 25

164 W. I. Lenin, Die Verfolger des Semstwos und die Hannibale des Liberalismus, in: Werke, Bd. 5, Dietz Verlag, Berlin 1959, S. 67

165 Bereits seit 1971 wird z. B. in der BRD an der Entwicklung eines „Umweltplanungsinformationssystems" (UMPLIS) gearbeitet, das allerdings in erster Linie als Hilfsinstrument des Umweltmanagements dem Profitinteresse der im Umweltgeschäft tätigen Monopolunternehmen dienen soll.

166 K. Scholder, Kapitalismus, Sozialismus und die Idee der Grenze, in: Das Parlament (Beilage), Bonn 1973, Beilage Nr. 44, vom 3. November 1973, S. 4

167 Ebenda, S. 9

168 H. C. Binswanger, Eine umweltkonforme Wirtschaftsordnung, a. a. O., S. 121

169 Ebenda, S. 135

170 Vgl. auch: A. Leonhardt, Die Vorzüge des Sozialismus und der Umweltschutz, in: Wiss. Zeitschrift der Technischen Hochschule Karl-Marx-Stadt, *15* (1973), Heft 4, S. 585 ff.

171 Programm der Sozialistischen Einheitspartei Deutschlands, Dietz Verlag, Berlin 1976, S. 26

172 Vgl. hierzu auch: H. Mottek, Umweltschutz – ökonomisch betrachtet, in: Im Mittelpunkt der Mensch, Akademie-Verlag, Berlin 1975, 9.2 ff.

Namenverzeichnis

Angenfort, J. 93
Apel, H. 104

Bach, W. 108
Balke, S. 101
Barthelomäi, R. 103
Binswanger, H. C. 26, 96, 101 f., 109
Bloch, E. 96

Commoner, B. 44, 103

Dales, J. H. 36, 102

Engels, F. 82, 108

Fischer, D. W. 106
Frey, B. S. 19, 23, 36, 42–45, 62, 77, 100–105, 107

Gellen, M. 106 f.

Hansmeyer, K.-H. 60, 74 f., 107
Hartkopf, G. 14, 87, 90, 108
Heubl, F. 106
Horsch, G. 101 f., 105, 107

Jansen, P. 107
Jöhr, W. A. 102
Joost, W. 106

Kapp, K. W. 41, 49, 102 f.
Karsten, D, 49, 51, 62, 73, 103 ff., 107
Kerton, R. R. 106
Koelle, H. H. 103
Künzli, A. 101

Lämmel, P. 104, 106, 108
Lenin, W. I. 46, 94, 96, 103, 109
Leonhardt, A. 101 f., 107, 109

Makljarskij, B. 59
Malthus, Th. R. 40
Mandel, E. 96
Marcuse, H. 96
Marx, K. 9, 17 f., 21, 25 ff., 29 ff., 33, 38, 40, 44, 47, 56, 58, 96, 100–105, 107, 109
Menke-Glückert, P. 67, 105 ff.
Moll, W. H. 102
Mottek, H. 109
Müller, F. G. 106
Müller-Armack, A. 42, 102

Oldak, P. 101

Roth, W. 91, 108

Schmülling, A. 69
Scholder, K. 95 f., 109
Schulte, H. J. 106 ff.
Siebert, H. 36, 44 f., 102 f.
Smith, A. 15
Speer, G. 105

Vetter, H. O. 91

Zinn, K.-G. 108
Zündorf, U. 108

Zur Kritik der bürgerlichen Ideologie

HERAUSGEGEBEN VON MANFRED BUHR

unter Mitwirkung von

GUY BESSE (Paris) . ANDRÁS GEDŐ (Budapest)
TADEUSZ M. JAROSZEWSKI (Warschau) . M. T. JOWTSCHUK (Moskau)
TODOR PAWLOW (Sofia) . VLADIMIR RUML (Prag)
ROBERT STEIGERWALD (Frankfurt/Main)

1. ILEANA BAUER / ANITA LIEPERT

Sirenengesang eines Renegaten oder Die „große Wende" Roger Garaudys

2. ALEXANDER ABUSCH

Tradition und Gegenwart des sozialistischen Humanismus

3. WALTER JOPKE

Ideologischer Klassenkampf und sozialistisches Bewußtsein

4. N. MOTROSCHILOWA / J. SAMOSCHKIN

Marcuses Utopie der Antigesellschaft

5. GERTRAUD KORF

Ausbruch aus dem „Gehäuse der Hörigkeit?"

Kritik der Kulturtheorien Max Webers und Herbert Marcuses

6. JURI DAWYDOW

Die sich selbst negierende Dialektik

Kritik der Musiktheorie Theodor Adornos

7. JOACHIM STREISAND

Kritische Studien zum Erbe der deutschen Klassik

Fichte – W. v. Humboldt – Hegel

8. ANDRÁS GEDŐ

Der entfremdete Marx

Zur existentialistisch-„humanistischen" Marxismus-Deutung

9. GEORG MENDE

Philosophie und Ideologie

Marxistisch-leninistische Polemik in philosophiehistorischer Bewährungsprobe

10. WILHELM RAIMUND BEYER

Die Sünden der Frankfurter Schule

Ein Beitrag zur Kritik der „Kritischen Theorie"

11. HARALD WESSEL

Philosophie des Stückwerks

Eine Auseinandersetzung mit dem neupositivistischen „kritischen Rationalismus"

12. ANDRÁS GEDŐ / MANFRED BUHR / VLADIMIR RUML

Die philosophische Aktualität des Leninismus / Zur Aktualität der Leninschen Positivismus-Kritik / Positivistische „Philosophie der Wissenschaft" im Lichte der Wissenschaft

13. WILHELM GIRNUS

Von der unbefleckten Empfängnis des Ästhetischen

Zur „Ästhetik" von Georg Lukács / Zweitausend Jahre Verfälschung der aristotelischen „Poetik" / Kunst und Geschichte

14. HERMANN KLENNER

Rechtsleere

Verurteilung der Reinen Rechtslehre

15. ROBERT STEIGERWALD

Marxistische Klassenanalyse oder spätbürgerliche Mythen

Lenin-Verfälschung in der BRD / „Links"-revisionistische Sozialismus-Kritik / Bürgerliche Ideologie in linker Verkleidung / Antikommunismus – seine Grundmythen und Grundmechanismen

16. GÜNTER WETTSTÄDT

„Industriegesellschaft" – „Ostpädagogik" – Antikommunismus

17. ROLF BAUERMANN / HANS-JOCHEN RÖTSCHER

Dialektik der Anpassung

Die Aussöhnung der „Kritischen Theorie" mit den imperialistischen Herrschaftsverhältnissen

18. WALTER HOLLITSCHER

„Kain" oder Prometheus?

Zur Kritik des zeitgenössischen Biologismus

19. ERHARD ALBRECHT

Bestimmt die Sprache unser Weltbild?

Zur Kritik der gegenwärtigen bürgerlichen Sprachphilosophie

20. HERBERT MEISSNER

Theorie des Wirtschaftswachstums

Hoffnung und Dilemma der bürgerlichen Ökonomie

21. PETER REICHEL

Verabsolutierte Negation

Zu Adornos Theorie von den Triebkräften der gesellschaftlichen Entwicklung

22. LADISLAV HRZAL

Die Auseinandersetzung mit dem Revisionismus und dem Antikommunismus

während der krisenhaften Entwicklung in der ČSSR 1968/69

23. BERND P. LÖWE

Klassenkampf oder sozialer Konflikt?

Zu den Gleichgewichts- und Konfliktheorien der bürgerlichen politischen Soziologie

24. PANAJOT GINDEV

Die Diktatur des Proletariats und ihre „Kritiker"

25. HERMANN LEY

Über die Schwierigkeiten des Einzelwissenschaftlers

Des Biologen Jacques Monod Kritik am historischen Materialismus und der Zwang zur Philosophie in den Naturwissenschaften

26. HUBERT HORSTMANN

Der Physikalismus als Modellfall positivistischer Denkweise

27. GEORG KLAUS

Kybernetik – eine neue Universalphilosophie der Gesellschaft?

28. HANS SCHULZE

Sozialdemokratismus zwischen Entideologisierung und Reideologisierung

29. ROLAND MEISTER

Ideen vom Weltstaat und der Weltgemeinschaft im Wandel imperialistischer Herrschaftsstrategien

30. G. BESSE / PH. CAZELLE / P. JAEGLÉ / J. METZGER / J. MILHAU / J. NINIO / P. ROUBAUD

Kritische Betrachtungen zu Jacques Monods „Zufall und Notwendigkeit"

31. JÜRGEN KUCZYNSKI

Das Gleichgewicht der Null

Zu den Theorien des Null-Wachstums

32. ROBERT STEIGERWALD

Marxismus – Religion – Gegenwart

33. E. ALBRECHT / G. ASSER / W. EBELING / W. FISCHER / K.-H. KÖHLER / H. VÖLZ / H. VOGEL

Streitbarer Materialismus und gegenwärtige Naturwissenschaft

34. BRUNO FLIERL

Industriegesellschaftstheorie im Städtebau

35. ELMAR JULIER

Weder modern noch marxistisch

Zur Marx-Interpretation des heutigen Revisionismus

36. GALINA BELKINA

Marxismus oder Marxologie

Zur Kritik westdeutscher marxologischer Konzeptionen zur Herausbildung der marxistischen Philosophie

37. GÜNTER WETTSTÄDT

Ideologie im Zwielicht

Zum Einfluß bürgerlicher Technikphilosophie auf die imperialistische Bildungsideologie

38. WOLFGANG RICHTER

Der Mythos vom Subjekt

Materialismus und Dialektik im Zerrspiegel der gegenwärtigen bürgerlichen Philosophie

39. ERICH HAHN

Materialistische Dialektik und Klassenbewußtsein

40. KARL-HEINZ RÖDER / WOLFGANG WEICHELT

Das Dilemma des Antikommunismus in der Staatsfrage

41. JINDŘICH FILIPEC / BERND P. LÖWE / RADOVAN RICHTA

Sozialismus – Imperialismus – wissenschaftlich-technische Revolution

Die wissenschaftlich-technische Revolution in der Klassenauseinandersetzung zwischen Sozialismus und Imperialismus

42. PETER REICHEL

Künstlermoral

Das Formalismus-Programm spätbürgerlicher Dichtung in Gottfried Benns „gereimter Weltanschauung"

43. WILHELM RAIMUND BEYER

Vom Sinn oder Unsinn einer „Neuformulierung" des Historischen Materialismus

Zu den Versuchen einer philosophischen „Stabilisierung" von Herrschaft im sogenannten Spätkapitalismus

44. WILHELM GIRNUS

Zukunftslinien

Überlegungen zur Theorie des sozialistischen Realismus

45. GÉZA RIPP

Politische Ökonomie und Ideologie

Kritische Betrachtungen zur ökonomischen Ideologie des gegenwärtigen Kapitalismus

46. CAMILLA WARNKE

Die „abstrakte" Gesellschaft

Systemwissenschaften als Heilsbotschaft in den Gesellschaftsmodellen Parsons', Dahrendorfs und Luhmanns

47. ROLF MAX

Zum politisch-ideologischen Wesen des Maoismus

48. JÜRGEN KUCZYNSKI

Die vertauschte Eule der Minerva

Der Wissenschaftler in der kapitalistischen Gesellschaft

49. LUDWIG ELM

Der „neue“ Konservatismus

Zur Ideologie und Politik
einer reaktionären Strömung in der BRD

50. M. T. JOWTSCHUK / VLADIMIR RUML

Marxistisch-leninistische Philosophie und ideologischer Klassenkampf in der Gegenwart / Wissenschaft und Ideologie

51. MANFRED WEISSBECKER

Entteufelung der braunen Barbarei

Zu einigen neueren Tendenzen in der Geschichtsschreibung der BRD über Faschismus und faschistische Führer

52. JACQUES MILHAU / ROBERT STEIGERWALD

Lenin und der Revisionismus in der Philosophie / Zeitgemäße Bemerkungen zu Lenins Feststellung, daß der Neukantianismus die philosophische Grundlage des Revisionismus sei

53. KARL A. MOLLNAU

Vom Aberglauben der juristischen Weltanschauung

54. ROLF MAX

Maoismus und historische Mission der Arbeiterklasse

55. RICHARD ALBRECHT

Marxismus – bürgerliche Ideologie – Linksradikalismus

Zur Ideologie und Sozialgeschichte des westeuropäischen Linksradikalismus

56. WALTER HOLLITSCHER

Der überanstrengte Sexus

Die sogenannte sexuelle Emanzipation im heutigen Kapitalismus

57. ELMAR JULIER

Marx–Engels-Verfälschung und Krise der bürgerlichen Ideologie

58. KARL-HEINZ RÖDER

Die Formel von der „sozialen Demokratie“

Staat und Demokratie in der Ideologie des Sozialreformismus

59. HERBERT CRÜGER

Der Verlust des Objektiven

Zum Verhältnis von Vergangenheit und Gegenwart in der historischen Erkenntnis

60. HANS SCHLEIER

Theorie der Geschichte – Theorie der Geschichtswissenschaft

Zu neueren theoretisch-methodologischen Arbeiten der Geschichtsschreibung in der BRD

61. L. W. SKWORZOW

Historische Weltanschauung und moderner Idealismus

62. TADEUSZ M. JAROSZEWSKI

Der „verlassene“ Mensch Jean-Paul Sartres

63. WILLIBALD GUTSCHE

Zur Imperialismus-Apologie in der BRD

„Neue“ Imperialismusdeutungen in der BRD-Historiographie zur deutschen Geschichte 1898 bis 1917

64. MICHEL DION

Soziologie und Ideologie

65. IGOR S. NARSKI

Die Anmaßung der negativen Philosophie Theodor W. Adornos

66. P. BRAND / N. KOTZIAS / H. J. SANDKÜHLER / H. SCHINDLER / F. SCHUMACHER / W. VAN HAREN / M. WILMES

Der autonome Intellekt

Alfred Sohn-Rethels „kritische“ Liquidierung der materialistischen Dialektik und Erkenntnistheorie

67. HORST ULLRICH

Zur Reaktion der bürgerlichen Ideologie auf die Entstehung des Marxismus

68. JOÉ METZGER

Für die Wissenschaft

69. HANS SCHULZE

Die Strategie der Gegenprophetie

Zur Kritik der gegenwärtigen bürgerlichen Geschichtsphilosophie

70. T. I. OISERMAN

Der „junge" Marx im ideologischen Kampf der Gegenwart

71. G. DOMIN / H.-H. LANFERMANN / R. MOCEK / D. PÄLIKE

Bürgerliche Wissenschaftsauffassungen in der Krise (I)

72. JINDŘICH FILIPEC

Die Lebensweise im gegenwärtigen ideologischen Kampf

73. OTTO FINGER

Der Materialismus der „kritischen Theorie"

74. JEAN-PIERRE TERRAIL / JEAN-LOUIS MOYNOT

Produktion der Bedürfnisse und Bedürfnisse der Produktion

75. MANFRED BUHR / ANDRÁS GEDŐ

Über die historische Notwendigkeit des ideologischen Klassenkampfes / Von der bürgerlichen Philosophie zum Marxismus

76. WILLI GERNS

Krise der bürgerlichen Ideologie und ideologischer Kampf in der BRD

77. VINCENT VON WROBLEWSKY

Jean-Paul Sartre. Theorie und Praxis eines Engagements

78. HARRY MAIER

Gibt es Grenzen des ökonomischen Wachstums?

79. ALFRED LEONHARDT / GERHARD SPEER

Umweltreproduktion im staatsmonopolistischen Kapitalismus

Zur Kritik bürgerlicher Konzeptionen einer marktwirtschaftlichen Lösung des Umweltproblems

Erschienen im Akademie-Verlag, 108 Berlin, Leipziger Str. 3—4

Lizenz-Nr.: 202 · 100/287/76
Gesamtherstellung: VEB Druckhaus „Maxim Gorki“, 74 Altenburg
Umschlaggestaltung: Willi Bellert
Bestellnummer: 753 328 5 (2149/79) LSV 0165
Printed in GDR
DDR 4,20 M